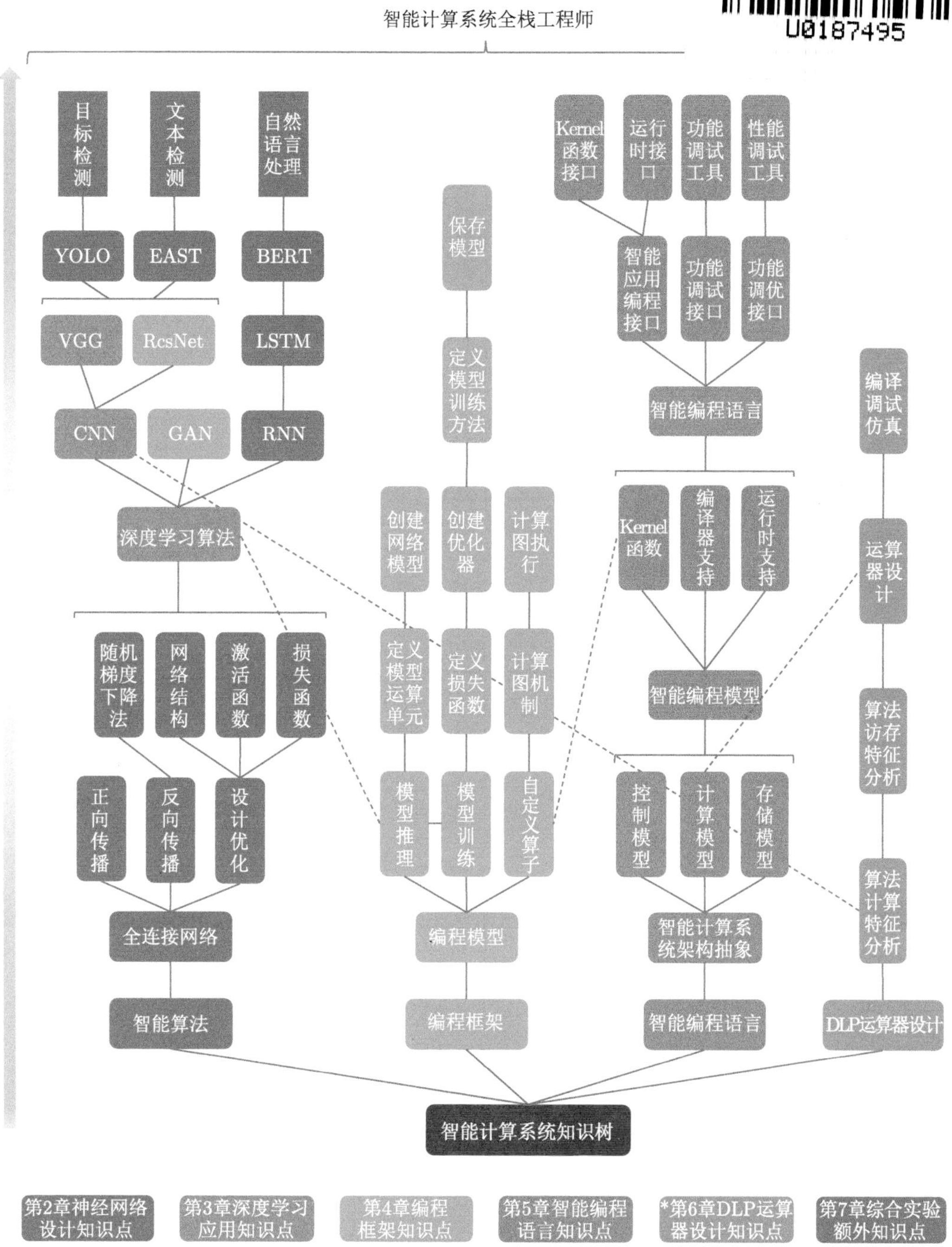

智能计算系统全栈工程师

目标检测
文本检测
自然语言处理
YOLO
EAST
BERT
VGG
ResNet
LSTM
CNN
GAN
RNN
深度学习算法
随机梯度下降法
网络结构
激活函数
损失函数
正向传播
反向传播
设计优化
全连接网络
智能算法

保存模型
定义模型训练方法
创建网络模型
创建优化器
计算图执行
定义模型运算单元
定义损失函数
计算图机制
模型推理
模型训练
自定义算子
编程模型
编程框架

Kernel函数接口
运行时接口
功能调试工具
性能调试工具
智能应用编程接口
功能调试接口
功能调优接口
智能编程语言
Kernel函数
编译器支持
运行时支持
智能编程模型
控制模型
计算模型
存储模型
智能计算系统架构抽象
智能编程语言

编译调试仿真
运算器设计
算法访存特征分析
算法计算特征分析
DLP运算器设计

智能计算系统知识树

第2章神经网络设计知识点
第3章深度学习应用知识点
第4章编程框架知识点
第5章智能编程语言知识点
*第6章DLP运算器设计知识点
第7章综合实验额外知识点

图 1.2 智能计算系统知识树

图 1.5　星际空间站场景示例

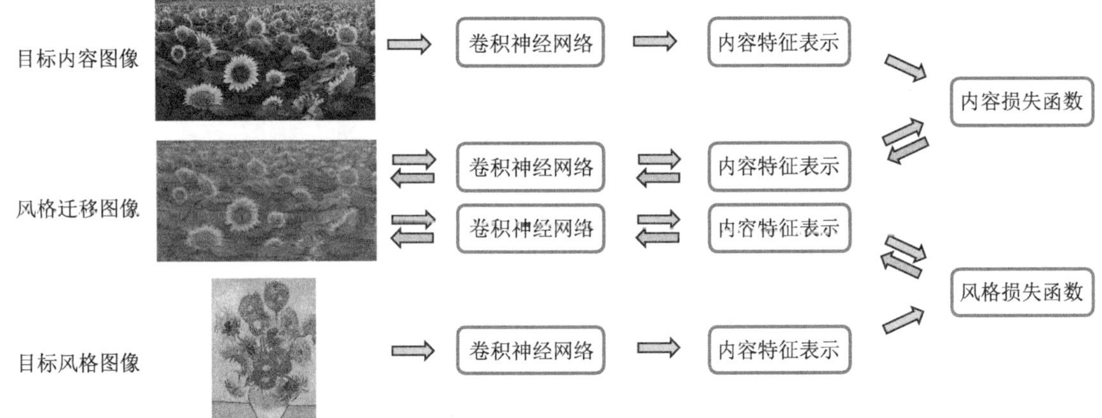

图 3.3　非实时风格迁移

图 3.4　目标风格图像示例

图 3.5　目标内容图像示例

图 3.6　初始化的风格迁移图像示例

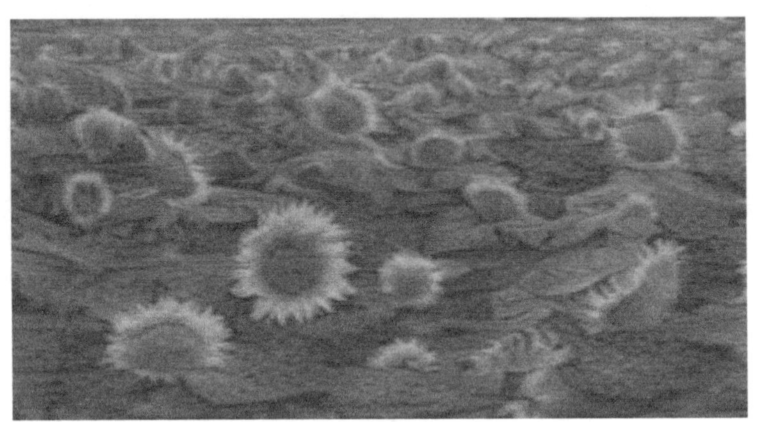

图 3.7　迭代 20 次后的风格迁移图像示例

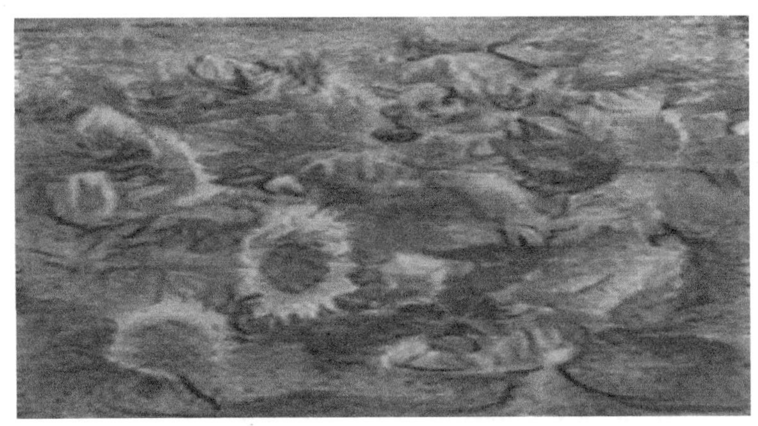

图 3.8　迭代 1 000 次后的风格迁移图像示例

计 算 机 类 专 业
系统能力培养系列教材

Experimental Course of
AI Computing Systems

智能计算系统实验教程

李玲 郭崎 陈云霁 张蕊 张昊翀 李威 李震 谭梓豪 著

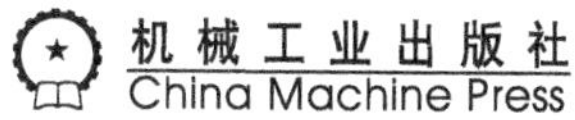

图书在版编目（CIP）数据

智能计算系统实验教程 / 李玲等著. -- 北京：机械工业出版社，2021.8（2022.9 重印）
（计算机类专业系统能力培养系列教材）
ISBN 978-7-111-68844-0

I. ①智… II. ①李… III. ①人工智能 - 计算 - 高等学校 - 教材 IV. ① TP183

中国版本图书馆 CIP 数据核字（2021）第 156786 号

本书是《智能计算系统》的配套实验教程，结合智能计算系统的软硬件技术栈设计了基于通用 CPU 平台和深度学习处理器平台的分阶段实验和综合实验。其中，分阶段实验以风格迁移作为驱动范例，包括算法实验（第 2 ~ 3 章）、编程框架实验（第 4 章）、智能编程语言实验（第 5 章）、深度学习处理器运算器设计实验（第 6 章）。通过完成分阶段实验，读者可以开发出一个可完成图像风格迁移任务的智能计算系统。综合实验（第 7 章）包括目标检测、文本检测、自然语言处理等不同应用领域的实验，可以帮助读者巩固对软硬件技术栈相关知识的系统理解，让读者了解不同应用领域对智能计算系统的需求。

本书适合作为高等院校人工智能及相关专业的教材，以及相关领域从业人员的参考书。作者团队还为本书设计了一款配套的游戏，利用游戏中的“稠密奖励”“即时奖励”和“体系性奖励”等机制来提升读者的学习热情。

出版发行：机械工业出版社（北京市西城区百万庄大街 22 号　邮政编码：100037）

责任编辑：姚　蕾　　游　静	责任校对：殷　虹
印　　刷：固安县铭成印刷有限公司	版　　次：2022 年 9 月第 1 版第 3 次印刷
开　　本：186mm × 240mm　1/16	印　　张：21　　　插　　页：2
书　　号：ISBN 978-7-111-68844-0	定　　价：79.00 元

客服电话：（010）88361066　68326294

编委会名单

F O R E W O R D

丛书序言

人工智能、大数据、云计算、物联网、移动互联网以及区块链等新一代信息技术及其融合发展是当代智能科技的主要体现，并形成智能时代在当前以及未来一个时期的鲜明技术特征。智能时代来临之际，面对全球范围内以智能科技为代表的新技术革命，高等教育正处于重要的变革时期。目前，全世界高等教育的改革正呈现出结构的多样化、课程内容的综合化、教育模式的学研产一体化、教育协作的国际化以及教育的终身化等趋势。在这些背景下，计算机专业教育面临着重要的挑战与变化，以新型计算技术为核心并快速发展的智能科技正在引发我国计算机专业教育的变革。

计算机专业教育既要凝练计算技术发展中的“不变要素”，也要更好地体现时代变化引发的教育内容的更新；既要突出计算机科学与技术专业的核心地位与基础作用，也需兼顾新设专业对专业知识结构所带来的影响。适应智能时代需求的计算机类高素质人才，除了应具备科学思维、创新素养、敏锐感知、协同意识、终身学习和持续发展等综合素养与能力外，还应具有深厚的数理理论基础、扎实的计算思维与系统思维、新型计算系统创新设计以及智能应用系统综合研发等专业素养和能力。

智能时代计算机类专业教育计算机类专业系统能力培养 2.0 研究组在分析计算机科学技术及其应用发展特征、创新人才素养与能力需求的基础上，重构和优化了计算机类专业在数理基础、计算平台、算法与软件以及应用共性各层面的知识结构，形成了计算与系统思维、新型系统设计创新实践等能力体系，并将所提出的智能时代计算机类人才专业素养及综合能力培养融于专业教育的各个环节之中，构建了适应时代的计算机类专业教育主流模式。

自 2008 年开始，教育部计算机类专业教学指导委员会就组织专家组开展计算机系统能力培养的研究、实践和推广，以注重计算系统硬件与软件有机融合、强化系统设计与优化能力为主体，取得了很好的成效。2018 年以来，为了适应智能时代计算机教育的重要变化，计算机类专业教学指导委员会及时扩充了专家组成员，继续实施和深化智能时代计算机类专业教育的研究与实践工作，并基于这些工作形成计算机类专业系统能力培养 2.0。

本系列教材就是依据智能时代计算机类专业教育研究结果而组织编写并出版的。其中的教材在智能时代计算机专业教育研究组起草的指导大纲框架下，形成不同风格，各有重点与侧重。其中多数将在已有优秀教材的基础上，依据智能时代计算机类专业教育改革与发展需求，优化结构、重组知识，既注重不变要素凝练，又体现内容适时更新；有的对现有计算机专业知识结构依据智能时代发展需求进行有机组合与重新构建；有的打破已有教材内容格局，支持更为科学合理的知识单元与知识点群，方便在有效教学时间范围内实施高效的教学；有的依据新型计算理论与技术或新型领域应用发展而新编，注重新型计算模型的变化，体现新型系统结构，强化新型软件开发方法，反映新型应用形态。

本系列教材在编写与出版过程中，十分关注计算机专业教育与新一代信息技术应用的深度融合，将实施教材出版与 MOOC 模式的深度结合、教学内容与新型试验平台的有机结合，以及教学效果评价与智能教育发展的紧密结合。

本系列教材的出版，将支撑和服务智能时代我国计算机类专业教育，期望得到广大计算机教育界同人的关注与支持，恳请提出建议与意见。期望我国广大计算机教育界同人同心协力，努力培养适应智能时代的高素质创新人才，以推动我国智能科技的发展以及相关领域的综合应用，为实现教育强国和国家发展目标做出贡献。

智能时代计算机类专业教育–计算机类专业系统能力培养 2.0

系列教材编委会

2020 年 1 月

P R E F A C E

前　言

作为人工智能的核心物质载体，智能计算系统无论对于人工智能的前沿研究还是产业发展都至关重要。业界迫切需要数以万计的智能计算系统人才。为此，我们于 2019 年在中国科学院大学开设了国内第一门智能计算系统课程，并于 2020 年出版了《智能计算系统》教材，该教材也是国际上第一本系统介绍当代智能计算系统软硬件技术栈原理的教材。

目前，"智能计算系统"课程和《智能计算系统》教材已经推广至国内 70 余所高校。这些学校的实际教学经验表明，学生仅通过理论学习，无法对智能计算系统知识融会贯通。"纸上得来终觉浅，绝知此事要躬行。"例如，仅仅把原理背得滚瓜烂熟，学生还是很难真正理解编程框架如何将智能任务分解成算子映射到硬件上。想要搞清楚这个过程，必须实际动手去修改编程框架。因此，**学生要花 50~60 小时的课余时间动手做实验，才能进入智能计算系统全栈工程师的行列。**

从这个角度看，整个智能计算系统的教学需要花三分之二的时间用于实验。但是，目前国内外都没有比较全面、系统的智能计算系统实验教程能清楚地告诉老师和学生，到底应该做哪些实验，每个实验具体有哪些环节，需要花费多少时间，在什么平台上做，怎么评分。这使得实验既不好教，也不好学。老师没有好的依据来指导实验教学，学生碰到实验中的"疑难杂症"也没有地方查阅。很多学校的老师和学生都向我们反映了这些困难，迫切希望我们为《智能计算系统》再编写一本配套的实验教程。

因此，我们花了一年多时间又编写了这本《智能计算系统实验教程》。这本书结合智能计算系统的软硬件技术栈设计了基于通用 CPU 平台和深度学习处理器平台的分阶段实验和综合实验。其中，分阶段实验以风格迁移作为驱动范例，包括算法实验（第 2~3 章）、编程框架实验（第 4 章）、智能编程语言实验（第 5 章）、深度学习处理器运算器设计实验（第 6 章）。通过完成分阶段实验，学生可以开发出一个可完成图像风格迁移任务的智能计算系统。综合实验（第 7 章）包括目标检测、文本检测、自然语言处理等不同应用领域的实验，可以帮助学生巩固对软硬件技术栈相关知识的系统理解，让学生了解不同应用领域对智能计算系统的需求。对上述每个实验，我们都明确介绍了实验目的及相关背景知识、实验环境、实验步骤、评估标准和进阶思考。特别是，本书为每个实验抽象出了多个知识点（如第 2 章的知识点包括全连接神经网络的正向传播、随机梯度下降法、反向传播、设计优化方法等），并以这些知识点构建了一棵智能计算系统知识树。学生每完成一个实验，便可“点亮”知识树的一部分。通过遍历知识树的过程，学生可以更好地掌握各个知识点之间的有机联系，获得对整个技术栈的系统性理解。

实验设计得再完备，如果学生没有高涨的学习积极性，也很难取得好的学习效果。为此，我们为这本书设计了一款配套的游戏，利用游戏中的“稠密奖励”“即时奖励”和“体系性奖励”等机制来提升学生的学习热情。学生可以通过完成智能计算系统的各个实验，不断获取游戏中的奖励。将游戏通关后，便自然而然地完成了整个智能计算系统实验课程的学习。所以说，这本书不仅是一本实验教程，也是我们对教学的一种新尝试。这种创新的教学机制如果能够有效地提升学生的学习热情，不仅有利于培养具有系统思维的人工智能人才，还可能对很多其他工科专业课程的教学起到借鉴作用。

这本实验教程凝结了智能计算系统课程团队很多同志的心血。陈云霁设计了游戏化实验和教学的总体思路。李玲和陈云霁确定了本书的内容组织和各章节的大纲。陈云霁负责完成了本书的前言和后记，李玲和陈云霁负责完成了第 1 章，张蕊和谭梓豪负责完成了第 2、3 章，李威和张昊翀负责完成了第 4 章，郭崎、张昊翀、程新超和张屹负责完成了第 5、7 章，李震负责完成了第 6 章。李玲负责全书的统稿与审校。承书尧、吴杨洋、梁雪刚、梁旭强、姚铁生等同志参与了实验的开发。张振兴、付强等同志负责本书多幅图的美化。郭崎、杨君、董守杨、张振兴、樊哲、文渊博、郝一帆、李崇文、彭少辉、刘畅、王昱昊、张朝、钟岩青、孔维浩、王咸焯、曾雨浩、吴逍雨等同志参与了本书的校对。谭梓豪、苑民钊、赵长海、李超、王明键等同志负责自动评测系统的开发与搭建。杜文博、李翘楚、王義鹏、杜金乐、张志杰、刘靖、王超等同志负责游戏系统的开发。于淼和胡晓洁负责自动评测系统与游戏的策划及统筹、实验教程出版及实验教学的协调。在此向这些同志表示衷心的感谢。同时，我们也特别感谢 2019 年课程开设至今所有参与过实验的老师们和同学们，尤其是中国科学院大学计算机学院 2018~2020 级和北京大学软件与微电子学院 2019 级、2020 级选修“智能计算系统”课程的 600 多名学生，他们对实验做了测试并提出了很多宝贵意见。由于我们学识水平有限，书中一定还有错漏之处，恳请读者批评指正。如有任何意见和建议，欢迎发邮件至 aics@ict.ac.cn。

本书的写作受到了国家重点研发计划、国家自然科学基金、“新一代人工智能”重大项目、中国科学院先导专项、中国科学院前沿科学重点项目、中国科学院标准化研究项目、北京市自然科学基金、北京智源人工智能研究院和腾讯科学探索奖的支持。寒武纪公司为本书的部分章节提供了资料及技术支持。此外，机械工业出版社的编辑给予了我们大量的帮助。在此一并表示诚挚的谢意。

中国科学院计算技术研究所

陈云霁

2021 年 7 月 1 日于北京中关村

CONTENTS

目　　录

C H A P T E R 1

第1章 绪论

智能计算系统是智能时代的核心物质载体。要理解智能计算系统软硬件技术栈，需要融会贯通地掌握智能算法、编程框架、智能编程语言、深度学习处理器四个方面的知识。

古代《荀子·儒效》云："不闻不若闻之，闻之不若见之，见之不若知之，知之不若行之。"今天程序员圈里流传着 Linux 之父 Linus Torvalds 的一句话："Talk is cheap. Show me the code."因此，读者要真正理解智能计算系统，掌握相应的能力，在学习了《智能计算系统》教材中的理论知识之后，还必须通过实际动手编程点亮智能计算系统知识树。这就是本实验教程的目标。

作为《智能计算系统》教材的配套实验教程，本书仍以风格迁移作为驱动范例，针对智能算法、编程框架、智能编程语言、深度学习处理器中的知识点设计了相应的实验（分阶段实验）。读者通过实验点亮智能计算系统知识树中相应的知识点，进而将软硬件技术栈贯通起来，最终就能开发出一个实际的能够完成图像风格迁移任务的智能计算系统。在此基础上，读者还可以开发出更多其他的智能计算系统（综合实验），巩固其系统能力。

为了增强实验的趣味性，激发读者的积极性，本书设计了配套的游戏实验系统——《太空开发者》经营游戏，让读者通过解锁智能计算系统的各个实验，在点亮知识树的同时可以获得太空空间站建设所需的科技点。其中，针对智能计算系统实验解锁部分，设计了配套的自动智能评分系统，可以对上传的实验结果进行自动、即时的评估。通过通关游戏，读者可以练就智能计算系统的四大核心技能，成为智能计算系统全栈工程师。

本章首先简单介绍智能计算系统的概念及发展，其次介绍本书的实验设计，然后介绍本书的实验平台，最后介绍本书的游戏实验系统。

1.1 智能计算系统简介

人工智能是人制造的机器所表现出来的智能。人工智能通常分为两大类：弱人工智能和强人工智能。弱人工智能是能够完成某种特定具体任务的人工智能，而强人工智能是具备与人类同等智慧或超越人类智慧的人工智能 [1]。目前广泛应用于图像识别、语音识别、自然语言处理、博弈游戏等应用上的深度学习技术就属于弱人工智能。本实验教程重点关注面向弱人工智能的智能计算系统。

一个完整的智能体需要能够从外界获取输入，并将智能处理结果输出给外界。而人工智能算法或代码本身并不能构成一个完整的智能体，必须要在一个具体的物质载体上运行起来才能与之共同作为一个完整的智能体作用于物质世界，展现出智能。因此，智能计算系统是人工智能的物质载体 [1]。

以通用 CPU 为中心的传统计算系统的速度和能效难以满足智能应用的需求，因此现阶段的智能计算系统通常是集成通用 CPU 和智能芯片的硬件异构系统，同时包括一套面向开发者的智能计算编程环境（包括编程框架和编程语言），该编程环境可以帮助程序员快速便捷地开发高能效的智能应用程序。现阶段的智能计算系统主要是面向深度学习处理的智能计算系统，为此智能芯片主要是深度学习处理器（Deep Learning Processor，DLP）。因此，智能计算系统覆盖深度学习算法、编程框架、智能编程语言、深度学习处理器等软硬件技术栈，如图 1.1 所示。

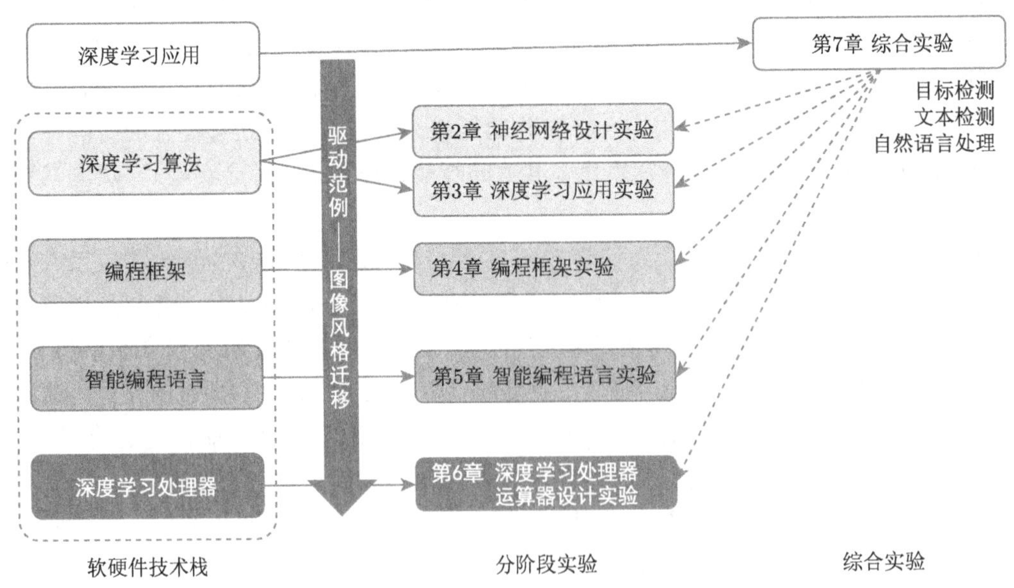

图 1.1 智能计算系统的软硬件技术栈及实验内容

深度学习（多层大规模神经网络）算法是当前智能计算系统的核心人工智能算法。自 2012 年深度卷积神经网络（Convolutional Neural Network，CNN）AlexNet 获得 ImageNet 大规模视觉识别比赛冠军，深度学习得到了业界的广泛关注。随着数据集和模型规模的快速发展，深度学习的识别精度越来越高，已经广泛用于语音识别、人脸识别、机器翻译等领域，甚至在围棋和《星际争霸》等游戏中战胜了人类顶级高手，并形成了图像风格迁移等有意思的应用。面向不同应用领域，已经演化并不断迭代出不同种类的新的深度学习算法，例如用于图像分类的 CNN（如 VGG、ResNet 等）、用于图像目标检测的 CNN（如 R-CNN 系列、YOLO 等）、用于序列信息处理的循环神经网络（Recurrent Neural Network，RNN）及长短期记忆网络（Long Short-Term Memory，LSTM）、生成对抗网络（Generative Adversarial Network，GAN）等。

将种类繁多且快速迭代的深度学习算法高效地运行在多种智能芯片上，需要编程框架的支持。编程框架是智能计算系统中非常关键的核心枢纽，发挥着承上启下的作用。对于程序员，编程框架将智能算法中的常用操作（如卷积、池化等）封装成算子供程序员直接调用，以降低智能应用的开发难度，提高智能应用的开发效率；对于智能芯片，编程框架将智能算法拆分出的一系列具体算子分配到智能芯片（或 CPU）上运行，以达到更优的运行性能。2014 年加州大学伯克利分校发布的深度学习编程框架 Caffe 是最早出现的框架之一，由于其易用、稳健、高效的特点，被广泛用于深度学习的训练（training）和推断（inference）㊀。2015 年年底谷歌发布的编程框架 TensorFlow 是目前最受欢迎的框架之一，它支持自动求导，训练好的模型可以部署到不同的硬件/操作系统平台上。此后，出现了 MXNet、PyTorch、PaddlePaddle 等编程框架。编程框架的易用性极大地推动了深度学习算法的发展。

智能编程语言是智能计算系统中连接智能编程框架和智能计算硬件的桥梁。由于深度学习处理器架构与传统通用 CPU 在控制、存储及计算等逻辑上都有较大区别，传统编程语言（如 C/C++、Java、Python、汇编语言等）在面向智能计算系统编程时难以同时满足高开发效率、高性能和高可移植性的需求，因此需要有新的高级智能编程语言。为适应人工智能算法和深度学习处理器的快速演进，智能编程语言需要对不同规模、不同尺度及不同形态的智能计算系统进行层次化的硬件架构抽象，并在此基础上为用户提供简洁、统一的编程接口。例如，《智能计算系统》教材介绍的智能编程语言 BANG C Language（BCL）不仅可以提升智能算法的开发效率，还可以利用深度学习处理器的结构特点来有效应对不断演进的深度学习算法。此外，面向图像处理的 Halide、面向深度学习的 RELAY/TVM 等领域专用语言也对特定领域的应用和硬件进行了一定的抽象。

深度学习处理器是智能计算系统的核心，近年来得到了快速发展。2013 年，中科院计

㊀ 在不同文献中可能被称为推断、推理、测试或预测，即深度学习的前向/正向计算。

算所和法国国家信息与自动化研究所（INRIA）共同设计了国际上首个深度学习处理器架构——DianNao。它可以灵活、高效地处理拥有上百层、千万神经元、上亿突触（甚至更大）的各种深度学习神经网络；且相对于传统通用 CPU，它可以取得两个数量级（甚至更高）的能效优势。随后，中科院计算所和 INRIA 又设计了国际上首个多核深度学习处理器架构 DaDianNao 和首个机器学习处理器架构 PuDianNao。进一步，中科院计算所提出了国际上首个深度学习指令集 Cambricon。中科院计算所还研制了国际上首款深度学习处理器芯片“寒武纪 1 号”。目前寒武纪系列处理器已实际用于近亿台智能手机和服务器中，推动了深度学习处理器从理论走向实际，普惠大众。此外，近年来，Google、NVIDIA、Intel、IBM、MIT、Stanford 等公司和研究机构都在引用中科院计算所的 DianNao 系列论文，开展深度学习处理器方面的研制工作。

得益于深度学习算法、编程框架、智能编程语言、深度学习处理器等方面的技术进步，智能计算系统已成为计算机的一类主流形态。今天，大量的超级计算机、数据中心计算机、智能手机、智能物端等都是以深度学习类应用为核心负载，因此都在朝智能计算系统方向演进。例如，IBM 将其研制的 2018 年世界上最快的超级计算机 SUMMIT 称为智能超算，在 SUMMIT 上利用深度学习方法做天气分析的工作甚至获得了 2018 年超算应用最高奖——戈登·贝尔奖。数据中心计算机利用深度学习做广告推荐、自动翻译、智能在线教育、智慧医疗等应用，是典型的智能计算系统。智能手机更是因其要用深度学习处理大量的图像识别、语音识别、自动翻译等任务，被广泛看作一种典型的小型智能计算系统，仅集成寒武纪深度学习处理器的手机就已有近亿台。智能物端（包括机器人、自动驾驶、手表、监控等）也广泛使用深度学习进行相关任务的处理。因此，未来如果人类社会真的进入智能时代，可能绝大部分计算机都是智能计算系统。

1.2 实验设计

结合智能计算系统的软硬件技术栈，本书设计了如图 1.1 所示的分阶段实验和综合实验。其中，分阶段实验以图像风格迁移作为驱动范例，读者可以通过逐步完成算法实验（第 2~3 章）、编程框架实验（第 4 章）、智能编程语言实验（第 5 章）、深度学习处理器运算器设计实验（第 6 章）等，点亮知识树（如图 1.2 所示），开发出实现图像风格迁移的智能计算系统；综合实验（第 7 章）包括目标检测、文本检测、自然语言处理等不同应用领域的实验，读者可以巩固对相关知识的系统理解和掌握，了解不同应用对智能计算系统的需求，并开发出相应的智能计算系统，进阶为智能计算系统全栈工程师。

针对上述实验，我们首先介绍实验目的和相关背景知识；之后介绍相关实验环境（为了由浅入深地增进读者对智能计算系统的了解，实验环境包括通用 CPU 平台和 DLP 平台）；接下来通过详细实验步骤引导读者进行实验并给出评估标准；最后，在实验思考部分引导读者进行进阶设计，以加深读者对智能计算系统的全面理解。

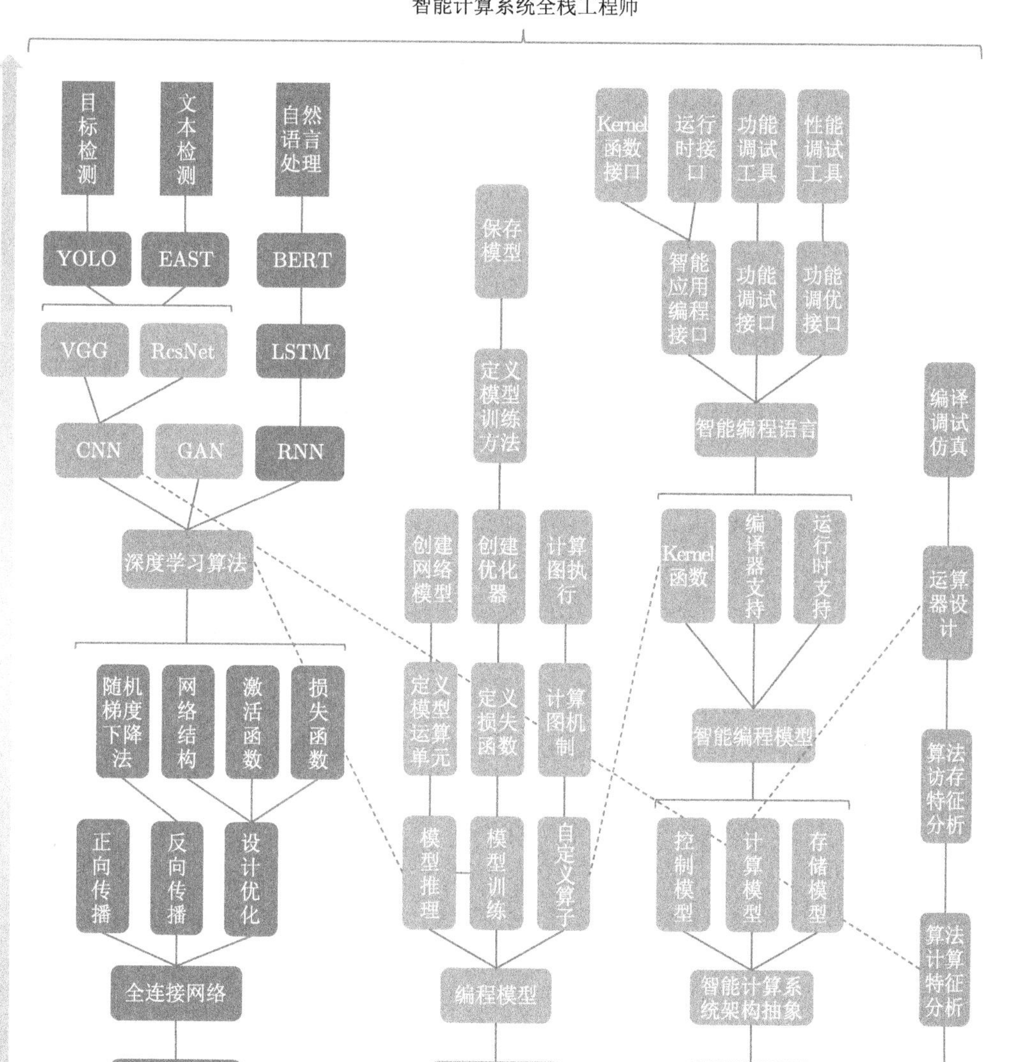

第2章神经网络设计知识点　第3章深度学习应用知识点　第4章编程框架知识点　第5章智能编程语言知识点　*第6章DLP运算器设计知识点　第7章综合实验额外知识点

图 1.2　智能计算系统知识树（见彩插）

第 2 章介绍如何利用三层全连接神经网络实现手写数字分类的两个实验，包括在 CPU 平台和 DLP 平台上实现手写数字分类，以帮助读者深入理解神经网络训练及推断的原理。其中，实验一是 CPU 平台上的手写数字分类实验，介绍如何使用 Python 语言实现面向手写数字分类任务的三层全连接神经网络的训练和推断，涉及神经网络基本单元的前向传播和反向传播的计算，基于随机梯度下降法的参数更新，以及神经网络设计优化方法等。实验二是 DLP 平台上的手写数字分类实验，介绍如何调用 DLP 上 Python 语言封装的深度学习函数库 pycnml，将实验一中与神经网络前向计算相关的模块移植到 DLP 平台上，最终在 DLP 平台上实现手写数字分类。这两个实验将为后续更复杂的实验（如风格迁移等）奠定基础，并让读者对 DLP 编程和处理效率有初步了解。

第 2 章知识点：全连接神经网络的正向传播、随机梯度下降法、反向传播，以及设计优化方法，包括网络结构（隐层个数、神经元个数）、激活函数、损失函数等。

第 3 章介绍与深度学习算法相关的三个实验，包括 CPU 平台和 DLP 平台上基于 VGG 网络的图像分类实验以及非实时风格迁移实验。其中，实验一是 CPU 平台上基于 VGG 网络的图像分类实验，使用 Python 实现 VGG 网络结构及推断等模块，使用预训练好的模型参数对给定的输入图像进行分类，并分析 VGG 网络的计算量及性能瓶颈。实验二是 DLP 平台上的图像分类实验，介绍如何调用 pycnml 库中的相关接口将实验一中的相关模块移植到 DLP 平台上，并最终在 DLP 平台上实现图像分类。实验三是非实时风格迁移实验（对应《智能计算系统》教材的 3.6.1 节），在实验一的基础上介绍如何利用 VGG 网络对输入图像进行训练来获得风格化的图像，其中涉及利用 VGG 网络提取图像特征、计算内容/风格损失、迭代训练来求解风格化图像等。

第 3 章知识点：卷积神经网络的网络层（包括卷积层、池化层、全连接层、Softmax 层等）及其构建，基于 VGG 的图像分类，基于 VGG 的非实时风格迁移算法。

第 4 章介绍与深度学习编程框架相关的四个实验，包括利用编程框架实现图像分类，利用图像转换网络实现实时风格迁移的推断、实时风格迁移的训练，以及自定义 TensorFlow 的 CPU 算子。其中，实验一是图像分类实验，介绍如何利用 TensorFlow 框架实现 CPU 和 DLP 两种平台上的图像分类，帮助读者熟悉 TensorFlow 的编程模型及基本用法。实验二是实时风格迁移的推断实验，介绍如何基于 TensorFlow 在 CPU 和 DLP 平台上分别实现实时风格迁移中图像转换网络的推断过程，并进行性能对比分析。实验三是实时风格迁移的训练实验，介绍如何基于 TensorFlow 实现图像转换网络的训练，包括损失函数的构建、训练方法的定义等。通过与第 3 章中使用 Python 语言实现深度学习算法对比，读者可以体会使用编程框架开发的便利性和高效性。实验四是自定义 CPU 算子实验，介绍如何在 TensorFlow 中新增自定义算子，以解决原生编程框架不支持特定算子的问题。

第 4 章知识点： 编程框架 TensorFlow 的编程模型的基本用法，基于 TensorFlow 的图像分类以及实时图像风格迁移的推断过程（即 VGG 网络和图像转换网络的前向传播，包括定义模型计算单元（如卷积层、池化层）和创建网络模型），基于 TensorFlow 的实时图像风格迁移训练（即模型训练，包括定义损失函数、创建优化器、定义模型训练方法、保存模型），自定义 TensorFlow 算子。

第 5 章介绍智能编程语言方面的三个实验，包括 BCL 算子开发与集成、BCL 性能优化、BPL（BANG Python Language）算子开发与集成。其中，实验一是 BCL 算子开发与集成实验，介绍如何使用智能编程语言 BCL 定义新的算子以扩展高性能库算子，并将其集成到编程框架中，从而加速实时图像风格迁移。通过该实验，读者可以掌握对高性能库及编程框架进行扩展的能力，并可以根据特定应用场景的需求自主定义 DLP 算子，以适应智能算法的快速演进。实验二是 BCL 性能优化实验，以矩阵乘为例，介绍如何使用智能编程语言 BCL 来充分利用 DLP 上的计算和存储资源从而实现性能优化。通过该实验，可以掌握 DLP 平台上使用智能编程语言进行算法性能优化的原理、多核流水优化技术，从而加深对智能计算系统和智能编程语言的理解。实验三是 BPL 算子开发与集成实验，使用智能编程语言 BPL 来实现实验一中的算子开发与集成，以进一步提高开发效率。

第 5 章知识点： 智能计算系统抽象架构（包括计算模型、控制模型、存储模型），智能编程模型（包括 Kernel 函数、编译器支持和运行时支持），智能编程语言基础，面向智能计算设备的高层接口——智能应用编程接口，功能调试接口及工具，性能调优接口及工具。

第 6 章* 以深度学习算法中最核心的卷积运算和矩阵运算为例，介绍如何设计深度学习处理器运算器，包括串行内积运算器、并行内积运算器，以及矩阵运算子单元等。其中，前两个实验分别是串行、并行内积运算器实验，介绍如何使用 Verilog HDL（Hardware Description Language，硬件描述语言）编写实现深度学习卷积和全连接层中的内积运算，然后在 ModelSim 仿真环境下进行仿真验证，并评估内积运算器的性能。实验三是矩阵运算子单元实验，在前两个实验的基础上，介绍如何设计运算子单元的整体结构及其控制单元，使用 Verilog 编写具体代码并进行仿真验证，评估矩阵运算子单元的性能。第 6 章的实验供有芯片设计基础的读者选做。

第 6 章知识点： 算法的计算特征分析和访存特征分析、DLP 运算器设计、编译调试仿真。

第 7 章综合实验中介绍了如何在 DLP 平台上开发目标检测、文本检测和自然语言处理三个不同领域的人工智能应用。通过将智能算法、编程框架、智能编程语言和深度学习处理器的相关知识点串联起来，在智能计算平台上实现应用部署及优化，从而使读者具备融会贯通的智能计算系统设计开发能力。其中，实验一是目标检测实验，介绍面向 DLP 平台如何实现经典的目标检测算法——YOLOv3 网络，并进行性能优化，最终完成在 DLP 平台上的目标检测应用。实验二是文本检测实验，介绍面向 DLP 平台如何实现文本检测的代表性算法——EAST 网络，并进行性能优化，最终完成在 DLP 平台上的文本检测应用。实验三是自然语言处理实验，介绍如何实现自然语言处理的代表性算法——BERT 网络，并进行性能优化，最终完成在 DLP 平台上的典型自然语言处理应用——问答系统。

第 7 章知识点：第 2~6 章的相关知识点，以及目标检测（基于 YOLO 网络），文本检测（基于 EAST 网络），自然语言处理（基于 BERT 网络）。

书中标 * 的章节或习题，供读者选做。本书代码示例用“TODO”表示需要读者来实现的内容，如果“TODO”后有 2~3 行下划线，表示需要补充的代码有多行，可能不止 2~3 行。代码示例中“...”处不需要补充代码，仅表示不展示该部分的代码。

1.3　实验平台

为配合相关实验的开展，我们采用的实验平台包括通用 CPU 平台和智能计算系统平台。其中智能计算系统平台集成了深度学习处理器硬件，并提供了配套的软件开发环境。

1.3.1　硬件平台

本书实验所采用的 DLP 芯片内部集成了 4 个深度学习处理器簇（Cluster），其中每个 Cluster 包括 4 个深度学习处理器计算核以及共享的片上存储（Shared RAM，SRAM）。每个计算核包括处理单元（Neural Functional Unit，NFU）、神经元存储（Neuron RAM，NRAM）和权重存储（Weight RAM，WRAM）等。其具体结构如图 1.3 所示。该 DLP 硬件以 PCIe 加速卡的形式提供给用户使用，支持 int16、int8、int4、float32 及 float16 等多种数据类型，理论峰值算力为 128 TOPS（int8），满足多样化的智能处理需要，兼具通用性和高性能。

除了直接在 PC 或者服务器中使用 DLP 硬件进行编程外，我们还提供了云平台环境，方便用户使用 DLP 硬件。云平台的基本功能和使用方法参见课程网址 http://novel.ict.ac.cn/aics/。

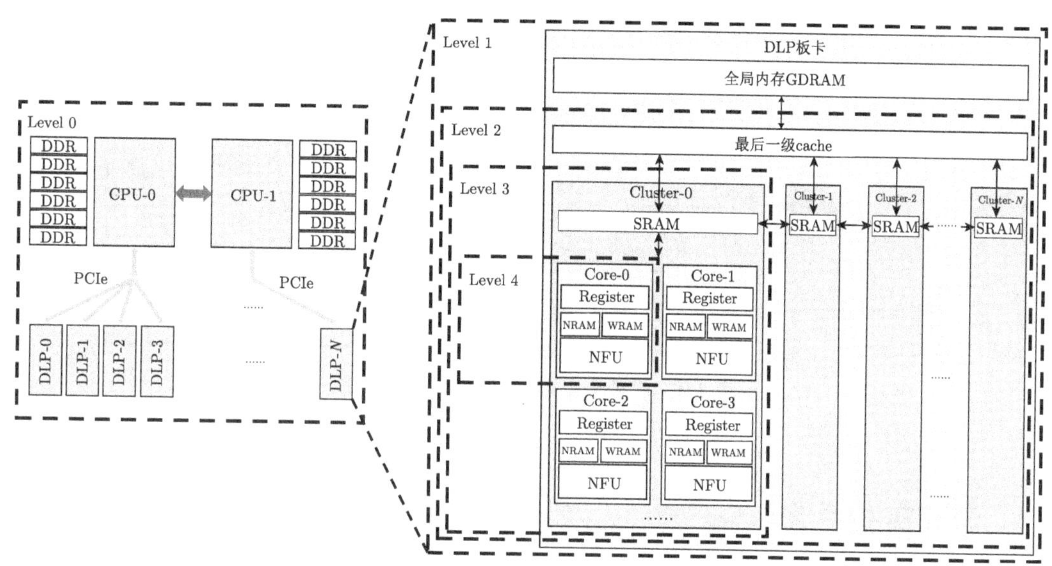

图 1.3 实验所采用的 DLP 硬件架构

1.3.2 软件环境

DLP 的整体软件环境如图 1.4 所示，主要包括：编程框架、高性能库 CNML、智能编程语言、运行时库 CNRT 及驱动、开发工具包及领域专用开发包。其中，编程框架包括 TensorFlow、PyTorch 和 Caffe 等。DLP 上的高性能库 CNML 提供了一套高效、通用、可扩展的编程接口，用于在 DLP 上加速各种智能算法。用户可以直接调用 CNML 中大量已优化好的算子接口来实现其应用，也可以根据需求扩展算子。智能编程语言 BCL 和 BPL 可以用于实现编程框架和高性能库 CNML 中的算子。DLP 的运行时库 CNRT 提供了面向设备的用户接口，用于完成设备管理、内存管理、任务管理等功能。运行时库是 DLP 软件环境的底层支撑，其他应用层软件的运行都需要调用 CNRT 接口。除了上述基本软件模块外，还提供了多种工具方便用户进行状态监测及性能调优，如应用级性能剖析工具、系统级性能监控工具和调试器等。上述具体内容将在后续实验的背景部分介绍。

上层智能应用可以通过两种方式来运行：在线方式和离线方式。其中，在线方式是直接用各种编程框架（如 TensorFlow、PyTorch 和 Caffe 等）间接调用高性能库 CNML 及运行时库 CNRT 来运行。离线方式是通过直接调用运行时库 CNRT，运行前述过程生成的特定格式的网络模型，以减少软件环境的中间开销，提升运行效率。关于在线运行和离线运行的详细介绍参见 5.1 节。

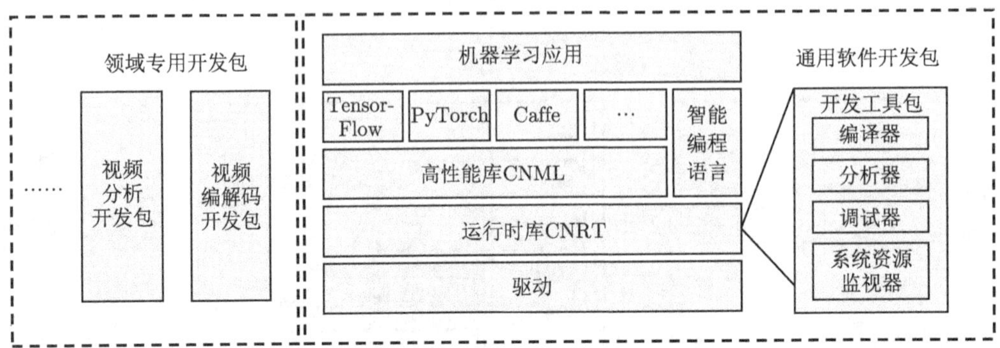

图 1.4 实验所采用的 DLP 的软件环境

1.4 游戏实验系统

为了寓乐于学，我们设计了一款配套的游戏实验系统——《太空开发者》。该系统将游戏与课程实验紧密结合起来，对读者完成的各章节课程实验进行即时评分，同时提供游戏的即时奖励——科技点。通过各个实验的即时游戏奖励，让读者在游戏中学习，在学习中游戏，提升读者的学习热情。

《太空开发者》游戏是一款沙盒类游戏。玩家作为一名小宇航员，在一个荒芜的星球上从零开始经营自己的空间站，如图 1.5 所示。在初级阶段，玩家可以建造和升级氧气发生器、太阳能收集器等初级基础设施；随着课程实验的深入，可以不断获得任务奖励，逐步解锁镍矿钻井、沙土收集装置等高级基础设施。在中级阶段，玩家可以建造和升级半导体工坊、光刻工厂等基础制造工厂。随着基础设施的建设与生产，玩家开始进入高级阶段，逐步迈向电子设备制造厂、微型机器人研发中心等高级制造工厂的经营。

图 1.5 星际空间站场景示例（见彩插）

在游戏过程中，玩家通过完成课程实验，获得核心科技点，来解锁关键科技、建筑、NPC（Non-Player Character，非玩家角色）、任务、道具等。其中，各种 NPC 可以被玩家雇佣以辅助经营空间站，NPC 也可以通过学习获得技能，提升自己的能力。在游戏时，玩家通过课程实验奖励、策略优化、经营收益投入调整、游戏社交宣传等手段繁荣自己的空间站。

为配合游戏的即时奖励机制，游戏实验系统采用了一套实验自动评分系统。该自动评分系统可以对上传的实验结果进行即时批改和评分，并即时提供科技点奖励。

此外，游戏实验系统还设置了一系列游戏排名榜以激发读者的良性竞争。读者提交实验的次数越多，实验成绩越好，玩家的空间站就越繁荣，游戏排名也更靠前。

读者开始章节实验前，会获得相应的实验环境和实验账号。游戏实验系统将实验账号与游戏账号绑定。读者在游戏通关的过程中，逐步完成章节实验，掌握智能计算系统相关知识点，获得系统思维能力，成为智能计算系统全栈工程师。

了解与获取游戏，请登录本课程网站（https://novel.ict.ac.cn/aics）。

C H A P T E R 2

第 2 章

神经网络设计实验

神经网络设计是实现复杂深度学习算法/应用的基础，本章将介绍如何设计一个三层神经网络模型来实现手写数字分类。首先介绍在 CPU 平台上如何利用高级编程语言 Python 搭建神经网络训练和推断框架来实现手写数字分类，随后介绍如何将前述神经网络推断部分移植到深度学习处理器（DLP）上。由于当前教学使用的 DLP 仅支持推断功能，因此本书中 DLP 相关实验仅实现神经网络的推断功能。完成本章实验，读者就可以点亮智能计算系统知识树（见图 1.2）中神经网络设计部分的知识点。

2.1 基于三层神经网络实现手写数字分类

2.1.1 实验目的

本实验的目的是掌握神经网络的设计原理，熟练掌握神经网络的训练和推断方法，能够使用 Python 语言实现一个可以进行手写数字分类的三层全连接神经网络模型的训练和推断。具体包括：

1）实现三层神经网络模型进行手写数字分类，建立一个简单而完整的神经网络工程。通过本实验理解神经网络中基本模块的作用和模块间的关系，为后续建立更复杂的神经网络（如风格迁移）奠定基础。

2）利用高级编程语言 Python 实现神经网络基本单元的前向传播（也称为正向传播）和反向传播计算，加深对神经网络中基本单元（包括全连接层、激活函数、损失函数等）的理解。

3）利用高级编程语言 Python 实现神经网络训练所使用的梯度下降算法，加深对神经网络训练过程的理解。

实验工作量：约 20 行代码，约需 2 小时。

2.1.2 背景介绍

2.1.2.1 神经网络的组成

一个完整的神经网络通常由多个基本的网络层堆叠而成。本实验中的三层神经网络由三个全连接层构成，在每两个全连接层之间插入 ReLU 激活函数层引入非线性变换，最后使用 Softmax 损失层计算交叉熵损失函数，如图 2.1 所示。因此本实验中使用的基本单元包括全连接层、ReLU 激活函数层、Softmax 损失层，将在本节分别介绍。更多关于神经网络中基本单元的介绍详见《智能计算系统》教材[1] 的 2.3 节。

1. 全连接层

全连接层以向量作为输入，输入与权重相乘后再与偏置相加得到输出向量。假设全连接层的输入为 m 维列向量 $\boldsymbol{x}$；输出为 n 维列向量 $\boldsymbol{y}$；权重是 $m \times n$ 的矩阵 $\boldsymbol{W}$；偏置是 n 维列向量 $\boldsymbol{b}$㊀。前向传播时，全连接层的输出的计算公式为

$$\boldsymbol{y} = \boldsymbol{W}^{\mathrm{T}}\boldsymbol{x} + \boldsymbol{b} \tag{2.1}$$

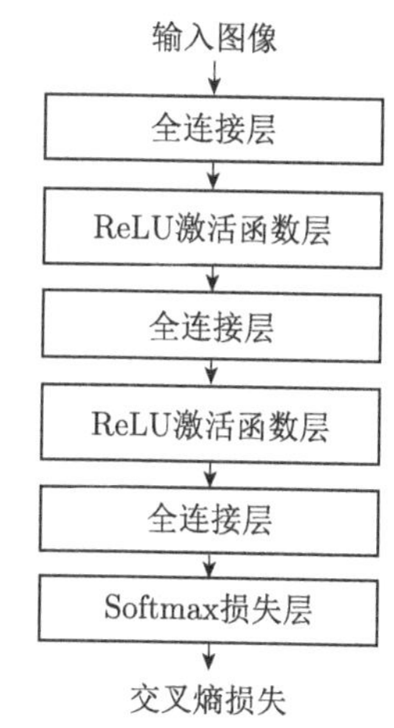

图 2.1　用于手写数字分类的三层全连接神经网络

在计算全连接层的反向传播时，给定神经网络损失函数 L 对当前全连接层的输出 $\boldsymbol{y}$ 的偏导 $\nabla_{\boldsymbol{y}} L = \dfrac{\partial L}{\partial \boldsymbol{y}}$，其维度与全连接层的输出 $\boldsymbol{y}$ 相同，均为 n。根据链式法则，全连接层的权重和偏置的梯度$\left(\nabla_{\boldsymbol{W}} L = \dfrac{\partial L}{\partial \boldsymbol{W}}、\nabla_{\boldsymbol{b}} L = \dfrac{\partial L}{\partial \boldsymbol{b}}\right)$以及损失函数对输入的偏导$\left(\nabla_{\boldsymbol{x}} L = \dfrac{\partial L}{\partial \boldsymbol{x}}\right)$的计算公式分别为

$$\begin{aligned}
\nabla_{\boldsymbol{W}} L &= \boldsymbol{x}(\nabla_{\boldsymbol{y}} L)^{\mathrm{T}} \\
\nabla_{\boldsymbol{b}} L &= \nabla_{\boldsymbol{y}} L \\
\nabla_{\boldsymbol{x}} L &= \boldsymbol{W} \nabla_{\boldsymbol{y}} L
\end{aligned} \tag{2.2}$$

实际应用中通常使用批量（batch）随机梯度下降算法进行反向传播计算，即选择若干个样本同时计算。假设选择的样本量为 p，此时输入变为 $p \times m$ 的矩阵 $\boldsymbol{X}$，每行代表一个样本，每个样本对应公式 (2.1) 中 $\boldsymbol{x}$ 的转置。输出变为 $p \times n$ 的矩阵 $\boldsymbol{Y}$。此时全连接层的前向传播计算公式由公式(2.1)变为㊁

㊀ 偏置可以是向量，计算每个输出使用不同的偏置值。偏置也可以是一个标量，计算同一层的输出使用同一个偏置值。

㊁ 需要说明的是，批量处理时输入 $\boldsymbol{X}$ 和输出 $\boldsymbol{Y}$ 的每一行代表一个样本，分别对应公式 (2.1) 中的 $\boldsymbol{x}$ 和输出 $\boldsymbol{y}$ 的转置，因此公式 (2.3) 和公式 (2.4) 的形式与公式 (2.1) 和公式 (2.2) 略有不同。

$$\boldsymbol{Y}=\boldsymbol{X}\boldsymbol{W}+\boldsymbol{b}^{\mathrm{T}} \tag{2.3}$$

其中，+ 代表广播运算，表示偏置 $\boldsymbol{b}$ 中的元素会被分别加到 $\boldsymbol{XW}$ 的乘积矩阵的每行元素中。权重和偏置的梯度（$\nabla_{\boldsymbol{W}}L$、$\nabla_{\boldsymbol{b}}L$）以及损失函数对输入的偏导 $\nabla_{\boldsymbol{X}}L$ 的计算公式由公式(2.2)变为

$$\begin{aligned}
\nabla_{\boldsymbol{W}}L&=\boldsymbol{X}^{\mathrm{T}}\nabla_{\boldsymbol{Y}}L\\
\nabla_{\boldsymbol{b}}L&=(\nabla_{\boldsymbol{Y}}L)^{\mathrm{T}}\boldsymbol{1}\\
\nabla_{\boldsymbol{X}}L&=\nabla_{\boldsymbol{Y}}L\boldsymbol{W}^{\mathrm{T}}
\end{aligned} \tag{2.4}$$

其中，计算偏置的梯度 $\nabla_{\boldsymbol{b}}L$ 时，用 $\nabla_{\boldsymbol{Y}}L$ 的转置与 p 维的全 1 向量 $\boldsymbol{1}$ 相乘。

2. ReLU 激活函数层

ReLU 激活函数是按元素进行运算，其输出向量 $\boldsymbol{y}$ 的维度与输入向量 $\boldsymbol{x}$ 的维度相同[㊀]。在前向传播中，如果输入 $\boldsymbol{x}$ 中的元素值小于 0，则输出向量 $\boldsymbol{y}$ 中对应元素值为 0，否则等于输入。因此 ReLU 的计算公式为

$$\boldsymbol{y}(i)=\max(0,\boldsymbol{x}(i)) \tag{2.5}$$

其中 $\boldsymbol{x}(i)$ 和 $\boldsymbol{y}(i)$ 分别代表 $\boldsymbol{x}$ 和 $\boldsymbol{y}$ 在位置 i 的值。

由于 ReLU 激活函数不包含参数，在反向传播计算过程中仅需根据损失函数对输出的偏导 $\nabla_{\boldsymbol{y}}L$ 计算损失函数对输入的偏导 $\nabla_{\boldsymbol{x}}L$。损失函数对本层的第 i 个输入的偏导 $\nabla_{\boldsymbol{x}(i)}L$ 的计算公式为

$$\nabla_{\boldsymbol{x}(i)}L=\begin{cases}\nabla_{\boldsymbol{y}(i)}L & \boldsymbol{x}(i)\geqslant 0\\ 0 & \boldsymbol{x}(i)<0\end{cases} \tag{2.6}$$

3. Softmax 损失层

Softmax 损失层是目前多分类问题中最常用的损失函数层。假设 Softmax 损失层的输入为 k 维向量 $\boldsymbol{x}$。其中 k 对应分类的类别数，例如对手写数字 0 至 9 进行分类时，类别数 $k=10$。

在前向传播的计算过程中，对 $\boldsymbol{x}$ 计算 e 指数并进行归一化，即得到 Softmax 分类概率。假设 $\boldsymbol{x}$ 在位置 i 的值为 $\boldsymbol{x}(i)$，$\hat{\boldsymbol{y}}(i)$ 为 Softmax 分类概率 $\hat{\boldsymbol{y}}$ 在位置 i 的值，$i\in[1,k]$ 且为整数，则 $\hat{\boldsymbol{y}}(i)$ 的计算公式为

$$\hat{\boldsymbol{y}}(i)=\frac{\mathrm{e}^{\boldsymbol{x}(i)}}{\sum\limits_{j}\mathrm{e}^{\boldsymbol{x}(j)}} \tag{2.7}$$

㊀ 输入和输出也可以是矩阵，处理方式类似。

在神经网络推断时，完成 Softmax 损失层的前向传播之后，取 Softmax 分类概率 $\hat{\boldsymbol{y}}$ 中最大概率对应的类别作为预测的分类类别。

在神经网络训练时，在上述前向传播基础上，Softmax 损失层还需要根据给定的标记（label，也称为真实值或实际值）计算总的损失函数值。在分类任务中，标记通常表示为一个 k 维的 one-hot 向量 $\boldsymbol{y}$，该向量中对应真实类别的分量值为 1，其他分量值为 0。Softmax 损失层使用交叉熵损失函数 L，其计算公式为

$$L = -\sum_{i} \boldsymbol{y}(i) \ln \hat{\boldsymbol{y}}(i) \tag{2.8}$$

在反向传播的计算过程中，对于 Softmax 损失层，损失函数对输入的偏导 $\nabla_{\boldsymbol{x}} L$ 的计算公式为

$$\nabla_{\boldsymbol{x}} L = \frac{\partial L}{\partial \boldsymbol{x}} = \hat{\boldsymbol{y}} - \boldsymbol{y} \tag{2.9}$$

由于工程实现中使用批量随机梯度下降算法，假设选择的样本量为 p，Softmax 损失层的输入变为 $p \times k$ 的矩阵 $\boldsymbol{X}$，$\boldsymbol{X}$ 的每个行向量代表一个样本，则对每个输入计算 e 指数并进行行归一化得到

$$\hat{\boldsymbol{Y}}(i,j) = \frac{\mathrm{e}^{\boldsymbol{X}(i,j)}}{\sum\limits_{j} \mathrm{e}^{\boldsymbol{X}(i,j)}} \tag{2.10}$$

其中矩阵 $\boldsymbol{X}$ 中第 i 行第 j 列的元素 $\boldsymbol{X}(i,j)$ 代表 $\boldsymbol{X}$ 中第 i 个样本在位置 j 的值。当 $\boldsymbol{X}(i,j)$ 数值较大时，求 e 指数可能会出现数值上溢的问题。因此在实际工程实现时，为确保数值稳定性，会在求 e 指数前先进行减最大值处理，此时 $\hat{\boldsymbol{Y}}(i,j)$ 的计算公式变为

$$\hat{\boldsymbol{Y}}(i,j) = \frac{\mathrm{e}^{\boldsymbol{X}(i,j) - \max\limits_{n} \boldsymbol{X}(i,n)}}{\sum\limits_{j} \mathrm{e}^{\boldsymbol{X}(i,j) - \max\limits_{n} \boldsymbol{X}(i,n)}} \tag{2.11}$$

在神经网络推断时，取 Softmax 分类概率 $\hat{\boldsymbol{Y}}(i,j)$ 的每个样本（即每个行向量）中最大概率对应的类别作为预测的分类类别。

在神经网络训练时，标记通常表示为 $p \times k$ 的矩阵 $\boldsymbol{Y}$，其中每行是一个 one-hot 向量，对应一个样本的标记。则计算损失值的公式(2.8)变为

$$L = -\frac{1}{p} \sum_{i,j} \boldsymbol{Y}(i,j) \ln \hat{\boldsymbol{Y}}(i,j) \tag{2.12}$$

其中损失值是所有样本的平均损失，因此对样本数量 p 取平均。

在反向传播时，当选择的样本量为 p 时，损失函数对输入的偏导 $\nabla_{\boldsymbol{X}} L$ 的计算公式(2.9)变为

$$\nabla_{\boldsymbol{X}} L = \frac{1}{p}(\hat{\boldsymbol{Y}} - \boldsymbol{Y}) \tag{2.13}$$

2.1.2.2　神经网络训练

神经网络训练通过调整网络层的参数来使神经网络计算出来的结果与真实结果（标记）尽量接近。神经网络训练通常使用随机梯度下降算法，不断地迭代计算每层参数的梯度，并利用梯度对每层参数进行更新。具体而言，给定当前迭代的训练样本（包含输入数据及标记信息），首先进行神经网络的前向传播处理，即输入数据和权重相乘再经过激活函数计算出隐层，隐层神经元与下一层的权重相乘再经过激活函数得到下一个隐层，通过逐层迭代计算出神经网络的输出结果。随后利用输出结果和标记信息计算出损失函数值。然后进行神经网络的反向传播处理，从损失函数开始逆序地逐层计算损失函数对权重和偏置的偏导（即梯度）。最后利用梯度对相应的参数进行更新。更新参数 $\boldsymbol{W}$ 的计算公式为

$$\boldsymbol{W} \leftarrow \boldsymbol{W} - \eta \nabla_{\boldsymbol{W}} L \tag{2.14}$$

其中，$\nabla_{\boldsymbol{W}} L$ 为参数的梯度，η 是学习率。

下面以图 2.2 中的两层神经网络为例，介绍神经网络训练的具体过程。图 2.2 中的网络由两个全连接层及 Softmax 损失层组成㊀，其中第一个全连接层的权重为 $\boldsymbol{W}^{(1)}$，偏置为 $\boldsymbol{b}^{(1)}$，第二个全连接层的权重为 $\boldsymbol{W}^{(2)}$，偏置为 $\boldsymbol{b}^{(2)}$。假设某次迭代的神经网络输入为 $\boldsymbol{x}$，对应的标记为 $\boldsymbol{y}$。该神经网络前向传播的逐层计算公式依次是

$$\begin{aligned} \boldsymbol{h} &= {\boldsymbol{W}^{(1)}}^{\mathrm{T}} \boldsymbol{x} + \boldsymbol{b}^{(1)} \\ \boldsymbol{z} &= {\boldsymbol{W}^{(2)}}^{\mathrm{T}} \boldsymbol{h} + \boldsymbol{b}^{(2)} \end{aligned} \tag{2.15}$$

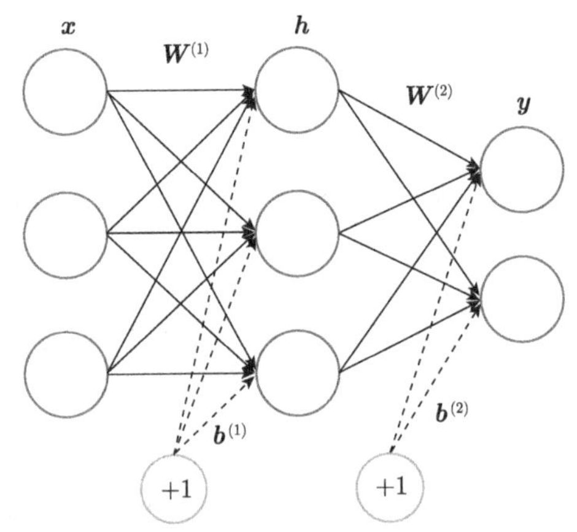

图 2.2　两层神经网络示例

其中 $\boldsymbol{h}$、$\boldsymbol{z}$ 分别是第一、第二个全连接层的输出。Softmax 损失层的损失值 L 为

$$\begin{aligned} \hat{\boldsymbol{y}}(i) &= \frac{\mathrm{e}^{\boldsymbol{z}(i)}}{\sum\limits_i \mathrm{e}^{\boldsymbol{z}(i)}} \\ L &= -\sum_i \boldsymbol{y}(i) \ln \hat{\boldsymbol{y}}(i) \end{aligned} \tag{2.16}$$

㊀ 本实验中实现的三层神经网络与这个例子非常类似，即在这个例子的基础上再添加一层全连接层并在前两层全连接层后添加 ReLU 层即可，网络训练的过程也与这个例子完全一致。

反向传播的逐层计算公式为

$$\begin{aligned}
&\nabla_{\boldsymbol{z}} L = \hat{\boldsymbol{y}} - \boldsymbol{y} \\
&\nabla_{\boldsymbol{W}^{(2)}} L = \boldsymbol{h}(\nabla_{\boldsymbol{z}} L)^{\mathrm{T}} \\
&\nabla_{\boldsymbol{b}^{(2)}} L = \nabla_{\boldsymbol{z}} L \\
&\nabla_{\boldsymbol{h}} L = \boldsymbol{W}^{(2)} \nabla_{\boldsymbol{z}} L \\
&\nabla_{\boldsymbol{W}^{(1)}} L = x(\nabla_{\boldsymbol{h}} L)^{\mathrm{T}} \\
&\nabla_{\boldsymbol{b}^{(1)}} L = \nabla_{\boldsymbol{h}} L \\
&\nabla_{\boldsymbol{x}} L = \boldsymbol{W}^{(1)} \nabla_{\boldsymbol{h}} L
\end{aligned} \tag{2.17}$$

其中，$\nabla_{\boldsymbol{z}} L$、$\nabla_{\boldsymbol{h}} L$、$\nabla_{\boldsymbol{x}} L$ 分别是损失函数对 Softmax 层、第二个全连接层、第一个全连接层的偏导，$\nabla_{\boldsymbol{W}^{(2)}} L$、$\nabla_{\boldsymbol{b}^{(2)}} L$、$\nabla_{\boldsymbol{W}^{(1)}} L$、$\nabla_{\boldsymbol{b}^{(1)}} L$ 分别是第二个全连接层和第一个全连接层的权重与偏置的梯度，η 为学习率。更新两个全连接层的权重和偏置的计算为

$$\begin{aligned}
&\boldsymbol{W}^{(1)} \leftarrow \boldsymbol{W}^{(1)} - \eta \nabla_{\boldsymbol{W}^{(1)}} L \\
&\boldsymbol{b}^{(1)} \leftarrow \boldsymbol{b}^{(1)} - \eta \nabla_{\boldsymbol{b}^{(1)}} L \\
&\boldsymbol{W}^{(2)} \leftarrow \boldsymbol{W}^{(2)} - \eta \nabla_{\boldsymbol{W}^{(2)}} L \\
&\boldsymbol{b}^{(2)} \leftarrow \boldsymbol{b}^{(2)} - \eta \nabla_{\boldsymbol{b}^{(2)}} L
\end{aligned} \tag{2.18}$$

神经网络训练相关的详细介绍可以参见《智能计算系统》教材的 2.2 节。

2.1.2.3 精度评估

在图像分类任务中，通常使用测试集的平均分类正确率来判断分类结果的精度。假设共有 N 个图像样本（MNIST 手写数据集中共包含 10 000 张测试图像，此时 $N = 10\,000$），神经网络推断出的第 i 张图像的分类结果为 $\hat{\boldsymbol{C}}(i)$，第 i 张图像的标记（即实际类别）为 $\boldsymbol{C}(i)$，则平均分类正确率 R 的计算公式为

$$R = \frac{1}{N} \sum_{i=1}^{N} \mathbf{1}(\hat{\boldsymbol{C}}(i) = \boldsymbol{C}(i)) \tag{2.19}$$

其中，$\mathbf{1}(\hat{\boldsymbol{C}}(i) = \boldsymbol{C}(i))$ 表示当第 i 张图像的推断类别与标记相等时值为 1，否则值为 0。

2.1.3 实验环境

硬件环境：CPU。

软件环境：Python 编译环境及相关的扩展库，包括 Python 2.7.12、Pillow 6.0.0、SciPy 0.19.0、NumPy 1.16.0（本实验不需使用 TensorFlow 等深度学习框架）。

数据集：MNIST 手写数字库[2]。该数据集包含一个训练集和一个测试集，其中训练集有 60 000 个样本，测试集有 10 000 个样本。每个样本都由灰度图像（即单通道图像）及其标记组成，每个样本图像的大小为 28×28。MNIST 数据集包含 4 个文件，分别是训练集图像、训练集标记、测试集图像、测试集标记。下载地址为 http://yann.lecun.com/exdb/mnist/。

2.1.4 实验内容

设计一个三层神经网络实现手写数字图像分类。该网络包含两个隐层和一个输出层，其中输入神经元个数由输入数据维度决定，输出层的神经元个数由数据集包含的类别决定，两个隐层的神经元个数可以作为超参数自行设置。对于手写数字图像的分类问题，神经网络的输入数据为手写数字图像。原始数字图像一般用二维矩阵（灰度图像）或三维矩阵（彩色图像）来表示，其在输入神经网络前会被调整为向量形式。神经网络的输出神经元个数为待分类的类别数，一般是提前预设的，如手写数字包含 0 至 9 共 10 个类别。

为了便于迭代开发，工程实现时采用模块化的方式来实现整个神经网络的处理。目前绝大多数神经网络的工程实现都划分为 5 大模块：

1）数据加载模块：从文件中读取数据，并进行预处理，其中预处理包括归一化、维度变换等处理。如果需要人为对数据进行随机数据扩增，则数据扩增处理也在数据加载模块中实现。

2）基本单元模块：实现神经网络中不同类型的网络层的定义，以及前向传播计算、反向传播计算等功能。

3）网络结构模块：利用基本单元模块建立一个完整的神经网络。

4）网络训练模块：该模块实现用训练集进行神经网络训练的功能。在已建立的神经网络结构的基础上，实现神经网络的前向传播、神经网络的反向传播、神经网络参数更新、神经网络参数保存等基本操作，以及训练函数主体。

5）网络推断模块：该模块实现使用训练得到的网络模型对测试样本进行预测的过程。具体实现的操作包括训练得到的网络模型参数的加载、神经网络的前向传播等。

本实验采用上述较为细致的模块划分方式。需要说明的是，目前有些开源的神经网络工程可能采用较粗的模块划分方式，例如将基本单元模块与网络结构模块合并，或将网络训练模块与网络推断模块合并。在某些特殊的应用场景下，神经网络工程可能不需要包含所有模块，例如仅实现推断过程的工程通常不包含训练模块（如实验 3.1），非实时风格迁移工程不包含推断模块（如实验 3.2）。

2.1.5 实验步骤

本小节介绍如何实现本实验涉及的各个模块，以及如何搭建和调用各个模块来实现手写数字图像分类。

2.1.5.1 数据加载模块

本实验采用的数据集是 MNIST 手写数字库[2]。该数据集中的图像数据和标记数据采用表 2.1 中的 IDX 文件格式存放。图像的像素值按行优先顺序存放，取值范围为 [0,255]，其中 0 表示黑色，255 表示白色。

表 2.1 MNIST 数据集的 IDX 文件格式[2]

文件格式	字节偏移	数据类型	值	描述
图像文件格式	0000	int32（32 位有符号整型）	0x00000803(2051)	魔数（magic number）：表示像素的数据类型以及像素数据的维度信息，MSB（大尾端）
	0004	int32	60 000（训练集） 10 000（测试集）	图像数量
	0008	int32	28	图像行数，即图像高度
	0012	int32	28	图像列数，即图像宽度
	0016	uint8（8 位无符号整型）	??	像素值
	0017	uint8	??	像素值
	……..			
	xxxx	uint8	??	像素值
标记文件格式	0000	int32	0x00000801(2049)	魔数
	0004	int32	60 000（训练集） 10 000（测试集）	标记数量
	0008	uint8	??	标记
	0009	uint8	??	标记
	……..			
	xxxx	uint8	??	标记

首先编写读取 MNIST 数据集文件并进行预处理的子函数，如代码示例 2.1 所示。

代码示例 2.1 MNIST 数据集文件的读取和预处理

```
# file: mnist_mlp_cpu.py
def load_mnist(self, file_dir, is_images = 'True'):
    bin_file = open(file_dir, 'rb')
    bin_data = bin_file.read()
    bin_file.close()
    if is_images: # 读取图像数据
        fmt_header = '>iiii'
        magic, num_images, num_rows, num_cols = struct.unpack_from(fmt_header,
            bin_data, 0)
    else: # 读取标记数据
```

```
        fmt_header = '>ii'
        magic, num_images = struct.unpack_from(fmt_header, bin_data, 0)
        num_rows, num_cols = 1, 1
    data_size = num_images * num_rows * num_cols
    mat_data = struct.unpack_from('>' + str(data_size) + 'B', bin_data, struct.
        calcsize(fmt_header))
    mat_data = np.reshape(mat_data, [num_images, num_rows * num_cols])
    return mat_data
```

然后调用该子函数对 MNIST 数据集中的 4 个文件分别进行读取和预处理，并将处理过的训练和测试数据存储在 NumPy 矩阵中（训练模型时可以快速读取该矩阵中的数据），如代码示例 2.2 所示。

代码示例 2.2　4 个 MNIST 数据集文件的读取和预处理

```
# file: mnist_mlp_cpu.py
def load_data(self):
    # TODO: 调用函数load_mnist读取和预处理 MNIST 中训练数据与测试数据的图像及标记
    train_images = self.load_mnist(os.path.join(MNIST_DIR, TRAIN_DATA), True)
    train_labels = _______________
    test_images = _______________
    test_labels = _______________
    self.train_data = np.append(train_images, train_labels, axis=1)
    self.test_data = np.append(test_images, test_labels, axis=1)
```

2.1.5.2　基本单元模块

本实验采用如图 2.1 所示的三层神经网络，其主体是三个全连接层。在前两个全连接层之后均使用 ReLU 激活函数层引入非线性变换，在神经网络的最后添加 Softmax 损失层计算交叉熵损失。因此，本实验中需要实现的基本单元模块包括全连接层、ReLU 激活函数层和 Softmax 损失层。

在神经网络实现中，通常同类型的层用一个类来定义，多个同类型的层用类的实例来实现，层内的计算用类的成员函数来定义。类的成员函数通常用于实现层的初始化、参数的初始化、前向传播计算、反向传播计算、参数的更新、参数的加载和保存等。其中层的初始化函数一般会根据实例化层时的输入确定该层的超参数，例如该层的输入神经元数量和输出神经元数量等；参数的初始化函数会对该层的参数（如全连接层中的权重和偏置）分配存储空间，并填充初始值；前向传播函数利用前一层的输出作为本层的输入，计算本层的输出结果；反向传播函数根据链式法则逆序地逐层计算损失函数对权重和偏置的梯度；参数的更新函数利用反向传播函数计算的梯度对本层的参数进行更新；参数的加载函数从给定的文件中加载参数的值；参数的保存函数将当前层参数的值保存到指定的文件中。有些层（如激活函数层）可能没有参数，就不需要定义参数的初始化、更新、加载和保存函数。

有些层（如激活函数层和损失函数层）的输出维度由输入维度决定，不需要人工设定，因此不需要层的初始化函数。

以下是全连接层、ReLU 激活函数层和 Softmax 损失层的具体实现内容。

1）全连接层：实现如代码示例 2.3 所示，定义了以下成员函数。

- 层的初始化：需要确定该全连接层的输入神经元个数（即输入矩阵中每个行向量的维度）和输出神经元个数（即输出矩阵中每个行向量的维度）。
- 参数初始化：全连接层的参数包括权重和偏置。根据输入神经元个数 m 和输出神经元个数 n 可以确定权重矩阵 $\boldsymbol{W}$ 的大小为 $m\times n$，偏置 $\boldsymbol{b}$ 的维度为 n。在对权重和偏置进行初始化时，通常利用高斯随机数来初始化权重的值，而将偏置的所有值初始化为 0。
- 前向传播计算：全连接层的前向传播计算公式为公式(2.3)，可以通过将输入矩阵与权重矩阵相乘再与偏置相加来实现。
- 反向传播计算：全连接层的反向传播计算公式为公式(2.4)。给定损失函数对本层输出的偏导 $\nabla_{\boldsymbol{Y}}L$，利用矩阵相乘计算权重和偏置的梯度 $\nabla_{\boldsymbol{W}}L$、$\nabla_{\boldsymbol{b}}L$ 以及损失函数对本层输入的偏导 $\nabla_{\boldsymbol{X}}L$。
- 参数更新：给定学习率 η，利用反向传播计算得到的权重梯度 $\nabla_{\boldsymbol{W}}L$ 和偏置梯度 $\nabla_{\boldsymbol{b}}L$ 对本层的权重 $\boldsymbol{W}$ 和偏置 $\boldsymbol{b}$ 进行更新：

$$\boldsymbol{W} \leftarrow \boldsymbol{W} - \eta\nabla_{\boldsymbol{W}}L \tag{2.20}$$

$$\boldsymbol{b} \leftarrow \boldsymbol{b} - \eta\nabla_{\boldsymbol{b}}L \tag{2.21}$$

- 参数加载：从该函数的输入中读取本层的权重 $\boldsymbol{W}$ 和偏置 $\boldsymbol{b}$。
- 参数保存：返回本层当前的权重 $\boldsymbol{W}$ 和偏置 $\boldsymbol{b}$。

代码示例 2.3 全连接层的实现

```
# file: layers_1.py
class FullyConnectedLayer(object):
    def __init__(self, num_input, num_output): # 全连接层的初始化
        self.num_input = num_input
        self.num_output = num_output
    def init_param(self, std=0.01): # 参数初始化
        self.weight = np.random.normal(loc=0.0, scale=std, size=(self.num_input, self.
            num_output))
        self.bias = np.zeros([1, self.num_output])
    def forward(self, input): # 前向传播计算
        self.input = input
        # TODO：全连接层的前向传播，计算输出结果
        self.output = ____________
```

```
        return self.output
    def backward(self, top_diff): # 反向传播计算
        # TODO：全连接层的反向传播，计算参数梯度和本层损失
        self.d_weight = ______________
        self.d_bias = ______________
        bottom_diff = ______________
        return bottom_diff
    def update_param(self, lr): # 参数更新
        # TODO：利用梯度对全连接层参数进行更新
        self.weight = ______________
        self.bias = ______________
    def load_param(self, weight, bias): # 参数加载
        self.weight = weight
        self.bias = bias
    def save_param(self): # 参数保存
        return self.weight, self.bias
```

2）ReLU 激活函数层： ReLU 层不包含参数，因此实现中没有与参数初始化、参数更新、参数加载和保存相关的函数。ReLU 层的实现如代码示例 2.4 所示，定义了以下成员函数。

- 前向传播计算：根据公式(2.5)可以计算 ReLU 层前向传播的结果。在工程实现中，可以对整个输入矩阵使用 maximum 函数，maximum 函数会进行广播，计算输入矩阵的每个元素与 0 的最大值。
- 反向传播计算：根据公式(2.6)可以计算损失函数对输入的偏导。在工程实现中，可以获取 $\boldsymbol{x}(i) < 0$ 的位置索引，将 $\nabla_{\boldsymbol{x}} L$ 中对应位置的值置为 0。

代码示例 2.4 ReLU 激活函数层的实现

```
# file: layers_1.py
class ReLULayer(object):
    def forward(self, input): # 前向传播计算
        self.input = input
        # TODO：ReLU 层的前向传播，计算输出结果
        output = ______________
        return output
    def backward(self, top_diff): # 反向传播计算
        # TODO：ReLU 层的反向传播，计算本层损失
        bottom_diff = ______________
        return bottom_diff
```

3）Softmax 损失层： 同样不包含参数，因此实现中没有与参数初始化、更新、加载和保存相关的函数。但该层需要计算总的损失函数值作为训练时的中间输出结果，以帮助判断模型的训练进程。Softmax 损失层的实现如代码示例 2.5 所示，定义了以下成员函数。

- 前向传播计算：可以使用公式(2.11)计算。该公式为确保数值稳定，会在求 e 指数前做减最大值处理。
- 损失函数计算：可以使用公式(2.12)计算，采用批量随机梯度下降法训练时损失值是 batch 内所有样本的损失值的均值。需要注意的是，从 MNIST 手写数字库的标记数据读入的是 0 至 9 的类别编号，在计算损失时需要先将类别编号转换为 one-hot 向量。
- 反向传播计算：可以使用公式(2.13)计算，计算时同样需要对样本数量取平均。

代码示例 2.5 Softmax 损失层的实现

```
# file: layers_1.py
class SoftmaxLossLayer(object):
    def forward(self, input): # 前向传播计算
        # TODO：Softmax 损失层的前向传播，计算输出结果
        input_max = np.max(input, axis=1, keepdims=True)
        input_exp = np.exp(input - input_max)
        self.prob = _____________
        return self.prob
    def get_loss(self, label): # 损失计算
        self.batch_size = self.prob.shape[0]
        self.label_onehot = np.zeros_like(self.prob)
        self.label_onehot[np.arange(self.batch_size), label] = 1.0
        loss = -np.sum(np.log(self.prob) * self.label_onehot) / self.batch_size
        return loss
    def backward(self): # 反向传播计算
        # TODO：Softmax 损失层的反向传播，计算本层损失
        bottom_diff = _____________
        return bottom_diff
```

2.1.5.3 网络结构模块

网络结构模块利用已经实现的神经网络的基本单元来建立一个完整的神经网络。在工程实现中通常用一个类来定义一个神经网络，用类的成员函数来定义神经网络的初始化、建立神经网络结构、神经网络参数初始化等基本操作。本实验中三层神经网络的网络结构模块的实现如代码示例 2.6 所示，定义了以下成员函数。

- 神经网络初始化：确定神经网络的相关超参数，例如网络中每个隐层的神经元个数。
- 建立网络结构：定义整个神经网络的拓扑结构，实例化基本单元模块中定义的层并将这些层进行堆叠。例如，本实验使用的三层神经网络包含三个全连接层，并且在前两个全连接层后都跟随一个 ReLU 激活函数层，神经网络的最后使用了 Softmax 损失层。
- 神经网络参数初始化：对于神经网络中包含参数的层，依次调用这些层的参数初始

化函数，从而完成整个神经网络的参数初始化。本实验使用的三层神经网络中，只有三个全连接层包含参数，依次调用其参数初始化函数即可。

代码示例 2.6 三层神经网络的网络结构模块的实现

```
# file: mnist_mlp_cpu.py
class MNIST_MLP(object):
    def __init__(self, batch_size=100, input_size=784, hidden1=32, hidden2=16,
            out_classes=10, lr=0.01, max_epoch=2, print_iter=100):
        # 神经网络初始化
        self.batch_size = batch_size
        self.input_size = input_size
        self.hidden1 = hidden1
        self.hidden2 = hidden2
        self.out_classes = out_classes
        self.lr = lr
        self.max_epoch = max_epoch
        self.print_iter = print_iter
    def build_model(self): # 建立网络结构
        # TODO：建立三层神经网络结构
        self.fc1 = FullyConnectedLayer(self.input_size, self.hidden1)
        self.relu1 = ReLULayer()
        ____________________________________________
        self.fc3 = FullyConnectedLayer(self.hidden2, self.out_classes)
        self.softmax = SoftmaxLossLayer()
        self.update_layer_list = [self.fc1, self.fc2, self.fc3]
    def init_model(self): # 神经网络参数初始化
        for layer in self.update_layer_list:
            layer.init_param()
```

2.1.5.4 网络训练模块

神经网络训练流程如图 2.3 所示。在实现了数据加载模块和网络结构模块之后，需要实现网络训练模块。本实验中三层神经网络的网络训练模块的实现如代码示例 2.7 所示。神经网络的训练模块通常被拆解为若干步骤，包括神经网络的前向传播、神经网络的反向传播、神经网络参数更新、神经网络参数保存等基本操作。这些网络训练模块的基本操作以及训练主体用神经网络类的成员函数来定义。

- 神经网络的前向传播：根据神经网络的拓扑结构，顺序调用每层的前向传播函数。以输入数据作为第一层的输入，之后每层的输出作为其后一层的输入，顺序计算每一层的输出，最后得到损失函数层的输出。
- 神经网络的反向传播：根据神经网络的拓扑结构，逆序调用每层的反向传播函数。采用链式法则逆序地逐层计算损失函数对每层参数的偏导，最后得到神经网络所有层的参数梯度。

- 神经网络参数更新：对神经网络中包含参数的层，依次调用各层的参数更新函数，来对整个神经网络的参数进行更新。本实验使用的三层神经网络中只有三个全连接层包含参数，因此依次更新三个全连接层的参数即可。
- 神经网络参数保存：对神经网络中包含参数的层，依次收集这些层的参数并存储到文件中。
- 神经网络训练函数主体：在该函数中，首先确定训练的一些超参数，如使用批量梯度下降算法时的批量大小、学习率大小、迭代次数（或训练周期次数）、可视化训练过程时每迭代多少次屏幕输出一次当前的损失值等。其次开始迭代训练过程。每次迭代训练开始前，可以根据需要对数据进行随机打乱，一般是一个训练周期后（即当整个数据集的数据都参与一次训练过程后）对数据集进行随机打乱。每次迭代训练过程中，先选取当前迭代所使用的数据和对应的标记，再进行整个网络的前向传播，随后计算当前迭代的损失值，然后进行整个网络的反向传播来获得整个网络的参数梯度，最后对整个网络的参数进行更新。完成一次迭代后可以根据需要在屏幕上输出当前的损失值，以供实际应用中修改模型时参考。完成神经网络的训练过程后，通常会将训练得到的神经网络模型参数保存到文件中。

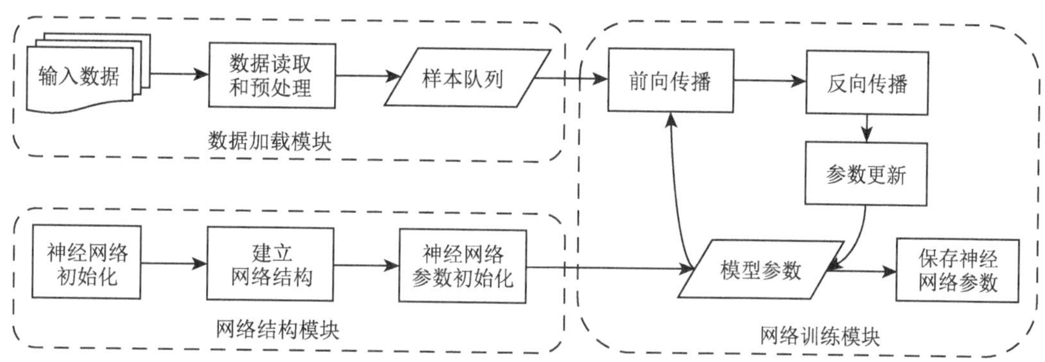

图 2.3　神经网络训练流程

代码示例 2.7　三层神经网络的网络训练模块的实现

```
# file: mnist_mlp_cpu.py
def forward(self, input): # 神经网络的前向传播
    # TODO：神经网络的前向传播
    h1 = self.fc1.forward(input)
    h1 = self.relu1.forward(h1)
    _____________
    prob = self.softmax.forward(h3)
    return prob

```

```
    def backward(self): # 神经网络的反向传播
        # TODO：神经网络的反向传播
        dloss = self.softmax.backward()
        _______________
        dh1 = self.relu1.backward(dh2)
        dh1 = self.fc1.backward(dh1)

    def update(self, lr): # 神经网络参数更新
        for layer in self.update_layer_list:
            layer.update_param(lr)

    def save_model(self, param_dir): # 神经网络参数保存
        params = {}
        params['w1'], params['b1'] = self.fc1.save_param()
        params['w2'], params['b2'] = self.fc2.save_param()
        params['w3'], params['b3'] = self.fc3.save_param()
        np.save(param_dir, params)

    def train(self): # 训练函数主体
        max_batch = self.train_data.shape[0] / self.batch_size
        for idx_epoch in range(self.max_epoch):
            mlp.shuffle_data()
            for idx_batch in range(max_batch):
                batch_images = self.train_data[idx_batch*self.batch_size:(idx_batch+1)*self.batch_size, :-1]
                batch_labels = self.train_data[idx_batch*self.batch_size:(idx_batch+1)*self.batch_size, -1]
                prob = self.forward(batch_images)
                loss = self.softmax.get_loss(batch_labels)
                self.backward()
                self.update(self.lr)
                if idx_batch % self.print_iter == 0:
                    print('Epoch %d, iter %d, loss: %.6f' % (idx_epoch, idx_batch, loss))
```

2.1.5.5　网络推断模块

整个神经网络推断流程如图 2.4 所示。完成神经网络的训练之后，可以用训练得到的模型对测试数据进行预测，以评估模型的精度。本实验中三层神经网络的网络推断模块的实现如代码示例 2.8 所示。工程实现中同样常将一个神经网络的推断模块拆解为若干步骤，包括神经网络参数加载、神经网络的前向传播等基本操作。这些网络推断模块的基本操作以及推断主体用神经网络类的成员函数来定义。

- 神经网络的前向传播：网络推断模块中的神经网络前向传播操作与网络训练模块中的前向传播操作完全一致，因此可以直接调用网络训练模块中的神经网络前向传播函数。

- 神经网络参数加载：读取神经网络训练模块保存的模型参数文件，并加载有参数的网络层的参数值。
- 神经网络推断函数主体：在进行神经网络推断前，需要从模型参数文件中加载神经网络的参数。在神经网络推断过程中，每次迭代中读取一定批量的测试数据，随后进行整个神经网络的前向传播计算得到神经网络的输出结果，对于每个样本将输出结果中最大概率对应的类别作为预测的分类类别，再与测试数据集的标记进行比对，利用相关的评价函数计算模型的精度，如对于手写数字分类问题使用分类平均正确率作为模型的评价函数。

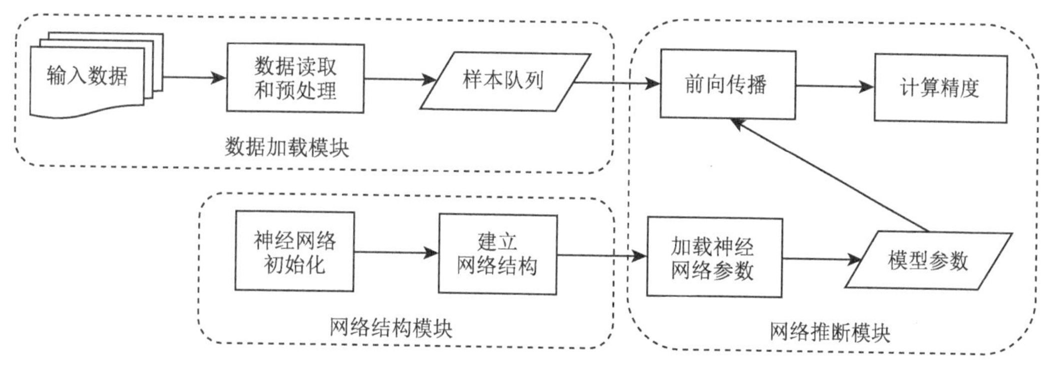

图 2.4 神经网络推断流程

代码示例 2.8 三层神经网络的网络推断模块的实现

```
# file: mnist_mlp_cpu.py
def load_model(self, param_dir): # 加载神经网络参数
    params = np.load(param_dir).item()
    self.fc1.load_param(params['w1'], params['b1'])
    self.fc2.load_param(params['w2'], params['b2'])
    self.fc3.load_param(params['w3'], params['b3'])

def evaluate(self): # 推断函数主体
    pred_results = np.zeros([self.test_data.shape[0]])
    for idx in range(self.test_data.shape[0]/self.batch_size):
        batch_images = self.test_data[idx*self.batch_size:(idx+1)*self.batch_size,
            :-1]
        prob = self.forward(batch_images)
        pred_labels = np.argmax(prob, axis=1)
        pred_results[idx*self.batch_size:(idx+1)*self.batch_size] = pred_labels
    accuracy = np.mean(pred_results == self.test_data[:,-1])
    print('Accuracy in test set: %f' % accuracy)
```

2.1.5.6 完整实验流程

完成神经网络的各个模块之后，就可以调用这些模块实现用三层神经网络进行手写数字图像分类的完整流程，如代码示例 2.9 所示。首先实例化三层神经网络对应的类，指定神经网络的超参数，如每层的神经元个数。其次进行数据的加载和预处理。再调用网络结构模块建立神经网络，随后进行网络初始化，在该过程中网络结构模块会自动调用基本单元模块实例化神经网络中的每个层。然后调用网络训练模块训练整个网络，之后将训练得到的模型参数保存到文件中。最后从文件中读取训练得到的模型参数，调用网络推断模块测试网络的精度。

代码示例 2.9 三层神经网络的完整流程的实现

```
# file: mnist_mlp_cpu.py
def build_mnist_mlp(param_dir='weight.npy'):
    h1, h2, e = 32, 16, 10
    mlp = MNIST_MLP(hidden1=h1, hidden2=h2, max_epoch=e)
    mlp.load_data()
    mlp.build_model()
    mlp.init_model()
    mlp.train()
    mlp.save_model('mlp-%d-%d-%depoch.npy' % (h1, h2, e))
    mlp.load_model('mlp-%d-%d-%depoch.npy' % (h1, h2, e))
    return mlp

if __name__ == '__main__':
    mlp = build_mnist_mlp()
    mlp.evaluate()
```

2.1.5.7 实验运行

根据 2.1.5.1~2.1.5.6 节的描述补全 layer_1.py、mnist_mlp_cpu.py 中的代码，并通过 Python 运行.py 文件。具体可以参考以下步骤。

1. 申请环境

申请实验环境并登录云平台，云平台上/opt/code_chap_2_3/code_chap_2_3_student/目录下是本实验的示例代码。

```
# 登录云平台
ssh root@xxx.xxx.xxx.xxx -p xxxxx
# 进入code_chap_2_3_student目录
cd /opt/code_chap_2_3/code_chap_2_3_student
# 初始化环境
source env.sh
```

2. 实现代码

如下所示，补全 exp_2_1_mnist_mlp/stu_upload 目录下的 layers_1.py、mnist_mlp_cpu.py 文件。

```
# 进入实验目录
cd exp_2_1_mnist_mlp
# 补全 layers_1.py、mnist_mlp_cpu.py
vim stu_upload/layers_1.py
vim stu_upload/mnist_mlp_cpu.py
```

3. 运行实验

```
# 运行完整实验
python main_exp_2_1.py
```

2.1.6 实验评估

本实验的评估标准设定如下：

- 60 分标准：给定全连接层、ReLU 激活函数层、Softmax 损失层的前向传播的输入矩阵、参数值、反向传播的输入，可以得到正确的前向传播的输出矩阵、反向传播的输出和参数梯度。
- 80 分标准：实现了正确的三层神经网络，并进行了训练和推断，使最后训练得到的模型在 MNIST 测试数据集上的平均分类正确率高于 92%。
- 90 分标准：实现了正确的三层神经网络，并进行了训练和推断，通过调整与训练相关的超参数，使最后训练得到的模型在 MNIST 测试数据集上的平均分类正确率高于 95%。
- 100 分标准：在三层神经网络基础上设计了自己的神经网络结构，并进行了训练和推断，使最后训练得到的模型在 MNIST 测试数据集上的平均分类正确率高于 98%。

2.1.7 实验思考

1）在实现神经网络基本单元时，如何确保一个网络层的实现是正确的？

2）在实现神经网络后，如何在不改变网络结构的条件下提高精度？

3）如何通过修改网络结构提高精度？可以从哪些方面修改网络结构？

2.2 基于 DLP 平台实现手写数字分类

2.2.1 实验目的

本实验的目的是熟悉深度学习处理器（DLP）平台的使用，能使用包含已封装好的 Python 接口的深度学习函数库 pycnml 将 2.1 节的神经网络推断部分移植到 DLP 平台，实现手写数字分类。具体包括：

1）利用 pycnml 库中的 Python 接口搭建用于手写数字分类的三层神经网络。

2）熟悉在 DLP 上运行神经网络的流程，为在后续章节详细学习 DLP 高性能库以及智能编程语言打下基础。

3）与 2.1 节的实验进行比较，了解 DLP 相对于 CPU 的优势和劣势。

实验工作量：约 10 行代码，约需 1 小时。

2.2.2 背景介绍

2.2.2.1 量化

在通用处理器上实现神经网络时，通常用浮点数类型 float32 来表示权重、偏置、激活值等信息。当神经网络规模较大时，网络参数随之增多，这对深度学习处理器的计算能力、存储空间及访存带宽都会带来巨大的压力。研究[3] 表明，对权重、偏置等参数用低位宽的数据来表示，即模型量化，通常不会对神经网络的精度产生很大的影响，同时可以显著加快神经网络的推断和训练速度。

深度学习处理器（DLP）上的模型量化通常采用定点量化，即将浮点数映射到定点数来表示。定点量化用一组共享指数位的定点数来表示一组浮点数，其中共享指数位表示二进制小数的小数点的位置。通过定点量化可以大幅降低数据的存储空间，例如，将 float32 类型的数据量化成 int8 类型的数据后，存储空间减少为原来的 1/4。在 DLP 上运行神经网络之前，需要对神经网络模型的参数（包括权重、偏置等）进行定点量化。

DLP 上的定点量化有两种，包括对称定点量化和有缩放系数的对称定点量化，如图 2.5 所示。为方便下文描述，假设 R 表示需要定点量化的实数，Q 表示定点量化后的整型数，position 表示共享指数位，也称为指数因子。

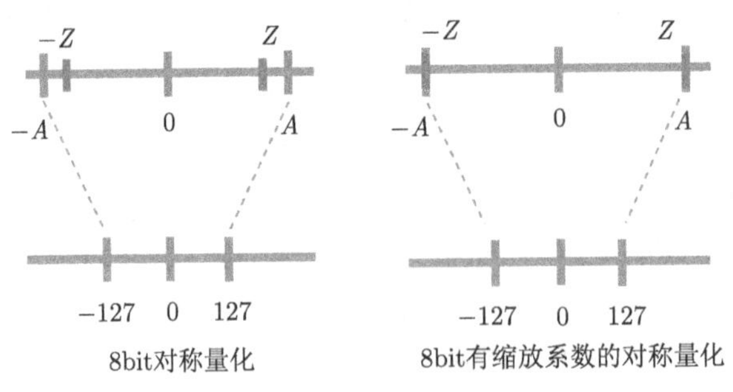

图 2.5 int8 量化

1）对称定点量化：将实数数据 R 除以量化步长 2^{position} 得到定点整型数 Q。量化和反量化过程如下：

$$Q=\left[\frac{R}{2^{\text{position}}}\right]$$
$$R\approx Q\times 2^{\text{position}} \tag{2.22}$$

上述公式中 [ ] 表示四舍五入取整操作。如图 2.5所示，设 Z 为需要量化表示的实数集合中的最大绝对值 $\max(|R|)$，A 为定点数 Q 可以表示的最大绝对值。设 n 为量化后定点数的位宽（例如 int8 的位宽为 8，int16 的位宽为 16），由于 n 位定点数可以表示的最大值为 $2^{n-1}-1$，因此 A 的计算公式为

$$A=(2^{n-1}-1)\times 2^{\text{position}} \tag{2.23}$$

A 需要包含 Z，且 Z 要大于 $A/2$。同时 position 的取值需要满足以下条件：如果 position 减小 1，就不能够覆盖需要量化的实数集合中的最大绝对值 $\max(|R|)$，即

$$(2^{n-1}-1)\times 2^{\text{position}-1}<\max(|R|)\leqslant(2^{n-1}-1)\times 2^{\text{position}} \tag{2.24}$$

求解公式 (2.24) 可得 position 和 A 的计算表示如下：

$$\text{position}=\left\lceil\log_2\left(\frac{\max(|R|)}{2^{n-1}-1}\right)\right\rceil$$
$$A=(2^{n-1}-1)\times 2^{\left\lceil\log_2\left(\frac{\max(|R|)}{2^{n-1}-1}\right)\right\rceil} \tag{2.25}$$

上述公式中 ⌈ ⌉ 表示向上取整操作。

2）有缩放系数的对称定点量化：先对实数数据做缩放，缩放系数（也称为缩放因子）为 scale，然后做对称定点量化处理。量化和反量化过程如下：

$$Q=\left[\frac{R\times\text{scale}}{2^{\text{position}}}\right]$$
$$R\approx\frac{Q\times 2^{\text{position}}}{\text{scale}} \tag{2.26}$$

有缩放系数的对称定点量化是对称定点量化的改进版，其中 position 的计算和对称定点量化相同。对实数做缩放是为了将需要量化表示的最大绝对值 $\max(|R|)$ 缩放到接近 A 的值，缩放因子 scale 的计算公式为

$$\text{scale}=\frac{(2^{n-1}-1)\times 2^{\text{position}}}{\max(|R|)}$$

目前 DLP200 系列支持量化到 int4、int8、int16 三种类型。量化后数据位宽越低，则吞吐量越大，计算越快，对结果精度的影响也会越大。建议只将量化用在乘法相关的计算过程（例如 conv、mlp 等复杂算子）中。对于简单算子（如 add），量化对速度提升不大，反而会降低精度。

实际中根据同一层的权重或输入数据是否使用相同的量化参数，有以下两种量化处理方法：

1）同层相同参数量化：对整个层的权重或输入的所有数据都使用相同的量化参数。

2）分通道量化：对整个层的权重或输入按通道分别进行量化，即整个张量内的数据按照不同的通道进行量化，每个通道内的数据用相同的参数，不同通道使用的参数可能不同。

本实验使用同层相同参数量化的方法。为简化实验流程，实验文件中已经保存好了量化参数，读者可以直接使用该参数进行实验。理论上，修改网络结构重新训练新的模型是需要重新计算量化参数的，但是经过测试，在本实验中如果仅修改网络隐层的数量，采用旧的量化参数对结果精度的影响非常小，因此本实验中不需要重新计算量化参数。

2.2.2.2 带 Python 接口的深度学习函数库 pycnml

DLP 软件环境的介绍见附录 A，整体包括 6 个部分：编程框架、编程语言及编译器、高性能库（CNML）、运行时库（CNRT）及驱动、开发工具包，以及领域专用开发包。

深度学习函数库 pycnml 通过调用 DLP 上的 CNML 库中的高性能算子实现了全连接层、卷积层、池化层、ReLU 激活函数层、Softmax 损失层等常用的网络层的基本功能，并提供了常用网络层的 Python 接口。pycnml 提供的编程接口可以用于在 DLP 上加速神经网络算法，具体接口说明如表 2.2 所示。pycnml 用 Python 封装了一个 C++ 类 CnmlNet，该类的成员函数定义了神经网络中层的创建、网络前向传播、参数加载等操作。

表 2.2 pycnml 接口说明

接口	功能描述	参数/返回值
`setInputShape:` `pycnml.CnmlNet().setInputShape(dim_1, dim_2, dim_3, dim_4)`	设定网络输入维度	dim_1（int）：维度 1，通常表示输入的样本数 dim_2（int）：维度 2，通常表示输入的通道数 dim_3（int）：维度 3，通常表示输入特征图的高度 dim_4（int）：维度 4，通常表示输入特征图的宽度
`createConvLayer:` `pycnml.CnmlNet().createConvLayer(layer_name, output_channel, kernel_size, stride, dilation, pad, quant_param)`	创建卷积层	layer_name：层的名称 output_channel（int）：卷积层的输出通道数 kernel_size（int）：卷积核的大小 stride（int）：卷积步长 dilation（int）：膨胀系数 pad（int）：填充大小 quant_param（QuantParam）：量化参数
`createMlpLayer:` `pycnml.CnmlNet().createMlpLayer(layer_name, output_num, quant_param)`	创建全连接层	layer_name：层的名称 output_num（int）：全连接层的输出神经元个数 quant_param（QuantParam）：量化参数
`createReLuLayer:` `pycnml.CnmlNet().createReLuLayer(layer_name)`	创建 ReLU 激活函数层	layer_name：层的名称
`createSoftmaxLayer:` `pycnml.CnmlNet().createSoftmaxLayer(layer_name, axis)`	创建 Softmax 损失层	layer_name：层的名称 axis（int）：进行 Softmax 计算的维度

(续)

接口	功能描述	参数/返回值
createPoolingLayer: pycnml.CnmlNet().createPoolingLayer (layer_name, kernel_size, stride)	创建最大池化层	layer_name：层的名称 kernel_size（int）：池化窗口的大小 stride（int）：窗口滑动步长
createFlattenLayer: pycnml.CnmlNet().createFlattenLayer (layer_name, output_shape)	创建扁平化层	layer_name：层的名称 output_shape（list）：输出数据的形状
loadParams: pycnml.CnmlNet().loadParams(layer_id, filter_data, bias_data, quant_param)	为指定的层加载参数	layer_id（int）：需要加载权重的层的编号（id）。CnmlNet 中将创建的层存储在一个数组中，id 即为当前层在该数组中的下标，比如第一个层的 id 为 0，第二个层的 id 则为 1 filter_data（list）：权重数据。必须是一维数组 bias_data（list）：参数偏置 quant_param（QuantParam）：量化参数
setInputData: pycnml.CnmlNet().setInputData(input_data)	加载输入数据	input_data（list）：输入数据。必须是一维数组，数据布局为 NCHW
forward: pycnml.CnmlNet().forward()	进行前向传播计算	
getOutputData: pycnml.CnmlNet().getOutputData()	获取网络的计算结果	返回值 output_data：网络最后一层的计算结果
size: pycnml.CnmlNet().size()	获取当前神经网络中层的数量	返回值 layers_num（int）：当前网络中层的数量
QuantParam: pycnml.QuantParam	用于存放量化参数 position 和 scale 的结构体	该结构体可以通过构造函数来初始化，可以使用 pycnml.QuantParam（position: int, scale: float）来创建一个 QuantParam 对象 结构体成员： pycnml.QuantParam.position：获取当前 QuantParam 里存放的 position 参数。可以直接对其进行赋值 pycnml.QuantParam.scale：获取当前 Quant-Param 里存放的 scale 参数。可以直接对其进行赋值

下面以代码示例 2.10 为例，介绍如何调用 pycnml 提供的编程接口来创建网络层。首先调用 pycnml.CnmlNet() 来实例化，然后调用 CnmlNet 中的 createXXXLayer 成员函数就可以创建相应的网络层，例如创建全连接层时只需调用 pycnml.CnmlNet().createMlpLayer。所有创建好的层对象的指针会以数组的形式按顺序保存在 CnmlNet 中，数组的下标作为网络层的 id 使用，当调用 pycnml.CnmlNet().loadParams 函数时，便可以通过此 id 来指定需要加载参数的网络层。pycnml.CnmlNet().forward 函数会遍历层数组中的对象，依次调用每个网络层的前向传播函数，最终返回最后一层的前向传播结果。

代码示例 2.10 使用 pycnml 来创建网络层

```
# 实例化CnmlNet
net = pycnml.CnmlNet()
# 设定神经网络输入维度
net.setInputShape(1, 3, 224, 224)
# conv1_1
# 创建卷积层和全连接层时需要输入量化参数
net.createConvLayer('conv1_1', 64, 3, 1, 1, 1, input_quant_params[0])
# relu1_1
net.createReLuLayer('relu1_1')
```

在使用 pycnml 之前，需要安装 pycnml 库。安装 pycnml 库时，首先执行 source env.sh 命令初始化环境，其次解压 pycnml.tar.gz，然后进入 pycnml 目录执行 build_pycnml.sh 脚本进行编译和安装。安装完 pycnml 库之后，就可以在 Python 程序中调用 pycnml 库了，编译运行方式与 CPU 上的方式一致。如果实验中采用的是云平台环境，由于云平台中已经集成了 pycnml 库，因此不需要手动安装 pycnml。

感兴趣的读者可以进一步阅读 pycnml 源码中网络层的实现，了解如何调用 CNML 库中的高性能算子实现全连接层的基本功能。ReLU 层和 Softmax 层的底层实现与之类似，具体每一层的 C++ 代码可以在 pycnml/src/layers 中查看。

2.2.3 实验环境

硬件环境：DLP。

软件环境：pycnml 库，CNML 高性能算子库，CNRT 运行时库，以及 Python 编译环境和相关的扩展库，包括 Python 2.7.12、Pillow 6.0.0、SciPy 0.19.0、NumPy 1.16.0。

数据集：MNIST 手写数字库。

模型文件：量化参数文件、量化后的神经网络模型文件。

2.2.4 实验内容

使用带 Python 接口的深度学习函数库 pycnml 搭建一个三层全连接神经网络，利用训练好的模型实现手写数字图像分类，并在 DLP 上正确运行。

与 2.1.4 节类似，本实验的神经网络工程实现大致分为以下 4 个模块：

1）数据加载模块：读取测试数据并进行预处理。

2）基本单元模块：实现不同网络层的定义，以及前向传播计算等基本功能。

3）网络结构模块：利用基本单元模块搭建完整的网络。

4）网络推断模块：使用已有的神经网络模型，对测试数据进行预测。

2.2.5 实验步骤

2.2.5.1 数据加载模块

本实验采用的数据集依然是 MNIST 手写数字库，且数据读取的函数与 2.1.5.1 节的实现相同。因为本实验只完成推断功能，所以只需读取测试数据，对其进行预处理后存储在 NumPy 矩阵中，方便后续推断时快速读取数据。数据加载模块的实现如代码示例 2.11 所示。

代码示例 2.11 2 个 MNIST 数据集文件的读取和预处理

```
# file: mnist_mlp_demo.py
def load_data(self, data_path, label_path):
    # TODO: 调用函数 load_mnist 读取和预处理 MNIST 中测试数据的图像和标记
    test_images = _______________
    test_labels = _______________
    self.test_data = np.append(test_images, test_labels, axis=1)
```

2.2.5.2 基本单元模块

pycnml 库已经将常用网络层的实现用 Python 语言封装起来，因此可以直接调用 pycnml 中的相关 Python 接口来实现神经网络的基本单元模块。具体调用方式可以参照代码示例 2.10。

2.2.5.3 网络结构模块

网络结构模块可以直接使用 pycnml 封装好的基本单元接口来搭建一个完整的神经网络。在工程实现中，首先用一个类来定义一个神经网络，然后用类的成员函数来定义神经网络的初始化、建立神经网络结构等基本操作。DLP 上实现的网络结构模块如代码示例 2.12 所示。

代码示例 2.12 三层神经网络的网络结构模块的 DLP 实现

```
# file: mnist_mlp_demo.py
class MNIST_MLP(object):
    def __init__(self):
        # 初始化网络，创建CnmlNet实例
        self.net = pycnml.CnmlNet()
        self.input_quant_params = []    #输入数据的量化参数
        self.filter_quant_params = []   #模型参数的量化参数

    def build_model(self, batch_size=100, input_size=784,
                    hidden1=32, hidden2=16, out_classes=10,
                    quant_param_path='../data/mnist_mlp_data/mnist_mlp_quant_param.npz'):
        # 使用pycnml的接口建立三层神经网络结构
```

```
        self.batch_size = batch_size
        self.out_classes = out_classes

        # 读取量化参数
        params = np.load(quant_param_path)
        input_params = params['input']
        filter_params = params['filter']
        for i in range(0, len(input_params), 2):
            self.input_quant_params.append(pycnml.QuantParam(int(input_params[i]),
                float(input_params[i+1])))
        for i in range(0, len(filter_params), 2):
            self.filter_quant_params.append(pycnml.QuantParam(int(filter_params[i]),
                float(filter_params[i+1])))

        # 创建神经网络的层
        self.net.setInputShape(batch_size, input_size, 1, 1)
        # TODO：使用 pycnml 搭建三层神经网络结构
        # fc1
        self.net.createMlpLayer('fc1', hidden1, self.input_quant_params[0])
        ________________________________________________
        ________________________________________________
```

在该示例程序中定义了以下成员函数：

- 网络初始化：调用 pycnml.CnmlNet() 创建 CnmlNet 的实例 net。后续神经网络层的创建、参数的加载、前向传播计算等操作都通过该对象来调用。
- 建立网络结构：DLP 上只支持定点量化后的输入数据和权重，并且在创建全连接层时需要输入数据的量化参数。因此首先加载输入数据和权重的量化参数文件（量化参数包括指数因子 position 和缩放因子 scale），然后定义整个神经网络的拓扑结构。定义网络结构时，使用 net 中的 createXXXLayer 函数来实例化每一层。

2.2.5.4 网络推断模块

搭建好网络后，就可以加载训练好的模型和输入数据进行预测。网络推断模块的 DLP 实现如代码示例 2.13 所示。

代码示例 2.13 三层神经网络的网络推断模块的 DLP 实现

```
# file: mnist_mlp_demo.py
def load_model(self, param_dir):
    # TODO: 分别为三个全连接层加载参数
    params = np.load(param_dir).item()
    weigh1 = np.transpose(params['w1'], [1, 0]).flatten().astype(np.float)
    bias1 = params['b1'].flatten().astype(np.float)
    self.net.loadParams(0, weigh1, bias1, self.filter_quant_params[0] )
    weigh2 = np.transpose(params['w2'], [1, 0]).flatten().astype(np.float)
```

```python
        bias2 = params['b2'].flatten().astype(np.float)
        ____________________________
        weigh3 = np.transpose(params['w3'], [1, 0]).flatten().astype(np.float)
        bias3 = params['b3'].flatten().astype(np.float)
        ____________________________

    def forward(self):  # 前向传播
        return self.net.forward()

    def evaluate(self):
        pred_results = np.zeros([self.test_data.shape[0]])
        # 读取一定批量的测试数据进行前向传播
        for idx in range(self.test_data.shape[0]/self.batch_size):
            batch_images = self.test_data[idx*self.batch_size:(idx+1)*self.batch_size, :-1]
            data = batch_images.flatten().tolist()
            # 加载输入数据
            self.net.setInputData(data)
            # 打印推断的时间
            start = time.time()
            self.forward()
            end = time.time()
            print('inferencing time: %f'%(end - start))
            prob = self.net.getOutputData()
            prob = np.array(prob).reshape((self.batch_size, self.out_classes))
            pred_labels = np.argmax(prob, axis=1)
            pred_results[idx*self.batch_size:(idx+1)*self.batch_size] = pred_labels
        accuracy = np.mean(pred_results == self.test_data[:,-1])
        print('Accuracy in test set: %f' % accuracy)
```

在该示例程序中，神经网络推断模块的参数加载、前向传播、精度计算等基本操作被分别定义为神经网络类的成员函数：

- 神经网络的参数加载：读取模型参数文件，并使用 net 中的 loadParams 接口加载参数。可以将 2.1 节实验中训练得到的模型参数用于本实验，但使用前需要使用量化工具对模型参数（如权重等）进行量化。为了便于使用，本实验提供了模型参数量化后的文件。将模型参数量化文件读入内存后，需要做两方面的处理：一方面，训练得到的模型中全连接层的权重的存储布局为 $[C_{\text{in}}, C_{\text{out}}]$，而 DLP 处理全连接层时权重的存储布局为 $[C_{\text{out}}, C_{\text{in}}]$，因此需要对读取的权重做一次转置；另一方面，由于 Python 中的浮点数类型 float 是双精度浮点，pycnml 接口内部实现的 C++ 函数接收的权重也只能是双精度浮点数类型，而 NumPy 存储的数据（包括权重）都是 np.float32 类型，因此需要手动将 NumPy 数据类型转换为 np.float64 类型，否则在调用 pycnml 库的接口的过程中会报错。

- 神经网络的前向传播：net.forward 函数会自动依次调用 net 中每一层的前向传播函数，并将最后一层前向传播的计算结果返回。
- 神经网络推断函数主体：与 2.1 节中的 CPU 实现类似，循环读取一定批量的测试数据，随后调用网络的前向传播函数计算得到神经网络的输出结果，然后与测试数据集的标记进行比对，计算分类平均正确率作为模型的精度。

2.2.5.5 完整实验流程

完成所有模块的实现后，就可以在 DLP 上运行神经网络实现手写数字图像分类。三层神经网络在 DLP 上的实现流程与在 CPU 上的实现流程基本一致，如代码示例 2.14 所示。首先实例化三层神经网络对应的类；其次调用网络结构模块 build_model 建立神经网络，指定神经网络的超参数（如每层的神经元个数）；随后调用 load_data 函数进行数据的加载和预处理；然后调用 load_model 函数从文件中读取训练好的模型参数；最后调用 evaluate 函数执行网络推断模块得到预测结果和模型的精度。其中，用 load_data 和 load_model 分别加载数据和参数时，首先会在 DLP 上分配存储空间，然后将数据或参数从主存拷贝到 DLP 的存储中。

代码示例 2.14 三层神经网络的完整流程的 DLP 实现

```
# file: mnist_mlp_demo.py
# 神经元数量
HIDDEN1 = 32
HIDDEN2 = 16
OUT = 10

def run_mnist():
    batch_size = 10000
    h1, h2, c = HIDDEN1, HIDDEN2, OUT
    mlp = MNIST_MLP()
    mlp.build_model(batch_size=batch_size, hidden1=h1, hidden2=h2, out_classes=c)
    model_path = 'weight.npy'
    test_data = '../../mnist_data/t10k-images-idx3-ubyte'
    test_label = '../../mnist_data/t10k-labels-idx1-ubyte'
    mlp.load_data(test_data, test_label)
    mlp.load_model(model_path)

    for i in range(10):
        mlp.evaluate()

if __name__ == '__main__':
    run_mnist()
```

在上一节的 CPU 实验中，批量大小 batch_size 的默认值设为 100。为了让读者对 DLP

的计算能力有更直观的比较和认识，本实验中 batch_size 设为 10 000，即一次传入 10 000 张图片，比较 DLP 和 CPU 平台上的计算时间。因为在 DLP 平台上 CNML 第一次运行时有一个指令生成的过程，导致运行时间较长，所以我们多次执行 evaluate 函数，排除第一次计算的时间，其他每次的计算时间和真实的硬件时间很接近。

2.2.5.6 实验运行

根据 2.2.5.1~2.2.5.5 节的描述补全 mnist_mlp_demo.py 中的代码，并通过 Python 运行.py 文件。具体可以参考以下步骤。

1. 申请环境

申请实验环境并登录云平台，云平台上/opt/code_chap_2_3/code_chap_2_3_student/ 目录下是本实验的示例代码。

```
# 登录云平台
ssh root@xxx.xxx.xxx.xxx -p xxxxx
# 进入code_chap_2_3_student目录
cd /opt/code_chap_2_3/code_chap_2_3_student
# 初始化环境
source env.sh
```

2. 实现代码

补全 exp_2_2_mnist_mlp_dlp/stu_upload 目录下的 layers_1.py、mnist_mlp_cpu.py、mnist_mlp_demo.py 文件。

```
# 进入实验目录
cd exp_2_2_mnist_mlp_dlp
# 补全实验代码
vim stu_upload/layers_1.py
vim stu_upload/mnist_mlp_cpu.py
vim stu_upload/mnist_mlp_demo.py
```

其中，将 mnist_mlp_cpu.py 文件中的 build_mnist_mlp() 函数修改为以下内容：

```
def build_mnist_mlp(param_dir='weight.npy'):
    h1, h2, e = 32, 16, 10
    mlp = MNIST_MLP(hidden1=h1, hidden2=h2, max_epoch=e)
    mlp.load_data()
    mlp.build_model()
    mlp.init_model()
    # mlp.train()
    # mlp.save_model('mlp-%d-%d-%depoch.npy' % (h1, h2, e))
    mlp.load_model(param_dir)
    return mlp
```

3. 运行实验

将 2.1 节的实验中训练得到的参数复制到 exp_2_2_mnist_mlp_dlp/stu_upload 目录下，并将参数文件重命名为 weight.npy。然后运行实验：

```
# 运行完整实验
python main_exp_2_2.py
```

2.2.6 实验评估

本实验中，性能评判标准是设置批量大小为 10 000 时进行一次前向传播的时间。本实验的评估标准设定如下：

- 60 分标准：用 pycnml 实现正确的三层神经网络，在 DLP 上进行推断，并且在测试集上的平均分类正确率高于 90%。
- 80 分标准：修改神经网络隐层神经元的数量，利用 2.1 节的实验代码重新训练模型，使训练得到的模型在 DLP 上运行推断的耗时为 CPU 耗时的 1/20 或更低，并且在测试集上的平均分类正确率高于 95%。
- 100 分标准：修改神经网络隐层神经元的数量，利用 2.1 节的实验代码重新训练模型，使训练得到的模型在 DLP 上运行推断的耗时为 CPU 耗时的 1/50 或更低，并且在测试集上的平均分类正确率高于 98%。

2.2.7 实验思考

1）在运行神经网络推断时，DLP 相对于 CPU 有什么优势和劣势？

2）在什么样的神经网络结构下，DLP 能够发挥它的最大性能优势？

CHAPTER 3

第 3 章

深度学习应用实验

本书的驱动范例——图像风格迁移是深度学习的一个典型应用，它将深度学习算法、编程框架、智能编程语言、深度学习处理器贯穿起来。图像风格迁移有非实时和实时两种实现方式，其中非实时风格迁移算法使用 VGG19 作为核心网络结构。本章首先介绍如何用 Python 语言实现基于 VGG19 的图像分类，然后介绍如何在 DLP 上实现图像分类，最后介绍如何用 Python 语言实现非实时风格迁移算法。本章的三个实验均从第 2 章的实验框架扩展而来，并且会复用第 2 章实验中全连接层、ReLU 激活函数层等基本单元的代码，然后在此基础上加入新的基本单元，如卷积层、最大池化层。完成本章实验，读者就可以点亮智能计算系统知识树（见图 1.2）中深度学习部分的知识点。

3.1 基于 VGG19 实现图像分类

3.1.1 实验目的

本实验的目的是掌握卷积神经网络的设计原理，掌握卷积神经网络的使用方法，能够使用 Python 语言实现 VGG19[4] 网络模型来对给定的输入图像进行分类。具体包括：

1）加深对深度卷积神经网络中卷积层、最大池化层等基本单元的理解。

2）利用 Python 语言实现 VGG19 的前向传播计算，加深对 VGG19 网络结构的理解，为在后续风格迁移中使用 VGG19 网络进行特征提取奠定基础。

3）在 2.1 节实验的基础上将三层神经网络扩展为 VGG19 网络，加深对神经网络工程实现中基本模块演变的理解，为后续实现更复杂的综合实验（如风格迁移）奠定基础。

实验工作量：约 30 行代码，约需 3 小时。

3.1.2 背景介绍

3.1.2.1 卷积神经网络中的基本单元

常见的卷积神经网络结构如图 3.1 所示。卷积层后面会使用 ReLU 等激活函数，L 个卷积层后通常会使用一个最大池化层（也有的使用平均池化层）；卷积和池化组合出现 M 次之后，提取出来的卷积特征会经过 P 个全连接层映射到若干个输出特征上，最后再经过一个全连接层或 Softmax 层来得到最终的输出。在 2.1 节实验中，已经介绍了全连接层、ReLU 激活函数层、Softmax 层，这里介绍本实验中新增的基本单元：卷积层和最大池化层。更多关于卷积层和最大池化层的介绍详见《智能计算系统》教材的 3.1 节。

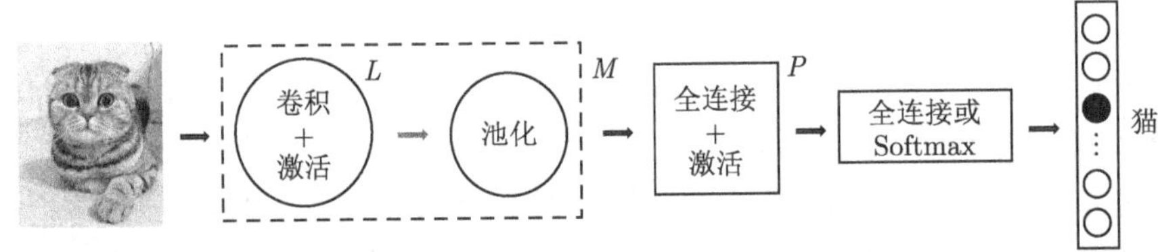

图 3.1 常见的卷积神经网络结构

1. 卷积层

与全连接层类似，卷积层中的参数包括权重（即卷积核）和偏置。VGG19 中使用的都是多输入输出特征图的卷积运算。假设输入特征图 $\boldsymbol{X}$ 用 4 阶张量表示，其形状（shape）为 $[N, C_{\text{in}}, H_{\text{in}}, W_{\text{in}}]$，其中 N 是输入的样本个数（在本实验中 $N=1$），C_{in} 是输入特征图的通道数，H_{in} 和 W_{in} 是输入特征图的高度和宽度。卷积核 $\boldsymbol{W}$ 用 4 阶张量表示，其形状为 $[C_{\text{in}}, K, K, C_{\text{out}}]$，其中 $K \times K$ 为卷积核的高度 $\times$ 宽度（也称为卷积窗口大小），C_{out} 为输出特征图的通道数。卷积层的偏置用 C_{out} 维向量 $\boldsymbol{b}$ 表示。同时定义输入特征图的边界扩充大小 p、卷积步长 s。输出特征图 $\boldsymbol{Y}$ 由输入特征图 $\boldsymbol{X}$ 在卷积窗口内的数据与卷积核 $\boldsymbol{W}$ 内积并加上偏置 $\boldsymbol{b}$ 计算得到，$\boldsymbol{Y}$ 的形状为 $[N, C_{\text{out}}, H_{\text{out}}, W_{\text{out}}]$，其中 H_{out} 和 W_{out} 是输出特征图的高度和宽度。

前向传播计算时，为了保证卷积之后的有效输出尺寸与输入尺寸一致，首先对卷积层的输入 $\boldsymbol{X}$ 做边界扩充（padding），即在输入特征图的上下以及左右边界处分别增加 p 行和 p 列的 0。形状为 $[N, C_{\text{in}}, H_{\text{in}}, W_{\text{in}}]$ 的输入特征图经过大小为 p 的边界扩充，得到扩充后的特征图 $\boldsymbol{X}_{\text{pad}}$：

$$\boldsymbol{X}_{\text{pad}}(n, c_{\text{in}}, h, w) = \begin{cases} \boldsymbol{X}(n, c_{\text{in}}, h-p, w-p), & \text{如果}(p \leqslant h < p + H_{\text{in}}) \& (p \leqslant w < p + W_{\text{in}}) \\ 0, & \text{其他} \end{cases} \tag{3.1}$$

其中 $n \in [0, N)$、$c_{\text{in}} \in [0, C_{\text{in}})$、$h \in [0, H_{\text{in}})$、$w \in [0, W_{\text{in}})$ 分别表示输入特征图的样本号、通道号、行号、列号，均为整数。$\boldsymbol{X}_{\text{pad}}$ 的形状为 $[N, C_{\text{in}}, H_{\text{pad}}, W_{\text{pad}}]$，其中高度 H_{pad} 和宽度 W_{pad} 分别为

$$\begin{aligned} H_{\text{pad}} &= H_{\text{in}} + 2p \\ W_{\text{pad}} &= W_{\text{in}} + 2p \end{aligned} \tag{3.2}$$

然后，在边界扩充后的特征图上滑动卷积窗口，依次计算窗口内的特征图数据与卷积核的矩阵内积再加上偏置，得到输出特征图 $\boldsymbol{Y}$：

$$\boldsymbol{Y}(n, c_{\text{out}}, h, w) = \sum_{c_{\text{in}}, k_{\text{h}}, k_{\text{w}}} \boldsymbol{W}(c_{\text{in}}, k_{\text{h}}, k_{\text{w}}, c_{\text{out}}) \boldsymbol{X}_{\text{pad}}(n, c_{\text{in}}, hs + k_{\text{h}}, ws + k_{\text{w}}) + \boldsymbol{b}(c_{\text{out}}) \tag{3.3}$$

其中：$n \in [0, N)$、$c_{\text{out}} \in [0, C_{\text{out}})$、$h \in [0, H_{\text{out}})$、$w \in [0, W_{\text{out}})$ 分别表示输出特征图的样本号、通道号、行号、列号；$k_{\text{h}} \in [0, K)$、$k_{\text{w}} \in [0, K)$ 表示卷积核的行号和列号；$c_{\text{in}} \in [0, C_{\text{in}})$ 表示输入特征图的通道号。这些符号的值均为整数。输出特征图 $\boldsymbol{Y}$ 的高度和宽度分别是

$$\begin{aligned} H_{\text{out}} &= \left\lfloor \frac{H_{\text{pad}} - K}{s} + 1 \right\rfloor = \left\lfloor \frac{H_{\text{in}} + 2p - K}{s} + 1 \right\rfloor \\ W_{\text{out}} &= \left\lfloor \frac{W_{\text{pad}} - K}{s} + 1 \right\rfloor = \left\lfloor \frac{W_{\text{in}} + 2p - K}{s} + 1 \right\rfloor \end{aligned} \tag{3.4}$$

上述公式中 $\lfloor\ \rfloor$ 表示向下取整。

反向传播计算时，假设损失函数为 L，损失函数对本层输出的偏导为 $\nabla_{\boldsymbol{Y}} L$，其形状与卷积层的输出特征图相同，均为 $[N, C_{\text{out}}, H_{\text{out}}, W_{\text{out}}]$。根据链式法则，可以计算权重和偏置的梯度 $\nabla_{\boldsymbol{W}} L$、$\nabla_{\boldsymbol{b}} L$，以及损失函数对边界扩充后的输入特征图的偏导 $\nabla_{\boldsymbol{X}_{\text{pad}}} L$，计算公式为

$$\begin{aligned} &\nabla_{\boldsymbol{W}(c_{\text{in}}, k_{\text{h}}, k_{\text{w}}, c_{\text{out}})} L = \sum_{n,h,w} \nabla_{\boldsymbol{Y}(n, c_{\text{out}}, h, w)} L \ \boldsymbol{X}_{\text{pad}}(n, c_{\text{in}}, hs + k_{\text{h}}, ws + k_{\text{w}}) \\ &\nabla_{\boldsymbol{b}(c_{\text{out}})} L = \sum_{n,h,w} \nabla_{\boldsymbol{Y}(n, c_{\text{out}}, h, w)} L \\ &\nabla_{\boldsymbol{X}_{\text{pad}}(n, c_{\text{in}}, hs+i_{\text{h}}, ws+i_{\text{w}})} L = \sum_{c_{\text{out}}} \sum_{f_{\text{h}}=0}^{\lfloor K/s \rfloor - i_{\text{h}}} \sum_{f_{\text{w}}=0}^{\lfloor K/s \rfloor - i_{\text{w}}} \\ &\nabla_{\boldsymbol{Y}(n, c_{\text{out}}, h-f_{\text{h}}, w-f_{\text{w}})} L \ \boldsymbol{W}(c_{\text{in}}, f_{\text{h}} s + i_{\text{h}}, f_{\text{w}} s + i_{\text{w}}, c_{\text{out}}) \end{aligned} \tag{3.5}$$

其中，$n \in [0, N)$，$c_{\text{in}} \in [0, C_{\text{in}})$，$c_{\text{out}} \in [0, C_{\text{out}})$，$h \in [0, H_{\text{out}})$，$w \in [0, W_{\text{out}})$，$k_{\text{h}} \in [0, K)$，$k_{\text{w}} \in [0, K)$，$i_{\text{h}} \in [0, s)$，$i_{\text{w}} \in [0, s)$。之后剪裁掉 $\nabla_{\boldsymbol{X}_{\text{pad}}} L$ 中扩充的边界，得到本层的 $\nabla_{\boldsymbol{X}} L$，计算公式为

$$\nabla_{\boldsymbol{X}(n, c_{\text{in}}, h, w)} L = \nabla_{\boldsymbol{X}_{\text{pad}}(n, c_{\text{in}}, h+p, w+p)} L \tag{3.6}$$

其中 $n \in [0, N)$, $c_{\text{in}} \in [0, C_{\text{in}})$, $h \in [0, H_{\text{in}})$, $w \in [0, W_{\text{in}})$。

2. 最大池化层

假设最大池化层的输入特征图 $\boldsymbol{X}$ 的形状为 $[N, C, H_{\text{in}}, W_{\text{in}}]$，其中 N 是输入的样本个数（在本实验中 $N = 1$），C 是输入的通道数，H_{in} 和 W_{in} 是输入特征图的高度和宽度。池化窗口的高度和宽度均为 K，池化步长为 s，输出特征图 $\boldsymbol{Y}$ 的形状为 $[N, C, H_{\text{out}}, W_{\text{out}}]$，其中 H_{out} 和 W_{out} 是输出特征图的高度和宽度。

前向传播计算时，输出特征图 $\boldsymbol{Y}$ 中某一位置的值是输入特征图 $\boldsymbol{X}$ 的对应池化窗口内的最大值，计算公式为

$$\boldsymbol{Y}(n, c, h, w) = \max_{k_{\text{h}}, k_{\text{w}}} \boldsymbol{X}(n, c, hs + k_{\text{h}}, ws + k_{\text{w}}) \tag{3.7}$$

其中 $n \in [0, N)$、$c \in [0, C)$、$h \in [0, H_{\text{out}})$、$w \in [0, W_{\text{out}})$ 分别表示输出特征图的样本号、通道号、行号、列号，$k_{\text{h}} \in [0, K)$、$k_{\text{w}} \in [0, K)$ 表示池化窗口内的坐标位置，它们均为整数。

反向传播的计算过程可以根据前向传播公式(3.7)推导获得。给定损失函数对本层输出的偏导 $\nabla_{\boldsymbol{Y}} L$，其形状与最大池化层的输出特征图相同，均为 $[N, C, H_{\text{out}}, W_{\text{out}}]$。由于最大池化层在前向传播后仅保留池化窗口内的最大值，因此在反向传播时，仅将后一层损失中对应于该池化窗口的值传递给池化窗口内最大值所在位置，其他位置的值置为 0。在反向传播时需先计算最大值所在位置 $\boldsymbol{p}$，计算公式为

$$\boldsymbol{p}(n, c, h, w) = \underset{k_{\text{h}}, k_{\text{w}}}{F} (\boldsymbol{X}(n, c, hs + k_{\text{h}}, ws + k_{\text{w}})) \tag{3.8}$$

其中 F 代表获取最大值所在位置的函数，返回最大值位于池化窗口中的坐标向量 $\boldsymbol{p}(n, c, h, w) = [q(0), q(1)]$，其中 $q(0)$ 对应 h 方向的坐标，$q(1)$ 对应 w 方向的坐标。$n \in [0, N)$、$c \in [0, C)$、$h \in [0, H_{\text{out}})$、$w \in [0, W_{\text{out}})$、$k_{\text{h}} \in [0, K)$、$k_{\text{w}} \in [0, K)$ 分别为输入输出特征图和池化窗口上的位置坐标。利用最大值所在位置 $[q(0), q(1)]$ 可得最大池化层的 $\nabla_{\boldsymbol{X}} L$，计算公式为

$$\nabla_{\boldsymbol{X}(n, c, hs+q(0), ws+q(1))} L = \nabla_{\boldsymbol{Y}(n, c, h, w)} L \tag{3.9}$$

3.1.2.2 VGG19 网络的基本结构

VGG19[4] 是经典的深度卷积神经网络结构，包含 6 个阶段，其中有 16 个卷积层和 3 个全连接层，如表 3.1 所示。前 2 个阶段各有 2 个卷积层，第 3~5 个阶段各有 4 个卷积层。每个卷积层均使用 3×3 大小的卷积核，边界扩充大小为 1，步长为 1，即保持输入输出特征图的高度和宽度不变。每个阶段的卷积层的通道数在不断变化。每个阶段的第一个卷积层的输入通道数为上一个卷积层的输出通道数（第一个阶段的第一个卷积层的输入通道数为原始图像通道数）。5 个阶段的卷积层输出通道数分别为 64、128、256、512、512。每个阶段除第一个卷积层外，其他卷积层均保持输入和输出通道数相同。每个卷积层后面

都跟随有 ReLU 激活函数层，每个阶段最后都跟随有一个最大池化层，将特征图的高度和宽度缩小为原来的 1/2。3 个全连接层中前 2 个全连接层后面也跟随有 ReLU 层。值得注意的是，第 5 个阶段输出的特征图会进行变形，将四维特征图变形为二维矩阵作为全连接层的输入。网络最后是 Softmax 层，计算分类概率。VGG19 的超参数配置详见表 3.1，注意表中省略了卷积层和全连接层后的 ReLU 层。更多关于 VGG19 网络基本结构的介绍详见《智能计算系统》教材的 3.2.2 节。

表 3.1 VGG19 网络的基本结构

名称	类型	卷积/池化窗口的高度和宽度	步长	边界扩充	输入通道数	输出通道数	输出特征图的高度和宽度
conv1_1	卷积层	3	1	1	3	64	224
conv1_2	卷积层	3	1	1	64	64	224
pool1	最大池化层	2	2	–	64	64	112
conv2_1	卷积层	3	1	1	64	128	112
conv2_2	卷积层	3	1	1	128	128	112
pool2	最大池化层	2	2	–	128	128	56
conv3_1	卷积层	3	1	1	128	256	56
conv3_2	卷积层	3	1	1	256	256	56
conv3_3	卷积层	3	1	1	256	256	56
conv3_4	卷积层	3	1	1	256	256	56
pool3	最大池化层	2	2	–	256	256	28
conv4_1	卷积层	3	1	1	256	512	28
conv4_2	卷积层	3	1	1	512	512	28
conv4_3	卷积层	3	1	1	512	512	28
conv4_4	卷积层	3	1	1	512	512	28
pool4	最大池化层	2	2	–	512	512	14
conv5_1	卷积层	3	1	1	512	512	14
conv5_2	卷积层	3	1	1	512	512	14
conv5_3	卷积层	3	1	1	512	512	14
conv5_4	卷积层	3	1	1	512	512	14
pool5	最大池化层	2	2	–	512	512	7
fc6	全连接层	–	–	–	25 088	4 096	–
fc7	全连接层	–	–	–	4 096	4 096	–
fc8	全连接层	–	–	–	4 096	1 000	–
Softmax	损失层	–	–	–	–	–	–

3.1.3 实验环境

硬件环境：CPU。

软件环境：Python 编译环境及相关的扩展库，包括 Python 2.7.12、Pillow 6.0.0、SciPy 0.19.0、NumPy 1.16.0（本实验不需使用 TensorFlow 等深度学习框架）。

数据集：ImageNet[5] 图像数据集。该数据集包含约 128 万张训练图像和 5 万张测试图像，共有 1 000 个不同的类别。本实验使用官方基于 ImageNet 数据集训练完成后得到的模型参数，不需要使用 ImageNet 数据集进行 VGG19 模型的训练。

3.1.4 实验内容

本实验使用 VGG19 网络进行图像分类。首先建立 VGG19 的网络结构，然后利用 VGG19 的官方模型参数对给定图像进行分类。VGG19 网络的模型参数是在 ImageNet[5] 数据集上训练获得的，VGG19 网络的输出结果对应 ImageNet 数据集中 1 000 个类别的概率。

在工程实现中，依然按照 2.1 节实验的模块划分方法，每个模块的具体实现基于 2.1 节实验中的实现进行改进。由于本实验只涉及 VGG19 网络的推断过程，因此本实验仅包括数据加载模块、基本单元模块、网络结构模块、网络推断模块，不包括网络训练模块。

3.1.5 实验步骤

3.1.5.1 数据加载模块

数据加载模块实现数据的读取和预处理，如代码示例 3.1 所示。本实验采用 ImageNet 图像数据集，该数据集以.jpg 或.png 压缩文件格式存放每张 RGB 图像，且不同图像的尺寸可能不同。为了统一神经网络输入的大小，读入图像数据后，需要依次做以下处理：

- 首先，将图像缩放到 224×224 大小，并存储在矩阵中。
- 其次，对输入图像进行标准化，将输入值范围从 [0,255] 标准化到均值为 0 的区间，从而提高神经网络的训练速度和稳定性。具体做法是将图像的每个像素值减去 ImageNet 数据集的图像均值，该图像均值在加载 VGG19 模型参数时读入。本实验使用 VGG19 模型中自带的图像均值进行输入图像标准化，是为了确保与官方使用 VGG19 网络时的预处理方式保持一致。
- 最后，将标准化的图像转换为神经网络输入的统一形状，即 $[N, C, H, W]$。其中 N 是输入的样本数（由于图像是逐张读入的，因此 $N=1$），C 是输入的通道数（本实验的输入图像是 RGB 彩色图像，因此 $C=3$），H 和 W 分别表示输入图像的高度和宽度（缩放后的图像的高度和宽度均为 224）。

代码示例 3.1 VGG19 的数据加载模块的实现

```
# file: vgg_cpu.py
def load_image(self, image_dir):
    print('Loading and preprocessing image from ' + image_dir)
    self.input_image = scipy.misc.imread(image_dir)
    self.input_image = scipy.misc.imresize(self.input_image,[224,224,3])
    self.input_image = np.array(self.input_image).astype(np.float32)
    self.input_image -= self.image_mean
    self.input_image = np.reshape(self.input_image, [1]+list(self.input_image.shape))
    # 输入形状： [N, channel, height, width]
    self.input_image = np.transpose(self.input_image, [0, 3, 1, 2])
```

3.1.5.2 基本单元模块

本实验仅实现 VGG19 的推断过程，因此不需要实现反向传播计算和参数的更新，仅需实现层的初始化、参数初始化、前向传播计算、参数加载等基本操作。VGG19 网络包含卷积层、ReLU 层、最大池化层、全连接层和 Softmax 层。其中全连接层、ReLU 层和 Softmax 层可以直接使用 2.1 节实验中已经实现的相应网络层，本小节重点介绍卷积层和最大池化层的实现。此外还需实现一个扁平化（flatten）层，用在 VGG19 中第一个全连接层之前，用于将最大池化层（pool5）输出的 4 阶特征图张量变形为 2 阶张量以作为全连接层的输入。最大池化层和扁平化层中没有参数，不包含参数初始化和参数加载的操作。

1. 卷积层

卷积层的实现如代码示例 3.2 所示，其中定义了以下成员函数：

- 层的初始化：需要定义卷积的超参数，包括卷积核的高度（或宽度）K、输入特征图的通道数 C_{in}、输出特征图的通道数 C_{out}、特征图边界扩充大小 p、卷积步长 s 等。
- 参数初始化：卷积层的参数包括权重（卷积核）和偏置。与全连接层类似，卷积层通常用高斯随机数来初始化权重的值，而将偏置的所有值初始化为 0。
- 前向传播计算：根据公式(3.1)和公式(3.3)可进行卷积层的前向传播计算。首先利用公式(3.1)对输入特征图进行边界扩充。之后利用公式(3.3)，在边界扩充后的特征图上滑动卷积窗口，依次计算每个窗口内的特征图数据与卷积核的内积并加上偏置，得到输出特征图。在工程实现中，最简单直接的实现方式是利用四重循环计算输出特征图所有位置的值。由于 VGG19 网络中的所有卷积层都是 3×3 的卷积核，即 $K = 3$，且边界扩充大小 $p = 1$，步长 $s = 1$，因此 VGG19 网络中所有卷积层的输出特征图的高度和宽度与输入特征图相同。
- 参数加载：从该函数的输入中读取本层的权重 W 和偏置 b。

代码示例 3.2 卷积层的实现

```
# file: layer_2.py
class ConvolutionalLayer(object):
    def __init__(self, kernel_size, channel_in, channel_out, padding, stride):
        # 卷积层的初始化
        self.kernel_size = kernel_size
        self.channel_in = channel_in
        self.channel_out = channel_out
        self.padding = padding
        self.stride = stride
    def init_param(self, std=0.01): # 参数初始化
        self.weight = np.random.normal(loc=0.0, scale=std, size=(self.channel_in, self.
            kernel_size, self.kernel_size, self.channel_out))
```

```
        self.bias = np.zeros([self.channel_out])
    def forward(self, input): # 前向传播计算
        self.input = input # [N, C, H, W]
        height = self.input.shape[2] + self.padding * 2
        width = self.input.shape[3] + self.padding * 2
        self.input_pad = np.zeros([self.input.shape[0], self.input.shape[1], height, width])
        self.input_pad[:, :, self.padding:self.padding+self.input.shape[2], self.padding:self.padding+self.input.shape[3]] = self.input
        height_out = (height - self.kernel_size) / self.stride + 1
        width_out = (width - self.kernel_size) / self.stride + 1
        self.output = np.zeros([self.input.shape[0], self.channel_out, height_out, width_out])
        for idxn in range(self.input.shape[0]):
            for idxc in range(self.channel_out):
                for idxh in range(height_out):
                    for idxw in range(width_out):
                        # TODO：计算卷积层的前向传播，即计算特征图与卷积核的内积再加上偏置
                        self.output[idxn, idxc, idxh, idxw] = _______________
        return self.output
    def load_param(self, weight, bias): # 参数加载
        self.weight = weight
        self.bias = bias
```

2. 最大池化层

最大池化层的实现如代码示例 3.3 所示，其中定义了以下成员函数：

- 层的初始化：需要定义最大池化层的超参数，包括池化窗口的高度（或宽度）K 和池化步长 s。
- 前向传播计算：根据公式(3.7)可计算最大池化层的前向传播结果，即将输出特征图中某一位置的值设置为输入特征图的对应池化窗口中的最大值。由于输出特征图中每个位置的值都是输入特征图的对应池化窗口中的最大值，因此最简单直接的实现方式是用四重循环来计算输出特征图中所有位置的值。

代码示例 3.3　最大池化层的实现

```
# file: layer_2.py
class MaxPoolingLayer(object):
    def __init__(self, kernel_size, stride): # 最大池化层的初始化
        self.kernel_size = kernel_size
        self.stride = stride
    def forward(self, input): # 前向传播计算
        start_time = time.time()
        self.input = input # [N, C, H, W]
        self.max_index = np.zeros(self.input.shape)
```

```
        height_out = (self.input.shape[2] - self.kernel_size) / self.stride + 1
        width_out = (self.input.shape[3] - self.kernel_size) / self.stride + 1
        self.output = np.zeros([self.input.shape[0], self.input.shape[1], height_out,
            width_out])
        for idxn in range(self.input.shape[0]):
            for idxc in range(self.input.shape[1]):
                for idxh in range(height_out):
                    for idxw in range(width_out):
                        #TODO：计算最大池化层的前向传播，即取池化窗口中的最大值
                        self.output[idxn, idxc, idxh, idxw] = _______________
        return self.output
```

3. 扁平化层

扁平化层用于改变特征图的形状，将输入特征图中每个样本的特征平铺成一个向量。扁平化层的实现如代码示例 3.4所示，其中定义了以下成员函数：

- 层的初始化：初始化扁平化层时需要定义输入特征图和输出特征图的形状。
- 前向传播计算：假设输入特征图 $\boldsymbol{X}$ 的形状为 $[N, C, H, W]$，其中 N 是输入的样本个数（在本实验中 $N=1$），C 是输入的通道数，H 和 W 是输入特征图的高度和宽度。将输入特征图中每个样本的特征平铺成一个向量后，输出特征图的形状变为 $[N, (CHW)]$。注意，VGG19 官方模型所使用的深度学习平台 MatConvNet[6] 的特征图存储布局与本实验不同。MatConvNet 中特征图形状为 $[N, H, W, C]$，而本实验中特征图 X 的形状为 $[N, C, H, W]$。因此为避免使用官方模型计算时出现错误，扁平化层在改变输入特征图的形状前，需要将输入特征图进行维度交换，保持与 MatConvNet 的特征图存储方式一致。

代码示例 3.4 扁平化层的实现

```
# file: layer_2.py
class FlattenLayer(object):
    def __init__(self, input_shape, output_shape): # 层的初始化
        self.input_shape = input_shape
        self.output_shape = output_shape
    def forward(self, input): # 前向传播计算
        # MatConvNet 的特征图形状: [N, height, width, channel]
        # 本实验的特征图形状: [N, channel, height, width]
        self.input = np.transpose(input, [0, 2, 3, 1])
        self.output = self.input.reshape([self.input.shape[0]] + list(self.
            output_shape))
        return self.output
```

3.1.5.3　网络结构模块

与 2.1 节实验类似，本实验的网络结构模块也用一个类来定义 VGG19 神经网络，用类的成员函数来定义 VGG19 的初始化、建立网络结构、神经网络参数初始化等基本操作。VGG19 的网络结构模块的实现如代码示例 3.5 所示，其中定义了以下成员函数：

- 神经网络初始化：确定神经网络相关的超参数。为方便起见，本实验在网络初始化时仅设定每层的名称，在建立网络结构时再设定每层的具体超参数。
- 建立网络结构：定义整个神经网络的拓扑结构，设定每层的超参数，实例化基本单元模块中定义的网络层并将这些层进行堆叠，组成 VGG19 网络结构。根据表 3.1 中 VGG19 的网络结构和每层的超参数进行实例化。注意，每个卷积层和前 2 个全连接层（fc6 层和 fc7 层）后面都跟随有 ReLU 激活函数层。此外，pool5 层和 fc6 层中间有一个扁平化层，用于改变特征图的形状。最后是 Softmax 层，计算分类概率。
- 神经网络参数初始化：依次调用神经网络中包含参数的网络层的参数初始化函数。在本实验中，VGG19 中的 16 个卷积层和 3 个全连接层包含参数，因此需要依次调用其参数初始化函数。

代码示例 3.5　VGG19 的网络结构模块的实现

```
# file: vgg_cpu.py
class VGG19(object):
    def __init__(self, param_path='imagenet-vgg-verydeep-19.mat'):
        # 神经网络初始化
        self.param_path = param_path
        self.param_layer_name = (
            'conv1_1','relu1_1','conv1_2','relu1_2','pool1',
            'conv2_1','relu2_1','conv2_2','relu2_2','pool2',
            'conv3_1','relu3_1','conv3_2','relu3_2','conv3_3','relu3_3','conv3_4',
                'relu3_4','pool3',
            'conv4_1','relu4_1','conv4_2','relu4_2','conv4_3','relu4_3','conv4_4',
                'relu4_4','pool4',
            'conv5_1','relu5_1','conv5_2','relu5_2','conv5_3','relu5_3','conv5_4',
                'relu5_4','pool5',
            'flatten','fc6','relu6','fc7','relu7','fc8','Softmax')
    def build_model(self):  # 建立网络结构
        # TODO：定义 VGG19 的网络结构
        self.layers = {}
        self.layers['conv1_1'] = ConvolutionalLayer(3, 3, 64, 1, 1)
        self.layers['relu1_1'] = ReLULayer()
        self.layers['conv1_2'] = ConvolutionalLayer(3, 64, 64, 1, 1)
        self.layers['relu1_2'] = ReLULayer()
        self.layers['pool1'] = MaxPoolingLayer(2, 2)
```

```
        # ---------------
        self.layers['conv5_4'] = ConvolutionalLayer(3, 512, 512, 1, 1)
        self.layers['relu5_4'] = ReLULayer()
        self.layers['pool5'] = MaxPoolingLayer(2, 2)
        self.layers['flatten'] = FlattenLayer([512, 7, 7], [512*7*7])
        self.layers['fc6'] = FullyConnectedLayer(512*7*7, 4096)
        self.layers['relu6'] = ReLULayer()

        # _______________
        self.layers['fc8'] = FullyConnectedLayer(4096, 1000)
        self.layers['Softmax'] = SoftmaxLossLayer()
        self.update_layer_list = []
        for layer_name in self.layers.keys():
            if 'conv' in layer_name or 'fc' in layer_name:
                self.update_layer_list.append(layer_name)
    def init_model(self): # 神经网络参数初始化
        for layer_name in self.update_layer_list:
            self.layers[layer_name].init_param()
```

3.1.5.4 网络推断模块

VGG19 的网络推断模块的实现如代码示例 3.6 所示。与 2.1 节的实验类似，本实验的网络推断模块同样包含 VGG19 网络的前向传播、网络参数的加载等操作，这些操作以及推断函数主体用 VGG19 神经网络类的成员函数来定义：

- 神经网络的前向传播：前向传播的输入是预处理后的图像。首先将预处理后的图像输入 VGG19 网络的第一层；然后根据之前定义的 VGG19 网络的结构，顺序调用每层的前向传播函数，每层的输出作为下一层的输入。由于 VGG19 中的网络层数较多，可以利用网络初始化时定义的层队列，建立循环来实现前向传播。
- 神经网络参数的加载：利用官方训练好的 VGG19 模型参数，依次将其中的参数加载到 VGG19 对应的层中。本实验使用的官方模型的下载地址为 http://www.vlfeat.org/matconvnet/models/beta16/imagenet-vgg-verydeep-19.mat。VGG19 中包含参数的网络层是卷积层和全连接层，可以根据层的编号依次读入对应卷积层和全连接层的权重与偏置。注意，在本实验的神经网络初始化中，在 pool5 层和 fc6 层之间添加了扁平化层来改变特征图的形状，而官方提供的模型不包含扁平化层，因此 fc6 层及之后的层在读取参数时需要进行偏移。同时值得注意的是，VGG19 官方模型使用的深度学习平台 MatConvNet[6] 的卷积权重的存储方式与本实验不同。MatConvNet 中卷积权重的形状为 $[H, W, C_{\text{in}}, C_{\text{out}}]$，而本实验中权重的形状为 $[C_{\text{in}}, H, W, C_{\text{out}}]$。为防止使用官方模型计算时出现错误，在读取卷积层权重时需要对输入权重做维度交换，保持与 MatConvNet 的权重存储方式一致。此外还可以从该模型中读取预处理图像时使用的图像均值。

- 神经网络推断函数主体：本实验仅需要对给定的一张图像进行分类，因此给定一张预处理好的图像，执行网络前向传播函数即可获得 VGG19 预测的 1 000 个类别的分类概率，然后取其中概率最大的类别作为最终预测的分类类别。在实际应用中，可能需要对一个数据集中的多张测试图像依次进行分类，然后与测试图像对应的标记进行比对，从而得到测试数据集的分类正确率。

代码示例 3.6 VGG19 的网络推断模块的实现

```
# file: vgg_cpu.py
def load_model(self): # 加载神经网络参数
    params = scipy.io.loadmat(self.param_path)
    self.image_mean = params['normalization'][0][0][0]
    self.image_mean = np.mean(self.image_mean, axis=(0, 1))
    for idx in range(43):
        if 'conv' in self.param_layer_name[idx]:
            weight, bias = params['layers'][0][idx][0][0][0][0]
            # MatConvNet的权重形状： [height, width, in_channel, out_channel]
            # 本实验的权重形状： [in_channel, height, width, out_channel]
            weight = np.transpose(weight,[2,0,1,3])
            bias = bias.reshape(-1)
            self.layers[self.param_layer_name[idx]].load_param(weight, bias)
        if idx >= 37 and 'fc' in self.param_layer_name[idx]:
            weight, bias = params['layers'][0][idx-1][0][0][0][0]
            weight = weight.reshape([weight.shape[0]*weight.shape[1]*weight.shape[2],
                weight.shape[3]])
            self.layers[self.param_layer_name[idx]].load_param(weight, bias)

def forward(self): # 神经网络的前向传播
    current = self.input_image
    for idx in range(len(self.param_layer_name)):
        current = self.layers[self.param_layer_name[idx]].forward(current)
    return current

def evaluate(self): # 推断函数主体
    prob = self.forward()
    top1 = np.argmax(prob[0])
    print('Classification result: id = %d, prob = %f' % (top1, prob[0, top1]))
```

3.1.5.5 完整实验流程

完成 VGG19 的每个模块后，就可以用这些模块来实现给定图像的分类。VGG19 进行图像分类的完整流程的实现如代码示例 3.7 所示。首先实例化 VGG19 网络对应的类，建立 VGG19 的网络结构，并对每层的参数进行初始化，然后从官方模型中加载每层的参数，之后加载给定的图像并进行预处理，最后调用网络推断模块获得最终的图像分类结果。

代码示例 3.7 VGG19 进行图像分类的完整流程的实现

```
# file: vgg_cpu.py
if __name__ == '__main__':
    vgg = VGG19()
    vgg.build_model()
    vgg.init_model()
    vgg.load_model()
    vgg.load_image('cat1.jpg')
    vgg.evaluate()
```

3.1.5.6 实验运行

根据 3.1.5.1~3.1.5.5 节的描述补全 layer_1.py、layer_2.py、vgg_cpu.py 中的代码，并通过 Python 运行.py 文件。具体可以参考以下步骤。

1. 申请环境

申请实验环境并登录云平台，云平台上/opt/code_chap_2_3/code_chap_2_3_student/目录下是本实验的示例代码。

```
# 登录云平台
ssh root@xxx.xxx.xxx.xxx -p xxxxx
# 进入code_chap_2_3_student目录
cd /opt/code_chap_2_3/code_chap_2_3_student
# 初始化环境
source env.sh
```

2. 实现代码

补全 exp_3_1_vgg/stu_upload 目录下的 layer_1.py、layer_2.py、vgg_cpu.py 文件。

```
# 进入实验目录
cd exp_3_1_vgg
# 补全 layers_1.py、layers_2.py、vgg_cpu.py
vim stu_upload/layers_1.py
vim stu_upload/layers_2.py
vim stu_upload/vgg_cpu.py
```

3. 运行实验

```
# 运行完整实验
python main_exp_3_1.py
```

3.1.6 实验评估

为验证实验代码的正确性，选择如图 3.2 所示的猫咪图像进行分类测试。该猫咪图像的真实类别为 tabby cat，对应 ImageNet 数据集中的类别编号 281。本实验的正确结果是将该图像的类别编号判断为 281。通过查询 ImageNet 数据集中类别编号对应的具体类别，编号 281 对应 tabby cat，说明利用 VGG19 网络推断得到了正确的图像类别。

本实验的评估标准设定如下：

- 60 分标准：给定卷积层和池化层的前向传播输入矩阵与参数值，可以得到正确的前向传播输出矩阵。
- 80 分标准：建立 VGG19 网络后，给定 VGG19 的网络参数值和输入图像，可以得到正确的 pool5 层输出结果。
- 100 分标准：建立 VGG19 网络后，给定 VGG19 的网络参数值和输入图像，可以得到正确的 Softmax 层输出结果和正确的图像分类结果。

图 3.2　测试猫咪图像的示例

3.1.7　实验思考

1）在实现深度神经网络的基本单元时，如何确保一个网络层的实现是正确的？

2）在实现深度神经网络后，如何确保整个网络的实现是正确的？如果网络中的某个层计算有误，如何快速定位到有错误的层？

3）如何计算深度神经网络中每层的计算量（乘法数量和加法数量）？如何计算整个网络的前向传播时间和网络中每层的前向传播时间？深度神经网络中每层的计算量和每层的前向传播时间之间有什么关系？

3.2　基于 DLP 平台实现图像分类

3.2.1　实验目的

本实验的目的是巩固卷积神经网络的设计原理，能够使用 pycnml 库提供的 Python 接口将 VGG19[4] 网络模型移植到 DLP 上，实现图像分类。具体包括：

1）使用 pycnml 库实现卷积、池化等基本网络模块。

2）使用 pycnml 库实现 VGG19 网络。

3）分析并比较 DLP 和 CPU 平台上运行 VGG19 进行图像分类的性能。

实验工作量：约 40 行代码，约需 1 小时。

3.2.2 实验环境

硬件环境：DLP。

软件环境：pycnml 库，高性能算子库 CNML，运行时库 CNRT，以及 Python 编译环境和相关的扩展库，包括 Python 2.7.12、Pillow 6.0.0、SciPy 0.19.0、NumPy 1.16.0。

数据集：ImageNet。

3.2.3 实验内容

本实验调用 DLP 平台上的 pycnml 库来搭建 VGG19 网络进行图像分类。模块划分方式与 3.1 节的实验类似，包括数据加载模块、基本单元模块、网络结构模块和网络推断模块。

3.2.4 实验步骤

3.2.4.1 数据加载模块

数据加载模块实现数据的读取和预处理，如代码示例 3.8 所示。由于 Python 语言的限制，调用 pycnml 库的 Python 接口前需要将数据类型从 NumPy.float32 转换为 NumPy.float64。

代码示例 3.8 VGG19 的数据加载模块的 DLP 实现

```
# file: vgg19_demo.py
def load_image(self, image_dir):
    # 读取图像数据
    self.image = image_dir
    image_mean = np.array([123.68, 116.779, 103.939])
    print('Loading and preprocessing image from ' + image_dir)
    input_image = scipy.misc.imread(image_dir)
    input_image = scipy.misc.imresize(input_image,[224,224,3])
    input_image = np.array(input_image).astype(np.float32)
    input_image -= image_mean
    input_image = np.reshape(input_image, [1]+list(input_image.shape))
    # 输入形状: [N, channel, height, width]
    input_image = np.transpose(input_image, [0, 3, 1, 2])
    self.input_data = input_image.flatten().astype(np.float)
    # 将图像加载到 DLP 上
    self.net.setInputData(input_data)
```

3.2.4.2 基本单元模块

VGG19 中包含的卷积层、ReLU 层、最大池化层、全连接层和 Softmax 层可以直接调用 pycnml 库来实现对应层的初始化、参数加载、前向传播等操作。pycnml 库的使用方式可以参考 2.2.2.2 节的示例。

3.2.4.3　网络结构模块

与 2.2.5.3 节类似，本实验的网络结构模块也使用一个类来定义 VGG19 网络，可以直接使用 pycnml 封装好的基本模块接口来定义。网络结构模块在 DLP 上的实现如代码示例 3.9 所示，其中定义了以下成员函数：

- 神经网络初始化：调用 pycnml.CnmlNet() 创建 CnmlNet 的实例 net。
- 建立神经网络结构：首先加载数据和权重的量化参数，然后调用 net 中创建网络层的接口来定义整个神经网络的拓扑结构，并设定每层的超参数。

代码示例 3.9　VGG19 的网络结构模块的 DLP 实现

```python
# file: vgg19_demo.py
class VGG19(object):
    def __init__(self):
        # 初始化网络，创建CnmlNet实例net
        self.net = pycnml.CnmlNet()
        self.input_quant_params = []
        self.filter_quant_params = []

    def build_model(self,
                    param_path='../data/vgg19_data/imagenet-vgg-verydeep-19.mat',
                    quant_param_path='../data/vgg19_data/vgg19_quant_param_new.npz'):
        self.param_path = param_path
        # 加载量化参数
        params = np.load(quant_param_path)
        input_params = params['input']
        filter_params = params['filter']
        for i in range(0, len(input_params), 2):
            self.input_quant_params.append(pycnml.QuantParam(int(input_params[i]),
                float(input_params[i+1])))
        for i in range(0, len(filter_params), 2):
            self.filter_quant_params.append(pycnml.QuantParam(int(filter_params[i]),
                float(filter_params[i+1])))
        # TODO: 使用 net 的 createXXXLayer 接口搭建 VGG19 网络
        self.net.setInputShape(1, 3, 224, 224)
        # conv1_1
        self.net.createConvLayer('conv1_1', 64, 3, 1, 1, 1, self.input_quant_params
            [0])
        # relu1_1
        self.net.createReLuLayer('relu1_1')
        # conv1_2
        self.net.createConvLayer('conv1_2', 64, 3, 1, 1, 1, self.input_quant_params
            [1])
        # relu1_2
        self.net.createReLuLayer('relu1_2')
        # pool1
```

```
        ___________________________
        ___________________________
        ___________________________
        # fc8
        self.net.createMlpLayer('fc8', 1000, self.input_quant_params[18])
        # Softmax
        self.net.createSoftmaxLayer('Softmax', 1)
```

3.2.4.4 网络推断模块

VGG19 的网络推断模块在 DLP 上的实现如代码示例 3.10 所示。该模块同样包含参数加载、前向传播等操作，这些操作以及推断函数主体使用 VGG19 神经网络类的成员函数来定义：

- 神经网络参数的加载：VGG19 的网络参数包括卷积层和全连接层的权重和偏置。首先读取量化过的 VGG19 预训练模型文件，然后循环遍历 net 中的所有层，如果当前层是卷积层或全连接层，则将对应的权重、偏置以及量化参数加载到层中。将模型文件读入内存之后，需要做两方面的处理：一方面，训练得到的模型中权重的形状为 $[H, W, C_{\rm in}, C_{\rm out}]$，而 DLP 处理网络层时权重的形状为 $[C_{\rm out}, C_{\rm in}, H, W]$，因此需要对读取的权重做一次维度交换，使其与 DLP 中权重的形状一致；另一方面，需要手动将 NumPy 数据类型转换为 np.float64 类型。
- 神经网络的前向传播：输入经过预处理的图像之后，net.forward 函数会自动依次调用 net 中每一层的前向传播函数，并返回最后一层的结果。
- 神经网络推断函数主体：与 3.1.5.4 节的 CPU 实现类似，给定一张经过预处理的图像，执行网络的前向传播函数即可得到 VGG19 预测的 1 000 个类别的分类概率，然后选取概率最高的类别作为网络最终预测的分类类别。

代码示例 3.10 VGG19 的网络推断模块的 DLP 实现

```
# file: vgg19_demo.py
def load_model(self): # 加载神经网络参数
    print('Loading parameters from file ' + self.param_path)
    params = scipy.io.loadmat(self.param_path)
    self.image_mean = params['normalization'][0][0][0]
    self.image_mean = np.mean(self.image_mean, axis=(0, 1))
    count = 0
    for idx in range(self.net.size()):
        if 'conv' in self.net.getLayerName(idx):
            weight, bias = params['layers'][0][idx][0][0][0][0]
            # MatConvNet的权重形状：[height, width, in_channel, out_channel]
            # 本实验的权重形状：[out_channel, in_channel, height, width]
            weight = np.transpose(weight,[3,2,0,1]).flatten().astype(np.float)
```

```
            bias = bias.reshape(-1).astype(np.float)
            self.net.loadParams(idx, weight, bias, self.filter_quant_params[count])
            count += 1
        if 'fc' in self.net.getLayerName(idx):
            weight, bias = params['layers'][0][idx-1][0][0][0][0]
            weight = weight.reshape([weight.shape[0]*weight.shape[1]*weight.shape[2],
                weight.shape[3]])
            weight = np.transpose(weight, [1, 0]).flatten().astype(np.float)
            bias = bias.reshape(-1).astype(np.float)
            self.net.loadParams(idx, weight, bias, self.filter_quant_params[count])
            count += 1

def forward(self): # 神经网络的前向传播
    return self.net.forward()

def get_top5(self, label):
    # 打印推断的时间
    start = time.time()
    self.forward()
    end = time.time()
    print('inference time: %f'%(end - start))
    result = self.net.getOutputData()
    # 打印 top1 和 top5 的结果
    top1 = False
    top5 = False
    print('------ Top 5 of ' + self.image + ' ------')
    prob = sorted(list(result), reverse=True)[:6]
    if result.index(prob[0]) == label:
        top1 = True
    for i in range(5):
        top = prob[i]
        idx = result.index(top)
        if idx == label:
            top5 = True
        print('%f - '%top + self.labels[idx].strip())
    return top1,top5

def evaluate(self, file_list): # 推断函数主体
    top1_num = 0
    top5_num = 0
    total_num = 0
    # 读取标记
    self.labels = []
    with open('synset_words.txt', 'r') as f:
        self.labels = f.readlines()
    # 统计对所有图像分类的总时间
    start = time.time()
```

```
    with open(file_list, 'r') as f:
        file_list = f.readlines()
        total_num = len(file_list)
        for line in file_list:
            image = line.split()[0].strip()
            label = int(line.split()[1].strip())
            self.load_image(image)
            top1,top5 = self.get_top5(label) # 获取推断结果
            if top1 :
                top1_num += 1
            if top5 :
                top5_num += 1
    end = time.time()
    print('Global accuracy : ')
    print('accuracy1: %f (%d/%d) '%(float(top1_num)/float(total_num), top1_num,
        total_num))
    print('accuracy5: %f (%d/%d) '%(float(top5_num)/float(total_num), top5_num,
        total_num))
    print('Total execution time: %f'%(end - start))
```

3.2.4.5　完整实验流程

完成以上所有模块后，就可以调用上述模块中的函数，在 DLP 上进行 VGG19 网络的推断，实现给定图像的分类，如代码示例 3.11 所示。与 3.1 节的 CPU 实现类似，首先实例化 VGG19 网络对应的类，其次建立网络结构，设置每层的超参数，然后读取模型文件为每层加载参数，最后输入待分类的图像并调用推断模块获得网络的分类结果。

代码示例 3.11　VGG19 进行图像分类的完整流程的 DLP 实现

```
# file: vgg19_demo.py
if __name__ == '__main__':
    vgg = VGG19()
    vgg.build_model()
    vgg.load_model()
    vgg.evaluate('file_list')
```

3.2.4.6　实验运行

根据 3.2.4.1 ~ 3.2.4.5 节的描述补全 vgg19_demo.py 中的代码，并通过 Python 运行.py 文件。具体可以参考以下步骤。

1. 申请环境

申请实验环境并登录云平台，云平台上/opt/code_chap_2_3/code_chap_2_3_student/目录下是本实验的示例代码。

```
# 登录云平台
ssh root@xxx.xxx.xxx.xxx -p xxxxx
# 进入code_chap_2_3_student目录
cd /opt/code_chap_2_3/code_chap_2_3_student
# 初始化环境
source env.sh
```

2. 实现代码

补全 exp_3_1_vgg/stu_upload 目录下的 vgg19_demo.py 文件。

```
# 进入实验目录
cd exp_3_1_vgg
# 补全 vgg19_demo.py
vim stu_upload/vgg19_demo.py
```

3. 运行实验

```
# 运行完整实验
python main_exp_3_2.py
```

3.2.5 实验评估

本实验仍然选择图 3.2所示的猫咪图像进行分类测试，该猫咪图像的真实类别为 tabby cat，对应 ImageNet 数据集中的类别编号 281。若实验结果将该图像的类别编号推断为 281，则可认为推断正确。性能评判标准为预测猫咪类别时 VGG19 网络的 forward 函数运行的时间。

本实验的评估标准设定如下：

- 100 分标准：使用 pycnml 搭建 VGG19 网络，给定 VGG19 的网络参数值和输入图像，可以得到正确的 Softmax 层输出结果和正确的图像分类结果。

3.2.6 实验思考

1）阅读 pycnml/src/net.cpp 中 forward 函数的实现，比较 DLP 在计算哪些层时比 CPU 要快，为什么？

2）观察 forward 函数的实现，在 VGG19 网络的一次完整推断过程中，DLP 每执行完一层都需要和 CPU 交互一次，这种交互是否有必要？有什么办法可以避免这种交互？

3.3 非实时图像风格迁移

3.3.1 实验目的

本实验的目的是掌握深度学习的训练方法，能够使用 Python 语言基于 VGG19 网络模型实现非实时图像风格迁移[7]。具体包括：

1）加深对卷积神经网络的理解，利用 VGG19 模型进行图像特征提取。

2）使用 Python 语言实现风格迁移中风格和内容损失函数的计算，加深对非实时风格迁移的理解。

3）使用 Python 语言实现非实时风格迁移中迭代求解风格化图像的完整流程，为后续实现实时风格迁移以及更复杂的综合实验奠定基础。

实验工作量：约 20 行代码，约需 3 小时。

3.3.2 背景介绍

图像风格迁移根据给定的目标风格图像和目标内容图像求解风格迁移图像，使风格迁移图像在风格上与目标风格图像一致，在内容上与目标内容图像一致。图像风格迁移分为非实时风格迁移与实时风格迁移。非实时风格迁移 [7] 仅对当前给定的目标内容图像进行风格化，实现较为简单，不需要训练模型，但对不同的内容图像需要重新执行整个训练过程。实时风格迁移 [15] 训练一个模型进行风格化，实现相对复杂，但模型训练完成后对任意内容图像做推断即可生成风格化图像，不需要重新训练模型。

风格迁移通常使用 VGG 模型（如 VGG19）提取图像的特征，用于计算风格迁移图像与目标风格（内容）图像的风格（内容）损失。完整的非实时风格迁移过程见图 3.3。每次迭代时，在前向传播计算过程中利用 VGG19 提取图像特征，并计算风格（内容）损失函数，然后进行反向传播，获得风格迁移图像的梯度，最后更新风格迁移图像。通过多次迭代，不断减小风格迁移图像与目标风格（内容）图像的风格（内容）损失，最终获得风格化的图像。在非实时风格迁移中，通常用加入噪声的目标内容图像作为初始的风格迁移图像。下面详细介绍非实时风格迁移中使用的内容损失函数和风格损失函数。

1. 内容损失函数

内容损失层用于计算风格迁移图像的第 l 层特征图与目标内容图像的第 l 层特征图的内容损失。假设风格迁移图像的第 l 层特征图为 $\boldsymbol{X}^l$，其形状为 $[N,C,H,W]$，其中 N、C、H、W 分别代表输入特征图的样本个数（在本实验中 $N=1$）、通道数、高度和宽度。假设目标内容图像的第 l 层特征图为 $\boldsymbol{Y}^l$，形状同样为 $[N,C,H,W]$，则目标内容图像的该层特征图可视为内容损失层的标记。内容损失 L 用 $\boldsymbol{X}^l$ 和 $\boldsymbol{Y}^l$ 之间的欧式距离表示，计算公

式为

$$L_{\text{content}} = \frac{1}{2NCHW}\sum_{n,c,h,w}(\boldsymbol{X}^l(n,c,h,w) - \boldsymbol{Y}^l(n,c,h,w))^2 \tag{3.10}$$

其中 $n \in [0,N)$、$c \in [0,C)$、$h \in [0,H)$、$w \in [0,W)$ 均为整数，用于表示特征图上的位置，$\boldsymbol{X}^l(n,c,h,w)$ 和 $\boldsymbol{Y}^l(n,c,h,w,)$ 分别表示风格迁移图像和目标内容图像的第 l 层特征图上第 n 个样本、第 c 通道、第 h 行、第 w 列的特征值。内容损失为特征图上每个位置的平均欧式距离，因此需要求和后除以特征图中特征值的数量。

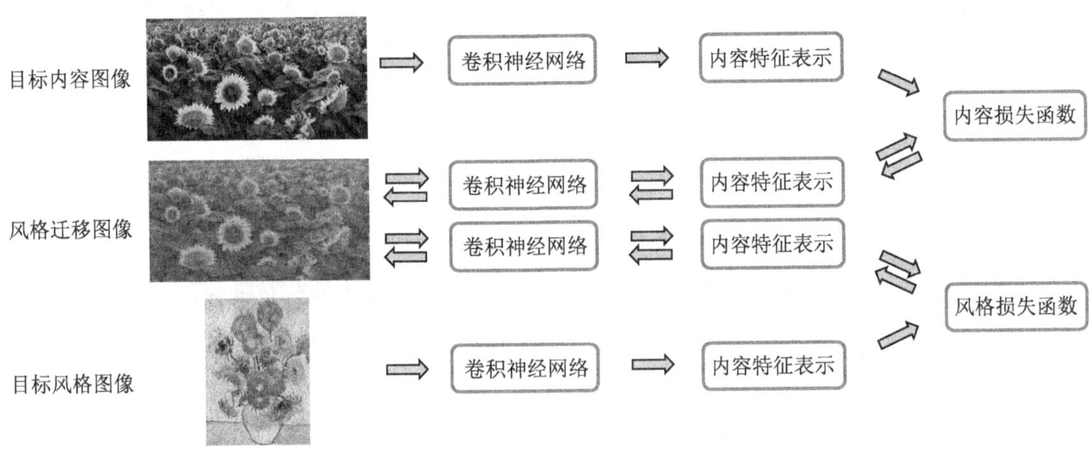

图 3.3 非实时风格迁移（见彩插）

反向传播计算时，根据内容损失的计算公式(3.10)，可计算出内容损失对于风格迁移图像的特征图 $\boldsymbol{X}^l$ 的梯度 $\nabla_{\boldsymbol{X}^l} L_{\text{content}}$ 为

$$\nabla_{\boldsymbol{X}^l(n,c,h,w)} L_{\text{content}} = \frac{1}{NCHW}(\boldsymbol{X}^l(n,c,h,w) - \boldsymbol{Y}^l(n,c,h,w)) \tag{3.11}$$

本实验用 conv4_2 之后的 ReLU 层（即 relu4_2）的输出特征图来计算内容损失函数。因此公式(3.11)与《智能计算系统》教材的 3.6.1 节中的内容损失梯度略微不同。该教材的公式中，当风格迁移图像某位置的值小于 0 时，对应位置的内容损失梯度被置为 0。这是由于该教材中使用的是风格内容图像在 conv4_2 卷积层的特征图，而本实验中使用的是卷积之后的 ReLU 层的特征图。经过 ReLU 层的反向传播后，本实验计算的损失与该教材的公式计算结果相同。

2. 风格损失函数

风格损失层用于计算风格迁移图像的第 l 层特征图与目标风格图像的第 l 层特征图的风格损失。假设风格迁移图像的第 l 层特征图为 $\boldsymbol{X}^l$，其形状为 $[N,C,H,W]$，其中 N、C、H、W 分别代表输入特征图的样本个数（在本实验中 $N=1$）、通道数、高度和宽度。假设目标风格图像的第 l 层特征图为 $\boldsymbol{Y}^l$，形状同样为 $[N,C,H,W]$。在前向传播的计算过程中，首先利用 Gram 矩[7] 计算风格迁移图像和目标风格图像的风格特征 G 和 A，用第 i 和 j 通道的特征图的内积表示，计算公式为

$$\begin{aligned}\boldsymbol{G}^l(n,i,j) &= \sum_{h,w}\boldsymbol{X}^l(n,i,h,w)\boldsymbol{X}^l(n,j,h,w)\\ \boldsymbol{A}^l(n,i,j) &= \sum_{h,w}\boldsymbol{Y}^l(n,i,h,w)\boldsymbol{Y}^l(n,j,h,w)\end{aligned} \tag{3.12}$$

其中 $n\in[0,N)$、$i,j\in[0,C)$ 表示特征图的通道号，$h\in[0,H)$ 和 $w\in[0,W)$ 表示特征图的行号和列号，风格特征 $\boldsymbol{G}^l$ 和 $\boldsymbol{A}^l$ 的形状均为 $[N,C,C]$。第 l 层的风格损失 L^l_{style} 为

$$L^l_{\text{style}} = \frac{1}{4NC^2H^2W^2}\sum_{n,i,j}(\boldsymbol{G}^l(n,i,j)-\boldsymbol{A}^l(n,i,j))^2 \tag{3.13}$$

风格损失函数为各层风格损失之和，即

$$L_{\text{style}} = \sum_l \omega_l L^l_{\text{style}} \tag{3.14}$$

其中，ω_l 是计算风格损失时第 l 层损失的权重。

计算反向传播时，根据风格损失的计算公式(3.12)和公式(3.14)，可得第 l 层风格损失对风格迁移图像特征图 $\boldsymbol{X}^l$ 的梯度㊀：

$$\nabla_{\boldsymbol{X}^l(n,i,h,w)}L^l_{\text{style}} = \frac{1}{NC^2H^2W^2}\sum_j \boldsymbol{X}^l(n,j,h,w)(\boldsymbol{G}^l(n,j,i)-\boldsymbol{A}^l(n,j,i)) \tag{3.15}$$

3. 损失函数

风格迁移的损失函数为内容损失和风格损失的加权和：

$$L_{\text{total}} = \alpha L_{\text{content}} + \beta L_{\text{style}} \tag{3.16}$$

其中，α 和 β 为权重。

4. Adam 优化器

训练神经网络时，一般使用批量随机梯度下降算法对网络参数进行更新。批量随机梯度下降算法对网络的所有参数使用相同的学习率，且在无人工更改的情况下会保持学习率固定不变。而在非实时风格迁移中，使用 Adam 算法[8] 对风格迁移图像进行更新。相对于批量随机梯度下降算法，Adam 算法利用梯度的一阶矩估计和二阶矩估计动态调整每个

㊀ 此公式的情况与公式(3.11)类似，由于《智能计算系统》教材中使用的是卷积层的特征图，而本实验中使用的是 ReLU 层的特征图，因此在该教材的公式中，当风格迁移图像某位置的值小于 0 时，对应位置的风格损失梯度被置为 0。经过 ReLU 层的反向传播后，本实验计算的损失将与该教材的公式计算结果相同。

参数的学习率，因此收敛速度更快，训练过程也更加平稳。给定待更新的风格迁移图像 $\boldsymbol{X}$ 和梯度 $\nabla_{\boldsymbol{X}} L$，以及当前迭代次数 t，设定 Adam 优化器的超参数（$\beta_1 = 0.9$、$\beta_2 = 0.999$、$\epsilon = 10^{-8}$，以及初始学习率 η），则风格迁移图像的更新公式为

$$
\begin{aligned}
m_t &= \beta_1 m_{t-1} + (1-\beta_1)\nabla_{\boldsymbol{X}} L \\
v_t &= \beta_2 v_{t-1} + (1-\beta_2)(\nabla_{\boldsymbol{X}} L)^2 \\
\hat{m}_t &= \frac{m_t}{1-\beta_1^t} \\
\hat{v}_t &= \frac{v_t}{1-\beta_2^t} \\
\boldsymbol{X} &\leftarrow \boldsymbol{X} - \eta \frac{\hat{m}_t}{\sqrt{\hat{v}_t}+\epsilon}
\end{aligned}
\tag{3.17}
$$

其中，m_t 是梯度的一阶矩估计，v_t 是梯度的二阶矩估计，$\hat{m}_t$ 和 $\hat{v}_t$ 表示 m_t 与 v_t 无偏矫正后的结果。

更多关于非实时风格迁移的介绍详见《智能计算系统》教材的 3.6.1 节。

3.3.3　实验环境

硬件环境：CPU。

软件环境：Python 编译环境及相关的扩展库，包括 Python 2.7.12、Pillow 6.0.0、SciPy 0.19.0、NumPy 1.16.0（本实验不需使用 TensorFlow 等深度学习框架）。

3.3.4　实验内容

本实验利用 VGG19 网络实现非实时风格迁移。非实时风格迁移仅需计算当前给定的内容图像的风格化图像，与实时风格迁移相比实现较为简单。为确保生成的风格迁移图像与目标风格（内容）图像的一致性，首先利用 VGG19 模型提取内容图像和风格图像的特征，随后计算风格迁移图像与目标风格（内容）图像的风格（内容）损失，然后对损失进行反向传播，更新风格迁移图像（也称为生成图像）。通过多次迭代，不断减小生成图像与目标风格（内容）图像的风格（内容）损失，最终获得风格化的图像。在非实时风格迁移实验中，仅用到 VGG19 模型的卷积层和池化层，不使用全连接层和 Softmax 层。

工程实现时，依然按照 3.1 节实验的模块划分方法，并对 3.1 节实验中已实现的模块进行改进。由于非实时风格迁移中使用 VGG19 网络进行特征提取，本实验可以利用 3.1 节实验中的部分模块。由于本实验只涉及风格化图像的迭代求解过程，因此本实验仅包括数据加载模块、基本单元模块、网络结构模块、网络训练模块，不包括网络推断模块。

3.3.5 实验步骤

3.3.5.1 数据加载模块

非实时风格迁移需要读入内容图像和风格图像，生成风格迁移图像的初始化图像，并在训练过程中保存图像，因此数据加载模块需要实现数据加载、生成图像初始化、图像保存。该模块的实现如代码示例 3.12 所示，具体函数功能为：

- 数据加载：与 3.1 节的实验类似，本实验需要实现从文件中读取图像、缩放图像、图像标准化（减去图像均值）、转换图像矩阵维度等过程。需要注意的是，本实验仅使用 VGG19 模型的卷积层和最大池化层进行特征的提取，VGG19 中的全连接层并没有参与计算，而卷积层和最大池化层的输入特征图的高度和宽度是可以变化的。因此，可以在数据加载模块中将预处理后的图像的分辨率作为超参数，方便灵活调整风格迁移图像的分辨率。
- 生成图像初始化：在目标内容图像中加入随机高斯噪声来初始化风格迁移图像。
- 图像保存：保存最终获得的风格迁移图像。其过程与图像的读取和预处理过程相反，包括转换图像矩阵维度，加上图像均值，缩放图像和保存图像到文件中。

代码示例 3.12 非实时风格迁移的数据加载模块的实现

```
# file: exp_3_3_style_transfer.py
def load_image(self, image_dir, image_height, image_width):
    # 数据加载模块
    self.input_image = scipy.misc.imread(image_dir)
    image_shape = self.input_image.shape
    self.input_image = scipy.misc.imresize(self.input_image,[image_height,image_width,
        3])
    self.input_image = np.array(self.input_image).astype(np.float32)
    self.input_image -= self.image_mean
    self.input_image = np.reshape(self.input_image, [1]+list(self.input_image.shape))
    # 输入形状: [N, channel, height, width]
    self.input_image = np.transpose(self.input_image, [0, 3, 1, 2])
    return self.input_image, image_shape
def get_random_img(content_image, noise):
    # 生成风格迁移初始化图像
    noise_image = np.random.uniform(-20, 20, content_image.shape)
    random_img = noise_image * noise + content_image * (1 - noise)
    return random_img
def save_image(self, input_image, image_shape, image_dir):
    # 保存图像
    input_image = np.transpose(input_image, [0, 2, 3, 1])
    input_image = input_image[0] + self.image_mean
    input_image = np.clip(input_image, 0, 255).astype(np.uint8)
    input_image = scipy.misc.imresize(input_image, image_shape)
    scipy.misc.imsave(image_dir, input_image)
```

3.3.5.2 基本单元模块

本实验涉及的基本单元模块包括：卷积层、最大池化层、内容损失、风格损失、Adam 优化器。

1. 卷积层

在 3.1 节的实验中已经实现了卷积层的初始化、参数的初始化和加载、前向传播计算等步骤。本实验还需实现卷积层的反向传播计算，用于计算风格迁移图像的梯度。卷积层反向传播的实现如代码示例 3.13 所示。

- 反向传播计算：根据公式(3.5)和公式(3.6)，可以进行卷积层反向传播的计算。首先根据公式(3.5)计算权重和偏置的梯度 $\nabla_{\boldsymbol{W}}L$、$\nabla_{\boldsymbol{b}}L$，以及损失函数对边界扩充后的输入的偏导 $\nabla_{\boldsymbol{X}_{\text{pad}}}L$。与前向传播过程类似，在工程实现中可以通过四重循环依次计算 $\nabla_{\boldsymbol{W}}L$、$\nabla_{\boldsymbol{b}}L$、$\nabla_{\boldsymbol{X}_{\text{pad}}}L$ 每个位置的值。之后根据公式(3.6)将 $\nabla_{\boldsymbol{X}_{\text{pad}}}L$ 中扩充的边缘裁剪掉即可得到 $\nabla_{\boldsymbol{X}}L$。

代码示例 3.13 卷积层反向传播的实现

```
# file: layer_2.py
def backward(self, top_diff): # 卷积层的反向传播
    self.d_weight = np.zeros(self.weight.shape)
    self.d_bias = np.zeros(self.bias.shape)
    bottom_diff = np.zeros(self.input_pad.shape)
    for idxn in range(top_diff.shape[0]):
        for idxc in range(top_diff.shape[1]):
            for idxh in range(top_diff.shape[2]):
                for idxw in range(top_diff.shape[3]):
                    # TODO: 卷积层的反向传播，计算权重、偏置的梯度和本层损失
                    self.d_weight[:, :, :, idxc] += ______________
                    self.d_bias[idxc] += ______________
                    bottom_diff[idxn, :, idxh*self.stride:idxh*self.stride+self.
                        kernel_size, idxw*self.stride:idxw*self.stride+self.
                        kernel_size] += ______________
    bottom_diff = bottom_diff[:, :, self.padding:self.padding+self.input.shape[2],
        self.padding:self.padding+self.input.shape[3]]
    return bottom_diff
```

2. 最大池化层

在 3.1 节的实验中已经实现了最大池化层的前向传播计算。本实验还需实现最大池化层的反向传播计算，用于计算风格迁移图像的梯度。最大池化层反向传播的实现如代码示例 3.14 所示。

- 反向传播计算：根据公式(3.8)和公式(3.9)，可以进行最大池化层反向传播的计算。在反向传播时，仅将后一层损失中对应该池化窗口的值传递给池化窗口内最大值所

在位置，将其他位置的值置为 0。在反向传播时需先根据公式(3.8)计算最大值所在位置，公式(3.8)中 F 代表获取最大值所在位置的函数，返回最大值在池化窗口中的坐标向量。在 Python 中 F 函数可使用 argmax 函数和 unravel_index 函数实现。根据公式(3.9)，利用最大值所在位置可以计算得到最大池化层的损失。

代码示例 3.14 最大池化层反向传播的实现

```
# file: layer_2.py
def backward(self, top_diff): # 最大池化层的反向传播
    bottom_diff = np.zeros(self.input.shape)
    for idxn in range(top_diff.shape[0]):
        for idxc in range(top_diff.shape[1]):
            for idxh in range(top_diff.shape[2]):
                for idxw in range(top_diff.shape[3]):
                    # TODO：最大池化层的反向传播，计算池化窗口中最大值位置，并传递损失
                    max_index = ______________
                    bottom_diff[idxn, idxc, idxh*self.stride+max_index[0], idxw*self.
                        stride+max_index[1]] = ______________
    return bottom_diff
```

3. 内容损失

内容损失需要在完成内容图像和生成图像的前向传播计算之后计算，计算生成图像的特征图与内容图像的特征图之间的内容损失；然后，在反向传播计算时，计算内容损失对生成图像的特征图的梯度。具体实现如代码示例 3.15 所示，内容损失的计算用一个类来定义，前向传播计算和反向传播计算用类成员函数来定义。

- 前向传播计算：根据公式（3.10）计算内容损失，即风格迁移图像的某层特征图与目标内容图像的该层特征图的欧式距离。
- 反向传播计算：根据内容损失的反向传播计算公式(3.11)，计算内容损失对于风格迁移图像的特征图的梯度。

代码示例 3.15 内容损失计算的实现

```
# file: layer_3.py
class ContentLossLayer(object):
    def forward(self, input_layer, content_layer): # 前向传播计算
        # TODO：计算风格迁移图像和目标内容图像的内容损失
        loss = ______________
        return loss
    def backward(self, input_layer, content_layer): # 反向传播计算
        # TODO：计算内容损失的反向传播
        bottom_diff = ______________
        return bottom_diff
```

4. 风格损失

风格损失需要在完成风格图像和生成图像的前向传播计算之后计算，计算生成图像的特征图与风格图像的特征图之间的风格损失；然后，在反向传播计算时，计算风格损失对生成图像的特征图的梯度。具体实现如代码示例 3.16 所示，风格损失的计算用一个类来定义，前向传播计算和反向传播计算用类成员函数来定义。

- 前向传播计算：计算生成图像的某层特征图与目标风格图像的该层特征图的风格损失。首先根据公式(3.12)，利用 Gram 矩阵计算风格迁移图像与目标风格图像的风格特征 $\boldsymbol{G}$ 和 $\boldsymbol{A}$。然后根据公式(3.14)计算风格损失。
- 反向传播计算：根据公式(3.15)计算风格损失对于生成图像的特征图的梯度。

代码示例 3.16 风格损失计算的实现

```
# file: layer_3.py
class StyleLossLayer(object):
    def forward(self, input_layer, style_layer): # 前向传播计算
        # TODO：计算风格迁移图像和目标风格图像的 Gram 矩阵
        style_layer_reshape = np.reshape(style_layer, [style_layer.shape[0],
            style_layer.shape[1], -1])
        self.gram_style = ______________
        self.input_layer_reshape = np.reshape(input_layer, [input_layer.shape[0],
            input_layer.shape[1], -1])
        self.gram_input = np.zeros([input_layer.shape[0], input_layer.shape[1],
            input_layer.shape[1]])
        for idxn in range(input_layer.shape[0]):
            self.gram_input[idxn, :, :] = ______________
        # TODO：计算风格迁移图像和目标风格图像的风格损失
        loss = ______________
        return loss
    def backward(self, input_layer, style_layer): # 反向传播计算
        bottom_diff = np.zeros([input_layer.shape[0], input_layer.shape[1],
            input_layer.shape[2]*input_layer.shape[3]])
        for idxn in range(input_layer.shape[0]):
            # TODO：计算风格损失的反向传播
            bottom_diff[idxn, :, :] = ______________
        bottom_diff = np.reshape(bottom_diff, input_layer.shape)
        return bottom_diff
```

5. Adam 优化器

在非实时风格迁移中，使用 Adam 优化器对生成图像进行更新。在实现 Adam 优化器时，首先在初始化函数中设定 Adam 优化器的超参数，如 $\beta_1 = 0.9$、$\beta_2 = 0.999$、$\epsilon = 10^{-8}$ 和初始学习率 η。然后定义 Adam 优化器中的更新函数，给定待更新的生成图像 X 和梯度 $\nabla_{\boldsymbol{X}} L$ 以及当前迭代次数 t，根据公式(3.17)计算梯度的一阶矩和二阶矩，分别进行无偏

矫正后，对生成图像进行更新。

Adam 优化器的实现如代码示例 3.17 所示。

代码示例 3.17　Adam 优化器的实现

```
# file: exp_3_3_style_transfer.py
class AdamOptimizer(object):
    def __init__(self, lr, diff_shape): # Adam优化器的初始化
        self.beta1 = 0.9
        self.beta2 = 0.999
        self.eps = 1e-8
        self.lr = lr
        self.mt = np.zeros(diff_shape)
        self.vt = np.zeros(diff_shape)
        self.step = 0
    def update(self, input, grad): # 参数更新过程
        self.step += 1
        self.mt = self.beta1 * self.mt + (1 - self.beta1) * grad
        self.vt = self.beta2 * self.vt + (1 - self.beta2) * np.square(grad)
        mt_hat = self.mt / (1 - self.beta1 ** self.step)
        vt_hat = self.vt / (1 - self.beta2 ** self.step)
        # TODO：利用梯度的一阶矩和二阶矩的无偏估计更新风格迁移图像
        output = _____________
        return output
```

3.3.5.3　网络结构模块

非实时风格迁移也使用 VGG19 网络，因此本实验的网络结构模块与 3.1 节实验的网络结构模块基本一致。本实验中 VGG19 的网络结构模块的实现如代码示例 3.18 所示，网络结构模块中同样包含 VGG19 的初始化、建立网络结构、神经网络的参数初始化等基本操作。其中主要区别在于，本实验仅使用 VGG19 的卷积层和池化层，因此 pool5 层后面的全连接层等部分可以省略。

代码示例 3.18　非实时风格迁移中 VGG19 的网络结构模块的实现

```
# file: exp_3_3_style_transfer.py
class VGG19(object):
    def __init__(self, param_path='imagenet-vgg-verydeep-19.mat'):
        # 神经网络的初始化
        self.param_path = param_path
        self.param_layer_name = (
            'conv1_1','relu1_1','conv1_2','relu1_2', 'pool1',
            'conv2_1','relu2_1','conv2_2','relu2_2', 'pool2',
            'conv3_1','relu3_1','conv3_2','relu3_2', 'conv3_3','relu3_3','conv3_4',
                'relu3_4', 'pool3',
```

```
            'conv4_1','relu4_1','conv4_2','relu4_2', 'conv4_3','relu4_3','conv4_4',
                'relu4_4', 'pool4',
            'conv5_1','relu5_1','conv5_2','relu5_2', 'conv5_3','relu5_3','conv5_4',
                'relu5_4', 'pool5')
    def build_model(self): # 建立网络结构
        # TODO：建立 VGG19 网络结构
        self.layers = {}
        self.layers['conv1_1'] = ConvolutionalLayer(3, 3, 64, 1, 1)
        self.layers['relu1_1'] = ReLULayer()
        self.layers['conv1_2'] = ConvolutionalLayer(3, 64, 64, 1, 1)
        self.layers['relu1_2'] = ReLULayer()
        self.layers['pool1'] = MaxPoolingLayer(2, 2)
        _______________
        self.layers['conv5_4'] = ConvolutionalLayer(3, 512, 512, 1, 1)
        self.layers['relu5_4'] = ReLULayer()
        self.layers['pool5'] = MaxPoolingLayer(2, 2)
        self.update_layer_list = []
        for layer_name in self.layers.keys():
            if 'conv' in layer_name or 'fc' in layer_name:
                self.update_layer_list.append(layer_name)
    def init_model(self): # 神经网络参数初始化
        for layer_name in self.update_layer_list:
            self.layers[layer_name].init_param()
```

3.3.5.4　网络训练模块

本实验通过网络训练模块来迭代求解风格迁移图像。每次迭代过程中，首先做前向传播并计算损失函数，然后做反向传播计算风格迁移图像的梯度，最后进行更新。与 2.1 节实验中的网络训练模块类似，本实验中的网络训练模块包括训练函数主体、神经网络前向传播、神经网络反向传播等部分。由于非实时风格迁移中不需要网络推断模块，因此将神经网络的参数加载也放在网络训练模块中。本实验中 VGG19 的网络训练模块的实现如代码示例 3.19 所示。

- 神经网络的前向传播：通常神经网络前向传播过程如 2.1 节实验中介绍的，将预处理后的图像输入神经网络的第一层中，再根据之前定义的网络结构顺序调用每层的前向传播函数，然后将每层的输出作为下一层的输入，直到得到最后一层的输出结果。但在非实时风格迁移中，计算内容损失函数和风格损失函数时，可能会用到中间层的特征图，因此本实验中的前向传播函数会将计算内容/风格损失需要使用的层作为输入参数，利用一个字典记录这些层的输出结果。
- 神经网络的反向传播：通常神经网络反向传播过程是，利用神经网络最后一层的输出与标记计算损失，之后利用链式法则逆序地逐层计算损失函数对每层输入及参数的偏导（损失及参数梯度），最后得到神经网络所有层的参数梯度，如 2.1 节的实验。非实时风格迁移的反向传播过程与通常的神经网络反向传播过程存在两方面的区别：一方面，非实时风格迁移在反向传播时不需要计算每层的参数梯度，仅需计算每层的损失，用最终得到的第一层的损失作为风格迁移图像的梯度对其进行更新；另一方面，计算内容损失函数和风格损失函数时需要用到多个中间层的特征图，而不是只用最后一层的特征图。因此在实现反向传播时，首先定位所有计算损失的中间层位置，然后从该层开始逆序计算前面每一层的损失，最终得到第一层的损失。

- 加载神经网络参数：此过程与 3.1 节实验中加载 VGG19 官方模型参数的过程基本一致。不同之处在于仅需加载卷积层的参数和预处理图像时使用的图像均值，可以忽略全连接层的参数。
- 神经网络训练函数主体：由于非实时风格迁移是对输入的风格迁移图像进行更新，而不是对神经网络参数进行更新，因此为方便实现，将训练函数主体放在 3.3.5.5 节“完整实验流程”中。

代码示例 3.19 非实时风格迁移的网络训练模块的实现

```
# file: exp_3_3_style_transfer.py
def forward(self, input_image, layer_list): # 前向传播计算
    current = input_image
    layer_forward = {}
    for idx in range(len(self.param_layer_name)):
        # TODO：计算 VGG19 网络的前向传播
        current = _____________
        if self.param_layer_name[idx] in layer_list:
            layer_forward[self.param_layer_name[idx]] = current
    return layer_forward

def backward(self, dloss, layer_name): # 反向传播计算
    layer_idx = list.index(self.param_layer_name, layer_name)
    for idx in range(layer_idx, -1, -1):
        # TODO：计算 VGG19 网络的反向传播
        dloss = _____________
    return dloss
```

3.3.5.5 完整实验流程

完成非实时风格迁移的每个模块之后，就可以利用这些模块进行风格迁移图像的计算。非实时风格迁移的完整流程的实现如代码示例 3.20 所示，包括以下步骤：

- 首先确定超参数，包括计算内容损失函数和风格损失函数时使用 VGG19 的哪些层、与数据预加载模块相关的图像缩放分辨率、与训练有关的学习率大小、迭代次数、损失函数权重系数等。在本实验中，计算内容损失函数的内容损失层为 relu4_2 层，计算风格损失函数的风格损失层为 relu1_1、relu2_1、relu3_1、 relu4_1、relu5_1 层。

- 其次建立 VGG19 的网络结构并加载官方模型参数，同时实例化非实时风格迁移中的内容损失计算、风格损失计算和 Adam 优化器。之后读取给定的内容图像和风格图像进行预处理，并计算相应的特征图作为计算内容损失函数和风格损失函数的标记，同时利用内容图像初始化生成图像。
- 最后开始非实时风格迁移的迭代训练过程。每次迭代时首先用当前的生成图像进行前向传播，再分别计算内容损失和风格损失，然后分别进行反向传播获取内容损失和风格损失对风格迁移图像的梯度，之后利用权重系数计算相应层对风格迁移图像的梯度和，并利用 Adam 优化器根据该梯度和对风格迁移图像进行更新。每迭代若干次，保存当前的风格迁移图像作为输出结果。

代码示例 3.20 非实时风格迁移的完整流程的实现

```
# file: exp_3_3_style_transfer.py
if __name__ == '__main__':
    CONTENT_LOSS_LAYERS = ['relu4_2']
    STYLE_LOSS_LAYERS = ['relu1_1', 'relu2_1', 'relu3_1', 'relu4_1', 'relu5_1']
    NOISE = 0.5
    ALPHA, BETA = 1, 500
    TRAINTEP = 2001
    LEARNING_RATE = 1.0
    IMAGE_HEIGHT, IMAGE_WIDTH = 192, 320

    vgg = VGG19()
    vgg.build_model()
    vgg.init_model()
    vgg.load_model()
    content_loss_layer = ContentLossLayer()
    style_loss_layer = StyleLossLayer()
    adam_optimizer = AdamOptimizer(LEARNING_RATE, transfer_image.shape)

    content_image, content_shape = vgg.load_image('content.jpg', IMAGE_HEIGHT,
        IMAGE_WIDTH)
    style_image, _ = vgg.load_image('style.jpg', IMAGE_HEIGHT, IMAGE_WIDTH)
    content_layers = vgg.forward(content_image, CONTENT_LOSS_LAYERS)
    style_layers = vgg.forward(style_image, STYLE_LOSS_LAYERS)
    transfer_image = get_random_img(content_image, NOISE)

    for step in range(TRAINTEP):
        transfer_layers = vgg.forward(transfer_image, CONTENT_LOSS_LAYERS +
            STYLE_LOSS_LAYERS)
        content_loss = np.array([])
        style_loss = np.array([])
```

```
        content_diff = np.zeros(transfer_image.shape)
        style_diff = np.zeros(transfer_image.shape)
        for layer in CONTENT_LOSS_LAYERS:
            # TODO: 计算内容损失的前向传播
            current_loss = ______________
            content_loss = np.append(content_loss, current_loss)
            # TODO: 计算内容损失的反向传播
            dloss = content_loss_layer.backward(transfer_layers[layer], content_layers[layer])
            content_diff += ______________
        for layer in STYLE_LOSS_LAYERS:
            # TODO: 计算风格损失的前向传播
            current_loss = ______________
            style_loss = np.append(style_loss, current_loss)
            # TODO: 计算风格损失的反向传播
            dloss = style_loss_layer.backward(transfer_layers[layer], style_layers[layer])
            style_diff += ______________
        total_loss = ALPHA * np.mean(content_loss) + BETA * np.mean(style_loss)
        image_diff = ALPHA * content_diff / len(CONTENT_LOSS_LAYERS) + BETA * style_diff / len(STYLE_LOSS_LAYERS)
        # TODO: 利用 Adam 优化器对风格迁移图像进行更新
        transfer_image = ______________
        if step % 20 == 0:
            print('Step %d, loss = %f' % (step, total_loss), content_loss, style_loss)
            vgg.save_image(transfer_image, content_shape, 'output/output_' + str(step) + '.jpg')
```

3.3.5.6 实验运行

根据 3.3.5.1～3.3.5.5 节的描述补全 layer_1.py、layer_2.py、layer_3.py、style_transfer.py 中的代码，并通过 Python 运行.py 文件。具体可以参考以下步骤。

1. 申请环境

申请实验环境并登录云平台，云平台上/opt/code_chap_2_3/code_chap_2_3_student/目录下是本实验的示例代码。

```
# 登录云平台
ssh root@xxx.xxx.xxx.xxx -p xxxxx
# 进入code_chap_2_3_student目录
cd /opt/code_chap_2_3/code_chap_2_3_student
# 初始化环境
source env.sh
```

2. 实现代码

补全 exp_3_1_vgg/stu_upload 目录下的 layer_1.py、layer_2.py、layer_3.py、style_transfer.py 文件。

```
# 进入实验目录
cd exp_3_1_vgg
# 补全 layer_1.py、layer_2.py、layer_3.py、 style_transfer.py
vim stu_upload/layer_1.py
vim stu_upload/layer_2.py
vim stu_upload/layer_3.py
vim stu_upload/style_transfer.py
```

3. 运行实验

```
# 运行完整实验
python main_exp_3_3.py
```

3.3.6 实验评估

为验证实验的正确性，选择图 3.4 所示的梵高的名画“向日葵”作为目标风格图像，选择图 3.5 所示的向日葵花海风景图片作为目标内容图像，进行非实时风格迁移。初始化后的生成图像如图 3.6 所示，由于该初始化图像是在内容图像上加入高斯噪声后得到的，它在视觉上与目标内容图像很相似，但又有一些模糊。训练迭代 20 次后的风格迁移图像如图 3.7 所示，相对于初始化图像，此时的生成图像上出现了一些类似风格图像中的油画的颜色和纹理。训练迭代 1 000 次后的风格迁移图像如图 3.8 所示，该图像保留了内容图像中的大部分内容信息，如花的形状和位置，同时又具有风格图像的风格，主要是颜色和纹理，如向日葵花瓣和叶子的颜色和纹理，呈现出更加明显的风格迁移效果。继续增加迭代次数，最终可以达到本书封面所示的风格迁移效果。

图 3.4 目标风格图像示例（见彩插）

图 3.5 目标内容图像示例（见彩插）

图 3.6 初始化的风格迁移图像示例（见彩插）

图 3.7 迭代 20 次后的风格迁移图像示例（见彩插）

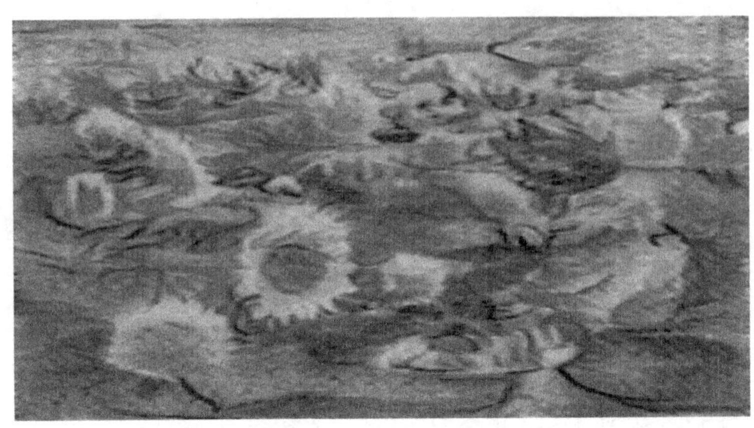

图 3.8 迭代 1 000 次后的风格迁移图像示例（见彩插）

本实验的评估标准设定如下：

- 60 分标准：正确实现利用四重循环计算卷积层和池化层的前向传播与反向传播的过程。给定卷积层和最大池化层的前向传播与反向传播的输入矩阵及参数值，可以得到正确的前向传播输出矩阵和反向传播输出梯度，并且可以分别给出卷积层和最大池化层的前向传播时间与反向传播时间。
- 80 分标准：正确实现内容损失函数和风格损失函数的计算，计算得出风格迁移后的图片。给定生成图像、目标内容图像和目标风格图像，可以计算得到正确的内容损失值和风格损失值，并且可以得到正确的内容损失和风格损失对生成图像的更新梯度，生成风格迁移后的图像。
- 100 分标准：对使用四重循环计算卷积层和池化层的实现方式进行了改进，提升了计算速度。给定卷积层和池化层的前向传播与反向传播的输入矩阵及参数值，可以得到正确的前向传播输出矩阵和反向传播输出梯度，并且可以分别给出卷积层和池化层的前向传播时间与反向传播时间及其对应的加速比。

3.3.7 实验思考

1）在 CPU 平台上使用四重循环计算卷积层前向传播和反向传播的速度较慢，如何利用高效的矩阵运算库，将四重循环中卷积核与特征图的内积运算（即向量运算）转换为矩阵运算，从而减少循环次数，加速卷积层的运算速度？

2）统计训练过程中每次迭代时每层的前向传播时间和反向传播时间以及其在每层的时间占比，哪些层的时间占比较高？前向传播和反向传播的计算瓶颈在哪些层？

3）在 3.1 节和 3.2 节的实验评估中，均使用给定输入值并与正确的输出值进行比较的方式来确定某个层的实现是否正确。如果无法获知正确的输出值，如何从梯度定义的角度检查层的实现是否正确？（可参考由梯度定义引申出的梯度的数值近似实现方法。）

4）风格迁移的结果通常由人直接进行判断，这是一种主观的定性判断方法，不同人的判断结果可能会有较大偏差。如何设计合理的定量判断方法，可以较为客观地评价风格迁移结果的优劣？

3.3.8 延伸拓展

通过完成本实验并分析每一层前向传播和反向传播消耗的时间，会发现风格迁移实验的计算瓶颈主要在卷积层。这主要由于卷积层承担了卷积神经网络主要的计算量。并且，代码示例 3.2 和代码示例 3.8 中的卷积层的前向传播和反向传播计算均使用四重循环来实现，速度较慢。由于循环是一种串行化的计算过程，在计算输出特征图上某个位置的卷积结果时，必须等待上一个位置的计算结束。这种串行化的计算过程浪费了大量的计算和访存资源，导致速度很慢。

如何对卷积运算进行加速？以前向传播为例，通过分析公式(3.3)可知，计算卷积的前向传播时，输出特征图上每个位置的值都是使用输入特征图中局部区域的数据与卷积核做矩阵内积并加上偏置得到的。因此，输出特征图上不同位置的计算过程之间没有相互依赖关系，可以独立计算，并且不同位置的计算过程是完全相同的，只是使用的输入数据不同（不同输出位置使用不同输入位置的数据和相同的卷积核进行计算）。因此不同输出位置的计算可以并行进行，卷积运算是可以高度并行的。相比于串行化计算，并行化计算可以极大地提高卷积层的计算速度，减少卷积计算消耗的时间。基于卷积运算可并行化的特点，在 CPU 上可以将卷积运算转换为矩阵乘法运算，利用 BLAS（Basic Linear Algebra Subprograms，基础线性代数子程序）库进行加速。具体而言，首先将卷积核向量化，从 4 阶张量（形状为 $[C_\text{i}, K, K, C_\text{o}]$）转为 2 阶张量（形状为 $[C_\text{i} \times K \times K, C_\text{o}]$）；其次将计算输出特征图所使用的输入特征图不同窗口内的数据向量化并按行存放在 2 阶张量内，即输入特征图由 4 阶张量（形状为 $[N, C_\text{i}, H, W]$）重新组织为 2 阶张量（形状为 $[N \times H \times W, C_\text{i} \times K \times K]$）；最后计算两个 2 阶张量的矩阵乘法得到卷积结果，从而通过矩阵乘法对卷积运算中不同位置的内积计算进行并行化。尽管该方法额外增加了对输入特征图进行重新组织的处理，但由于 BLAS 针对矩阵运算的并行性和数据的可重用性，对矩阵运算进行的循环分块优化可以充分利用硬件计算资源，因此可以显著加速卷积处理。

本实验使用 Python 实现，NumPy 中使用了 BLAS，因此可以采用上述加速方法将卷积运算转换为矩阵乘法运算。以卷积的前向传播为例，其实现如代码示例 3.21 所示。首先将输入特征图重新组织后的矩阵与向量化后的卷积核做矩阵乘法；然后将矩阵乘的结果与偏置相加，NumPy 会自动对偏置向量进行广播，将其加到结果矩阵的每一列中；最后将计算结果重排列为输出特征图的形状。通过利用 NumPy 的并行化优势，可以实现与四重循环完全等价的运算，但极大地提升了卷积层前向传播的计算速度。

代码示例 3.21 卷积层的并行化实现

```
# file: layer_2.py
def forward_speedup(self, input): # 前向传播的并行化计算
    self.input = input # [N, C, H, W]
    height = self.input.shape[2] + self.padding * 2
    width = self.input.shape[3] + self.padding * 2
    self.input_pad = np.zeros([self.input.shape[0], self.input.shape[1],height,width])
    self.input_pad[:, :, self.padding:self.padding+self.input.shape[2], self.padding:
        self.padding+self.input.shape[3]] = self.input
    self.height_out = (height - self.kernel_size) / self.stride + 1
    self.width_out = (width - self.kernel_size) / self.stride + 1
    self.weight_reshape = np.reshape(self.weight, [-1, self.channel_out]) # 对卷积核进
        行向量化
    self.img2col = np.zeros([self.input.shape[0]*self.height_out*self.width_out, self.
        channel_in*self.kernel_size*self.kernel_size])
    # 对卷积层的输入特征图进行向量化重排列
    for idxn in range(self.input.shape[0]):
        for idxh in range(self.height_out):
            for idxw in range(self.width_out):
                self.img2col[idxn*self.height_out*self.width_out + idxh*self.width_out
                    + idxw, :] = self.input_pad[idxn, :, idxh*self.stride:idxh*self.
                    stride+self.kernel_size, idxw*self.stride:idxw*self.stride+self.
                    kernel_size].reshape([-1])
    # 计算卷积层的前向传播，将特征图与卷积核的内积转换为矩阵相乘，再加上偏置
    output = np.dot(self.img2col, self.weight_reshape) + self.bias
    self.output = output.reshape([self.input.shape[0], self.height_out,self.width_out,
        -1]).transpose([0, 3, 1, 2]) # 对卷积层的输出结果进行重排列
    return self.output
```

使用类似于卷积层的前向传播过程的并行化方法，还可以将卷积层的反向传播和池化层的前向、反向传播过程并行化，然后利用 NumPy 的并行化特性实现加速。

上述加速方法也常用于 GPU 平台上的卷积运算加速。由于 GPU 的运算核数以及计算能力远高于 CPU，因此 GPU 上进行卷积运算的速度远快于 CPU。为加快运算速度，目前很多卷积神经网络的训练和推理都是在 GPU 上进行的。

而 DLP 的架构不同于 GPU 和 CPU。DLP 内部包含大量的可并行运行的 DLP-S 核[1]，每个 DLP-S 核内部的运算单元可以直接支持基于矩阵乘法的卷积计算，而不需要对输入特征图进行重新组织；此外，DLP 为具有不同访存特征的数据流设计了专用通路，进一步提升了访存效率。因此相对于 CPU 和 GPU，DLP 可以更高能效地完成神经网络的处理。

C H A P T E R 4

第 4 章

编程框架实验

在第 2~3 章，我们使用高级编程语言 Python 实现了卷积、池化、ReLU 等深度学习算法中的常用操作，并最终实现了非实时风格迁移算法。在深度学习算法中，诸如卷积、池化、全连接等基本操作会被大量、重复地使用，而编程框架将这些基本操作封装成一系列组件，从而帮助程序员更简单地实现已有算法或设计新的算法。

目前常用的深度学习编程框架有十多种，而 TensorFlow 是其中最主流、应用最广泛的编程框架之一。TensorFlow 向上提供了一系列高性能的应用程序编程接口（Application Programming Interface，API），能够高效地实现各类深度学习算法；向下能够运行在 CPU、GPU 和 DLP 等多种硬件平台上，具有良好的跨平台特性。

本章首先以 VGG19 为例，介绍如何使用 TensorFlow 在 CPU 及 DLP 平台上实现图像分类；之后介绍如何使用 TensorFlow 在 CPU 及 DLP 平台上实现实时风格迁移算法的推断；随后介绍如何实现实时风格迁移算法的训练过程；最后介绍如何在 TensorFlow 中新增用户自定义算子，并将其集成到已经训练好的风格迁移网络中。

4.1 基于 TensorFlow 实现图像分类

4.1.1 实验目的

本实验的目的是掌握 TensorFlow 编程框架的使用，能够在 CPU 平台上使用 TensorFlow 编程框架实现基于 VGG19 网络的图像分类，并在深度学习处理器（DLP）平台上完成图像分类。具体包括：

1）掌握使用 TensorFlow 编程框架处理深度学习任务的流程。

2）熟悉 TensorFlow 中常用数据结构的使用方法。

3）掌握 TensorFlow 中常用 API（包括卷积、激活等相关操作）的使用方法。

4）与第 3 章的实验相比较，理解使用编程框架实现深度学习算法的便捷性及高效性。

实验工作量：约 30 行代码，约需 2 小时。

4.1.2 背景介绍

4.1.2.1 TensorFlow

TensorFlow 是由谷歌团队开发并于 2015 年 11 月开源的深度学习框架 [9-10]，用于部署并实施大规模机器学习模型。TensorFlow 在功能、性能、灵活性等方面具有诸多优势，支持大规模的神经网络模型，并能够支持深度学习算法在 CPU、GPU 和 DLP 等硬件平台上的部署。

TensorFlow 提供了一系列高性能的 API，方便程序员高效地实现深度学习算法。以目前较为常用的卷积神经网络 VGG[4] 为例，对于每个卷积层，首先将输入与权重做卷积运算[11]，然后加上偏置，最后通过非线性激活函数 ReLU 输出。在 3.1 节的实验中我们使用高级编程语言 Python 实现了上述操作，而在 TensorFlow 中则提供了一系列封装好的 API，可以方便地实现上述操作。用以实现 VGG 网络的主要函数的使用方法及参数含义如表 4.1 所示⊖。

表 4.1 TensorFlow 中的常用函数

函数名	功能描述	参数介绍
tf.nn.conv2d(input, filter=None, strides=None, padding=None, use_cudnn_on_gpu=True, data_format='NHWC', dilations=[1, 1, 1, 1], name=None, filters=None)	计算输入张量 input 和卷积核 filter 的卷积，返回卷积计算的结果张量	input：输入张量，其数据类型可以是 half、bfloat16、float32、float64 filter：卷积核，其数据类型需与 input 一致 strides：卷积步长 padding：边界扩充，其值为字符串“SAME”或“VALID”。“SAME”表示先对输入做边界扩充再做卷积运算；“VALID”表示不做边界扩充，直接做卷积运算 use_cudnn_on_gpu：布尔类型，缺省值为 True data_format：输入和输出数据的数据格式，其值为字符串“NHWC”或“NCHW”。缺省值为“NHWC”，表示数据存储布局为 [batch, height, width, channels]，即 [输入/输出特征图数量，高度，宽度，通道数] dilations：输入张量在每个维度上的膨胀系数，其值为整数或者长度为 1、2 或 4 的整数数列 name：操作的名称，可选参数 filters：同 filter
tf.nn.bias_add(value, bias, data_format=None, name=None)	将输入张量 value 加上偏置 bias，并返回一个与 value 相同类型的张量	value：输入张量。其数据类型可以是 float、double、int64、int32、uint8、int16、int8、complex64 或 complex128 bias：一阶张量。其形状（shape）需与 value 的最后一阶一致，其数据类型需与 value 一致（量化类型除外）。由于该函数支持广播形式，因此 value 可以有任意形状 data_format：输入张量的数据格式 name：操作的名称，可选参数

⊖ 该部分参考自 TensorFlow 官方 github：https://github.com/tensorflow/docs/tree/r1.14/site/en/api_docs/python/tf/nn。

(续)

函数名	功能描述	参数介绍
tf.nn.relu(features, name=None)	对输入张量 features 做 ReLU，返回一个与 features 相同数据类型的张量	features：输入张量，其数据类型可以是 float32、float64、int32、uint8、int16、int8、int64、bfloat16、uint16、half、uint32、uint64 或 qint8 name：操作的名称，可选参数
tf.nn.softmax(logits, axis=None, name=None, dim=None)	对输入张量 logits 执行 Softmax 激活操作，返回一个与 logits 相同数据类型和形状的张量	logits：输入张量，其数据类型可以是 half、float32、float64 axis：执行 Softmax 操作的维度。缺省值为 −1，表示最后一个维度 name：操作的名称，可选参数
tf.nn.max_pool(value, ksize, strides, padding, data_format='NHWC', name=None, input=None)	对输入张量 value 执行最大池化操作，返回操作的结果	value：输入张量，其数据格式由 data_format 定义 ksize：池化窗口尺寸 strides：池化步长 padding：边界扩充，其值为字符串 “SAME” 或 “VALID” data_format：输入和输出数据的数据格式，支持 “NHWC”“NCHW” 及 “NCHW_VECT_C” 格式 name：操作的名称，可选参数 input：同 value
tf.nn.conv2d_transpose (value=None, filter=None, output_shape=None, strides=None, padding='SAME', data_format='NHWC', name=None, input=None, filters=None, dilations=None)	计算输入张量 value 和卷积核 filter 的转置卷积，返回计算的结果张量	value：转置卷积计算的输入张量，其数据类型为 float，数据格式可以是 “NHWC” 或 “NCHW” filter：卷积核，其数据类型需与 value 一致 output_shape：转置卷积的输出形状 strides：卷积步长 padding：边界扩充，其值为字符串 “SAME” 或 “VALID” data_format：输入和输出数据的数据格式，其值为字符串 “NHWC” 或 “NCHW”。缺省值为 “NHWC”，表示数据存储布局为：[batch，height，width，channels] name：返回的张量名称，可选参数 input：同 value filters：同 filter dilations：输入张量在每个维度上的膨胀系数，其值为整数或者长度为 1、2 或 4 的整数数列

TensorFlow 使用 Python 作为开发语言，并支持如 NumPy、SciPy 等多个 Python 扩展程序库以高效处理多种类型数据的计算等工作。例如，当需要读取以.mat 文件格式保存的网络参数时，通常会使用 SciPy 库中的 scipy.io 模块[12]；而当需要做图像相关处理时，通常会使用 SciPy 库中的 scipy.misc 模块[13] 来处理与图像输入输出相关的操作。这两个模块中常用函数的使用方法及参数含义如表 4.2 所示。

TensorFlow 使用计算图来表示深度学习算法的网络拓扑结构。在进行深度学习训练时，每次均有一个训练样本作为计算图的输入。如果每次的训练样本都用常量表示，就需要把所有训练样本都作为常量添加到 TensorFlow 的计算图中，这会导致最后的计算图规模急速膨胀。

表 4.2 scipy.io 和 scipy.misc 模块中的常用函数

函数名	功能描述	参数介绍
scipy.io.loadmat(file_name, mdict=None, appendmat=True, **kwargs)	装载MATLAB文件(.mat)，返回以变量名为键、以加载的矩阵为值的字典，格式为(mat_dict:dict)	file_name：mat 文件的名称，如果 appendmat 为 True 则不需要.mat 扩展名 mdict：插入 mat 文件变量的字典，可选参数 appendmat：为 True 表示将.mat 扩展名添加到 file_name 之后，可选参数，布尔类型 其余参数含义请参考文献 [14]
scipy.misc.imread(name, flatten=False, mode=None)	从文件 name 中读入一张图像,将其处理成 ndarray 类型的数据并返回	name：待读取的文件名称 flatten：是否将彩色层扁平化处理成单个灰度层，布尔类型 mode：图像转换后的模式，其值可以是字符串 “L” “P” “RGB” “RGBA” “CMYK” “YCbCr” “I” “F” 等
scipy.misc.imresize(arr, size, interp='bilinear', mode=None)	对图像 arr 的尺寸进行缩放,返回处理后的 ndarray 类型数据	arr：待缩放的图像，数据类型为 ndarray size：可以是 int、float 或 tuple 类型。为 int 类型时表示将图像缩放到当前尺寸的百分比，为 float 类型时表示将图像缩放到当前尺寸的几倍，为 tuple 类型时表示缩放后的图像尺寸 interp：用于缩放的插值方法，其值可以是字符串 “nearest” “lanczos” “bilinear” “bicubic” 或 “cubic” 等 mode：缩放前需将输入图像转换成何种图像模式，其值可以是字符串 “L” “P” 等
scipy.misc.imsave(name, arr, format=None)	将 ndarray 类型的数组 arr 保存为图像 name	name：输出的图像文件名称 arr：待保存的 ndarray 类型数组 format：保存的图像格式

为了解决计算图膨胀的问题，TensorFlow 中提供了占位符机制。占位符是 TensorFlow 中特有的数据结构，它本身没有初值，仅在程序中分配了内存。占位符可以用来表示模型的训练样本，在创建占位符时会在计算图中增加一个节点，只需在执行会话时填充占位符的值即可。TensorFlow 中使用 tf.placeholder() 来创建占位符，需要指明其数据类型 dtype，即填充数据的数据类型。占位符的输入参数还有 shape（即填充数据的形状）和 name（即该占位符在计算图中的名称）。其中，dtype 为必填参数，而 shape 和 name 则均为可选参数。使用占位符时需要在会话中与 feed_dict 参数配合，用 feed_dict 参数来传递待填充的数据给占位符。

4.1.2.2 TensorFlow 框架下的量化工具

为了将深度学习模型运行在 DLP 平台上，需要对深度学习模型进行量化并将其存储为 pb 格式㊀的文件。在 2.2.2.1 节已经介绍过量化的基本原理，本实验平台提供了 TensorFlow 框架下的量化工具 fppb_to_intpb，用于将 float32 类型的模型文件量化为 int8 或者 int16

㊀ pb 格式是 TensorFlow 中保存神经网络模型的一种二进制文件格式。该格式的文件中包含了神经网络的结构、参数等信息。

类型的模型文件。

以 VGG19 为例，该量化工具的使用方式如下：

```
python fppb_to_intpb.py vgg19_int8.ini
```

其中，vgg19_int8.ini 为参数配置文件，描述了量化前后的模型文件路径、量化位宽等信息。具体内容如下所示：

```
[preprocess]
mean = 123.68, 116.78, 103.94                 ; 输入图像的均值，顺序依次为 mean_r、mean_g、
                                              ; mean_b
std = 1.0                                     ; 输入图像的方差
color_mode = rgb                              ; 输入图像的色彩模式，包括 rgb、bgr、grey
crop = 224, 224                               ; 图像被裁减后的尺寸
calibration = default_preprocess_cali         ; 校准数据读取及前处理的方式，可以根据需求进行
                                              ; 自定义

[config]
activation_quantization_alg = naive           ; 输入量化模式，包括 naive 和 threshold_search
                                              ; 两种模式。
                                              ; 其中，naive为基础模式，threshold_search为阈
                                              ; 值搜索模式
device_mode = clean                           ; 可选 clean、mlu 和 origin。其中，使用 clean
                                              ; 生成的模型在运行时会自动选择可运行的设备，
                                              ; 建议使用clean
use_convfirst = False                         ; 是否使用 convfirst
quantization_type = int8                      ; 量化位宽，目前可选 int8 和 int16
debug = False
weight_quantization_alg = naive               ; 权重量化模式，包括naive和threshold_search。
                                              ; 其中，naive为基础模式，threshold_search为
                                              ; 阈值搜索模式
int_op_list = Conv, FC, LRN                   ; 要量化的层的类型，目前可量化Conv、FC和LRN
channel_quantization = False                  ; 是否使用分通道量化

[model]
output_tensor_names = Softmax:0               ; 输出张量的名称，可以是多个，以逗号隔开
original_models_path = ../vgg19.pb            ; 输入 pb
save_model_path = ../vgg19_int8.pb            ; 输出 pb
input_tensor_names = img_placeholder:0        ; 输入张量的名称，可以是多个，以逗号隔开

[data]
num_runs = 1                                  ; 运行次数，比如 batch_size = 2，num_runs = 10
                                              ; 则表示使用data_path 指定的数据集中的前20张
                                              ; 图像作为校准数据
data_path = ./image_list                      ; 数据文件存放路径
batch_size = 1                                ; 每次运行的 batch_size
```

编写该参数配置文件时，需注意以下几点：

1）输入图像的色彩模式 color_mode

如果 color_mode 是 grey（即灰度图模式），则 mean 只需要传入一个值。

2）输入量化模式 activation_quantization_alg 和权重量化模式 weight_quantization_alg

如果量化模式为 naive（常规量化模式），则直接统计数据的最大值和最小值完成量化。

如果量化模式为 threshold_search（阈值搜索模式），则可用于处理存在异常值的待量化数据集。该模式能够过滤部分异常值，重新计算出数据集的最值，用最新值来计算数据集的量化参数，从而提高数据集整体的量化质量。对于不存在异常值且数据分布紧凑的情况，不建议使用该模式。

3）设备模式 device_mode

device_mode 可以设置输出的 pb 格式模型文件中的所有节点的设备，有以下三种模式：

mlu：将输出的 pb 格式模型文件中的所有节点的设备设置为 MLU，即都在 MLU（DLP 设备）上运行。

clean：将输出的 pb 格式模型文件中的所有节点的设备清除，运行时可根据算子注册情况自动选择可运行的设备。

origin：使用输入的 pb 格式模型文件中节点默认的设备设置（参数配置文件中 [config] 下 int_op_list 中设置的算子除外，如前面 vgg19_int8.ini 示例中的 Conv、FC 和 LRN ）。

4）第一层卷积优化选项 use_convfirst

use_convfirst 是针对第一层卷积的优化选项。如果其值为 True，则使用 convfirst 优化，即将减去均值和除以方差的预处理操作放到第一层卷积中进行，以提升网络的整体处理性能。使用 convfirst 优化需满足以下几个条件：

（a）网络的预处理不能包含在 graph 中；

（b）网络的预处理形式为 input=(input-mean)/std ；

（c）网络的第一层必须是 Conv2D，输入图像必须是 3 通道；

（d）必须对参数配置文件中 [preprocess] 下的 mean、std 和 color_mode 进行配置。

4.1.3 实验环境

硬件环境：CPU、DLP。

软件环境：TensorFlow 1.14，高性能算子库 CNML，运行时库 CNRT，以及 Python 编译环境及相关的扩展库，包括 Python 2.7.12、Pillow 4.2.1、SciPy 1.0.0、NumPy 1.16.6。

4.1.4 实验内容

利用 TensorFlow 的 API，实现 3.1 节中基于 VGG19 的图像分类，运行平台包括 CPU 和 DLP。最后比较两种平台实现的差异。

4.1.5 实验步骤

本实验主要包含以下步骤：读取图像，定义网络基本单元，定义网络结构，在 CPU 平台上实现，在 DLP 平台上实现，实验运行。

4.1.5.1 读取图像

利用 scipy.misc 模块内置的 imread 函数读入待处理的图像，并将图像处理成便于数值计算的 ndarray 类型，如代码示例 4.1 所示。

代码示例 4.1 读取图像作为输入

```
# file: evaluate_cpu.py
import scipy.misc
import NumPy as np
import time
import tensorflow as tf

os.putenv('MLU_VISIBLE_DEVICES','') #设置MLU_VISIBLE_DEVICES=""来屏蔽DLP

def load_image(path):
#TODO:使用scipy.misc模块读入输入图像，调用preprocess函数对图像进行预处理，并返回形状为(1,244,244,3)的数组image
    mean = np.array([123.68, 116.779, 103.939])
    image = _____________
    _____________
    return image

def preprocess(image,mean):
    return image - mean
```

4.1.5.2 定义卷积层、池化层

利用表 4.1 中的函数接口定义卷积层、池化层的计算，如代码示例 4.2 所示。

代码示例 4.2 定义卷积层、池化层

```
# file: evaluate_cpu.py
def _conv_layer(input, weights, bias):
# TODO: 定义卷积层的计算，input 为输入张量，weights 为权重，bias 为偏置，返回卷积计算的结果
    _____________

```

```
dcf _pool_layer(input):
# TODO: 定义最大池化层的计算，input 为输入张量，返回最大池化操作后的计算结果
    ______________
```

4.1.5.3 定义 VGG19 网络结构

为方便对比，采用与 3.1 节相同的预训练模型及层命名，逐层定义需要执行的操作，每一层的输出作为下一层的输入，从而搭建起完整的 VGG19 网络，如代码示例 4.3 所示。

代码示例 4.3 定义 VGG19 网络结构

```
# file: evaluate_cpu.py
def net(data_path, input_image):
# 该函数定义VGG19网络结构，data_path为预训练好的模型文件，input_image为待分类的输入图
    像，该函数定义43层的VGG19网络结构net并返回该网络
    layers = (
        'conv1_1', 'rclu1_1', 'conv1_2', 'relu1_2', 'pool1',
        'conv2_1', 'relu2_1', 'conv2_2', 'relu2_2', 'pool2',
        'conv3_1', 'relu3_1', 'conv3_2', 'relu3_2', 'conv3_3',
        'relu3_3', 'conv3_4', 'relu3_4', 'pool3',
        'conv4_1', 'relu4_1', 'conv4_2', 'relu4_2', 'conv4_3',
        'relu4_3', 'conv4_4', 'relu4_4', 'pool4',
        'conv5_1', 'relu5_1', 'conv5_2', 'relu5_2', 'conv5_3',
        'relu5_3', 'conv5_4', 'relu5_4', 'pool5',
        'fc6', 'relu6', 'fc7', 'relu7', 'fc8', 'softmax' )

    data = scipy.io.loadmat(data_path)
    weights = data['layers'][0]

    net = {}
    current = input_image
    for i, name in enumerate(layers):
        if name[:4] == 'conv':
            # TODO: 从模型中读取权重、偏置，执行卷积计算，结果存入 current
            ______________
        elif name[:4] == 'relu':
            # TODO: 执行 ReLU 计算，结果存入 current
            ______________
        # TODO: 完成其余层的定义，最终结果存入 current
        ______________

        net[name] = current

    assert len(net) == len(layers)
    return net

def preprocess(image,mean):
```

```
    return image - mean
```

4.1.5.4 在 CPU 平台上利用 VGG19 网络实现图像分类

在 TensorFlow 的会话中，利用前面定义好的 VGG19 网络，实现对输入图像的分类，并将模型保存为 pb 格式。具体实现如代码示例 4.4 所示。

代码示例 4.4 利用 VGG19 网络实现图像分类

```
# file: evaluate_cpu.py
IMAGE_PATH = 'cat1.jpg'
VGG_PATH = 'imagenet-vgg-verydeep-19.mat'

if __name__ == '__main__':
    input_image = load_image(IMAGE_PATH)

    with tf.Session() as sess:
        img_placeholder = tf.placeholder(tf.float32, shape=(1,224,224,3),
        name='img_placeholder')
        # TODO: 调用 net 函数，生成 VGG19 网络模型并保存在 nets 中
        nets = _____________
        for i in range(10):
            start = time.time()
            # TODO: 计算 nets
            _____________
            end = time.time()
            delta_time = end - start
            print("processing time: %s" % delta_time)

        prob = preds['softmax'][0]
        top1 = np.argmax(prob)
        print('Classification result: id = %d, prob = %f' % (top1, prob[top1]))

        # 保存 pb 模型
        print("*** Start Saving Frozen Graph ***")
        # 序列化图
        input_graph_def = sess.graph.as_graph_def()
        output_node_names = ["Softmax"]
        # 使用TF内置工具将变量导出为常量
        output_graph_def = graph_util.convert_variables_to_constants(
                sess,
                input_graph_def,
                output_node_names,
            )
        # 将固化的模型写入文件
        with tf.gfile.GFile("vgg19.pb", "wb") as f:
            f.write(output_graph_def.SerializeToString())
```

```
        print("**** Save Frozen Graph Done ****")
```

4.1.5.5 在 DLP 平台上利用 VGG19 网络实现图像分类

DLP 的机器学习编程库 CNML 已集成到 TensorFlow 框架中。与 CPU 上的实验类似，可以直接利用前面定义好的 VGG19 网络来实现图像分类。由于 DLP 平台上仅支持量化过的深度学习模型，因此首先需要调用集成到 TensorFlow 中的量化工具将模型参数量化为 int8 数据类型，并形成新的 pb 格式的模型文件。此外，需要在程序中设置 DLP 的核数、数据精度等运行参数，以充分发挥 DLP 的性能，这部分可以通过 config.mlu_options 进行配置。最后，编译运行 Python 程序得到图像分类结果。具体实现过程如下。

1. 模型量化

生成的 vgg19.pb 文件中的模型需要量化后才可以在 DLP 上运行，即将原始的 float32 数据类型的 pb 模型量化为 int8 类型。在 DLP 平台上本实验的 fppb_to_intpb 目录下运行以下命令，使用量化工具对模型进行量化，生成新的模型文件 vgg19_int8.pb。

```
python fppb_to_intpb.py vgg19_int8.ini
```

2. 设置 DLP 运行环境

在文件 evaluate_mlu.py 中设置程序在 DLP 上运行需要的环境参数，包括核数、数据精度等，如代码示例 4.5 所示。

代码示例 4.5 设置 DLP 运行环境

```
# file: evaluate_mlu.py
import NumPy as np
import struct
import os
import scipy.io
import time
import tensorflow as tf
from tensorflow.python.framework import graph_util

os.putenv('MLU_VISIBLE_DEVICES','0')  #设置程序运行在DLP上

IMAGE_PATH = 'cat1.jpg'
VGG_PATH = 'vgg19_int8.pb'

if __name__ == '__main__':
    input_image = load_image(IMAGE_PATH)

    g = tf.Graph()

```

```
    # 设置DLP配置参数
    config = tf.ConfigProto(allow_soft_placement=True,
                    inter_op_parallelism_threads=1,
                    intra_op_parallelism_threads=1)
    config.mlu_options.data_parallelism = 1
    config.mlu_options.model_parallelism = 1
    config.mlu_options.core_num = 16 # 1 4 16
    config.mlu_options.core_version = "MLU270"
    config.mlu_options.precision = "int8"
    config.mlu_options.save_offline_model = False

    model = VGG_PATH

    with g.as_default():
        with tf.gfile.FastGFile(model,'rb') as f:
            graph_def = tf.GraphDef()
            graph_def.ParseFromString(f.read())
            tf.import_graph_def(graph_def, name='')

        with tf.Session(config=config) as sess:
            sess.run(tf.global_variables_initializer())
            input_tensor = sess.graph.get_tensor_by_name('img_placeholder:0')
            output_tensor = sess.graph.get_tensor_by_name('Softmax:0')

            for i in range(10):
                start = time.time()
                # TODO: 计算 output_tensor
                ______________
                end = time.time()
                delta_time = end - start
                print("Inference processing time: %s" % delta_time)

            prob = preds[0]
            top1 = np.argmax(prob)

            print('Classification result: id = %d, prob = %f' % (top1, prob[top1]))
```

4.1.5.6 实验运行

根据 4.1.5.1~4.1.5.5 节的描述补全 evaluate_cpu.py、evaluate_mlu.py 中的代码，并通过 Python 运行上述文件。具体可以参考以下步骤。

1. 申请环境

申请实验环境并登录云平台，云平台上/opt/code_chap_4_student 目录下是本实验的示例代码。

```
# 登录云平台
ssh root@xxx.xxx.xxx.xxx -p xxxxx
# 进入/opt/code_chap_4_student目录
cd /opt/code_chap_4_student
# 初始化环境
cd env
source env.sh
```

2. 实现代码

补全 exp_4_1_vgg19_student/stu_upload 目录下的 evaluate_cpu.py、evaluate_ mlu.py 文件。

```
# 进入实验目录
cd exp_4_1_vgg19_student
# 补全 CPU 实现代码
vim stu_upload/evaluate_cpu.py
# 补全 DLP 实现代码
vim stu_upload/evaluate_mlu.py
```

3. 在 CPU 平台上运行

在 CPU 平台上运行以下命令，使用 VGG19 网络进行图像分类，并将模型保存为 pb 文件。

```
# 在CPU上运行，生成pb模型，模型保存在models目录中
./run_cpu.sh
```

4. 在 DLP 平台上运行

在 DLP 平台上运行以下命令，使用 VGG19 网络进行图像分类。

```
# 对保存的 pb 模型进行量化
cd fppb_to_intpb
python fppb_to_intpb.py vgg19_int8.ini
# 在DLP上运行
./run_mlu.sh
# 运行完整实验
python main_exp_4_1.py
```

4.1.6 实验评估

本实验的评估标准设定如下：

- 60 分标准：在 CPU 平台上正确实现输入图像的读入，卷积层和池化层的定义等。可以通过在会话中打印输入图像、卷积层计算结果和池化层计算结果来验证。

- 80 分标准：在 CPU 平台上正确实现对 VGG19 网络的定义；给定 VGG19 的网络参数值和输入图像，可以得到正确的 Softmax 层输出结果和正确的图像分类结果。
- 100 分标准：在 DLP 平台上正确实现对 VGG19 网络的 pb 格式转换及量化；给定 VGG19 的网络参数值和输入图像，可以得到正确的 Softmax 层输出结果和正确的图像分类结果；处理速度相比于 CPU 平台平均提升 10 倍以上。

4.1.7 实验思考

1）本实验与 3.1 节中使用 Python 语言实现的图像分类相比，在识别精度、识别速度等方面有哪些差异？为什么会有这些差异？

4.2 基于 TensorFlow 实现实时风格迁移推断

4.2.1 实验目的

本实验的目的是掌握如何使用 TensorFlow 实现实时风格迁移算法中的图像转换网络的推断模块，并进行图像的风格迁移处理。具体包括：

1）掌握使用 TensorFlow 定义完整网络结构的方法。

2）掌握使用 TensorFlow 恢复模型参数的方法。

3）以实时风格迁移算法为例，掌握在 CPU 平台上使用 TensorFlow 进行神经网络推断的方法。

4）掌握在 DLP 平台上使用 TensorFlow 对模型进行量化并实现神经网络推断的方法。

实验工作量：约 20 行代码，约需 2 小时。

4.2.2 背景介绍

4.2.2.1 实时风格迁移推断算法

3.3 节实现了一个非实时的图像风格迁移算法。该算法对于不同的输入图像，需要做多次迭代训练以输出风格化图像，因此耗时较长、实时性差。为了提高处理速度，Johnson 等[15] 提出了一种实时的风格迁移算法。该实时风格迁移算法中包含特征提取网络和图像转换网络。其中，特征提取网络使用在 ImageNet 数据集上预训练好的 VGG16 网络，用于提取风格图像、内容图像和生成图像的特征，计算内容损失和风格损失。进行实时风格迁移训练时，首先输入图像到图像转换网络生成风格化图像，再利用特征提取网络计算内容损失和风格损失，然后迭代地更新图像转换网络的参数以最小化损失。进行实时风格迁移推断时，利用训练好的图像转换网络对任意输入图像做网络推断来生成风格迁移后的图像，该过程基本达到实时。

图像转换网络的结构如图 4.1 所示。该网络由三个卷积层、五个残差块、两个转置卷积层再接一个卷积层构成。除了输出层，所有非残差卷积层后面都加了批归一化（Batch Normalization，BN）[16] 和 ReLU 操作，输出层使用 tanh 函数将输出像素值限定在 $[0, 255]$ 范围内；第一个和最后一个卷积层使用 9×9 卷积核，其他卷积层都使用 3×3 卷积核；每个残差块中包含两层卷积。表 4.3 是图像转换网络的结构参数。

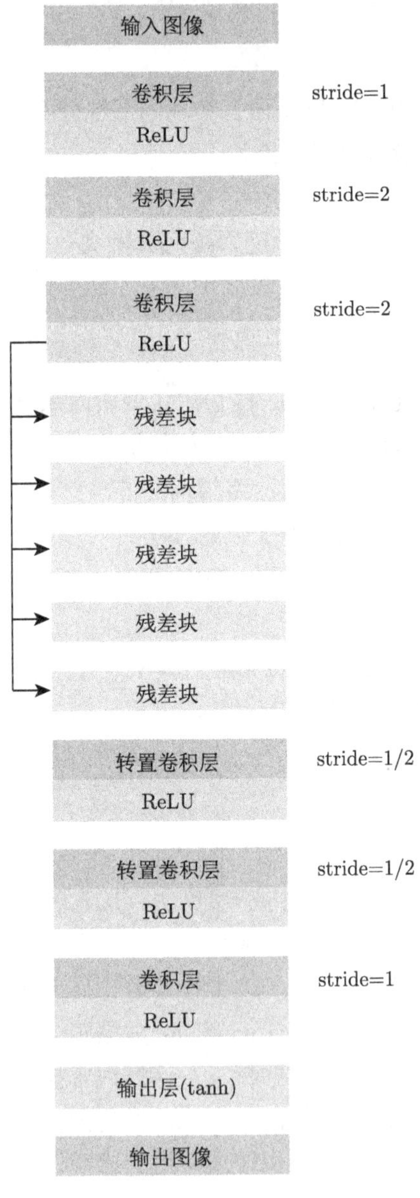

图 4.1 图像转换网络的网络结构

表 4.3 图像转换网络中使用的网络结构参数[17]

输入/网络层	输出特征图
输入	3 × 256 × 256
32 × 9 × 9 卷积，步长为 1	32 × 256 × 256
64 × 3 × 3 卷积，步长为 2	64 × 128 × 128
128 × 3 × 3 卷积，步长为 2	128 × 64 × 64
残差块	128 × 64 × 64
残差块	128 × 64 × 64
残差块	128 × 64 × 64
残差块	128 × 64 × 64
残差块	128 × 64 × 64
64 × 3 × 3 卷积，步长为 1/2	64 × 128 × 128
32 × 3 × 3 卷积，步长为 1/2	32 × 256 × 256
3 × 9 × 9 卷积，步长为 1	3 × 256 × 256

1. 残差块

图像转换网络中包含五个残差块。残差块[36]的基本结构如图 4.2 所示：输入 $\boldsymbol{x}$ 经过一个卷积层（即图 4.2 中的权重层），再做 ReLU，然后经过另一个卷积层得到 $F(\boldsymbol{x})$，再加上 $\boldsymbol{x}$ 得到输出 $H(\boldsymbol{x}) = F(\boldsymbol{x}) + \boldsymbol{x}$，最后做 ReLU 得到残差块的最终输出 $\boldsymbol{y}$。当输入 $\boldsymbol{x}$ 的维度与卷积输出 $F(\boldsymbol{x})$ 的维度不同时，需要先对 $\boldsymbol{x}$ 做线性映射使二者维度一致，然后再加和。

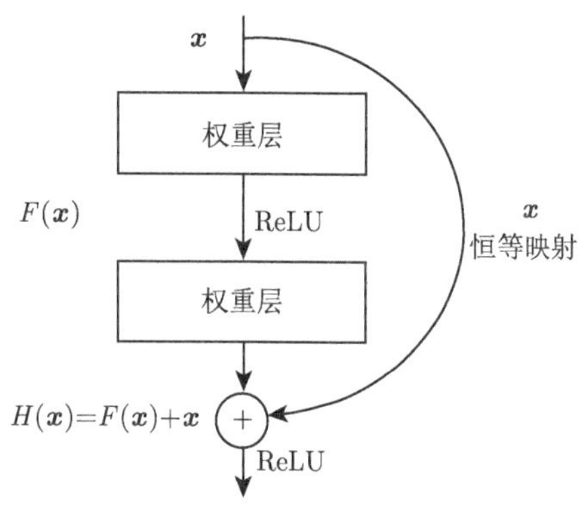

图 4.2 残差块的结构[36]

与常规的卷积神经网络相比，残差块增加了从输入到输出的直连（shortcut connection），其卷积拟合的是输出与输入的差（即残差）。由于输入和输出都做了批归一化，符合正态分布，因此输入和输出可以做减法，如图 4.2 中的 $F(\boldsymbol{x}) = H(\boldsymbol{x}) - \boldsymbol{x}$。残差网络的优点是对数据波动更灵敏，更容易求得最优解，因此能够改善深层网络的训练。

2. 转置卷积

转置卷积[18]又可以称为小数步长卷积。图 4.3 是一个转置卷积的示例[11]，输入是 2×2 的矩阵，卷积核的大小为 3×3，卷积步长为 1，输出是 4×4 的矩阵。

转置卷积可以用矩阵乘法来实现，具体步骤如下：

1）将输入矩阵展开成 4 维向量 $\boldsymbol{x}$。

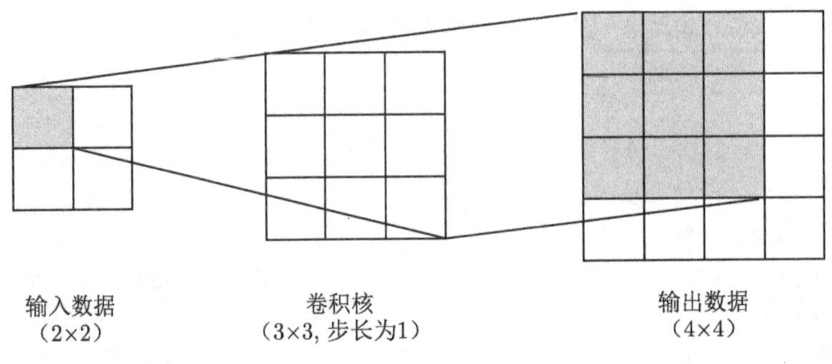

图 4.3　转置卷积的示例

2）把 3×3 的卷积核转换成一个 4×16 的稀疏卷积矩阵 $\boldsymbol{W}$：

$$\boldsymbol{W} = \begin{bmatrix} w_{0,0} & w_{0,1} & w_{0,2} & 0 & w_{1,0} & w_{1,1} & w_{1,2} & 0 & w_{2,0} & w_{2,1} & w_{2,2} & 0 & 0 & 0 & 0 & 0 \\ 0 & w_{0,0} & w_{0,1} & w_{0,2} & 0 & w_{1,0} & w_{1,1} & w_{1,2} & 0 & w_{2,0} & w_{2,1} & w_{2,2} & 0 & 0 & 0 & 0 \\ 0 & 0 & 0 & 0 & w_{0,0} & w_{0,1} & w_{0,2} & 0 & w_{1,0} & w_{1,1} & w_{1,2} & 0 & w_{2,0} & w_{2,1} & w_{2,2} & 0 \\ 0 & 0 & 0 & 0 & 0 & w_{0,0} & w_{0,1} & w_{0,2} & 0 & w_{1,0} & w_{1,1} & w_{1,2} & 0 & w_{2,0} & w_{2,1} & w_{2,2} \end{bmatrix}$$

其中 $w_{i,j}$ 表示卷积核的第 i 行第 j 列元素。

3）求 $\boldsymbol{W}$ 的矩阵转置 $\boldsymbol{W}^{\mathrm{T}}$:

$$\boldsymbol{W}^{\mathrm{T}} = \begin{bmatrix} w_{0,0} & 0 & 0 & 0 \\ w_{0,1} & w_{0,0} & 0 & 0 \\ w_{0,2} & w_{0,1} & 0 & 0 \\ 0 & w_{0,2} & 0 & 0 \\ w_{1,0} & 0 & w_{0,0} & 0 \\ w_{1,1} & w_{1,0} & w_{0,1} & w_{0,0} \\ w_{1,2} & w_{1,1} & w_{0,2} & w_{0,1} \\ 0 & w_{1,2} & 0 & w_{0,2} \\ w_{2,0} & 0 & w_{1,0} & 0 \\ w_{2,1} & w_{2,0} & w_{1,1} & w_{1,0} \\ w_{2,2} & w_{2,1} & w_{1,2} & w_{1,1} \\ 0 & w_{2,2} & 0 & w_{1,2} \\ 0 & 0 & w_{2,0} & 0 \\ 0 & 0 & w_{2,1} & w_{2,0} \\ 0 & 0 & w_{2,2} & w_{2,1} \\ 0 & 0 & 0 & w_{2,2} \end{bmatrix}$$

4）转置卷积操作等同于计算矩阵 $\boldsymbol{W}^{\mathrm{T}}$ 与向量 $\boldsymbol{x}$ 的乘积：$\boldsymbol{y} = \boldsymbol{W}^{\mathrm{T}} \times \boldsymbol{x}$。

5）上一步骤得到的 $\boldsymbol{y}$ 为 16 维向量，对其做维度变换得到 4×4 的矩阵，即最终的结果。

3. 实例归一化

图像转换网络中，每个卷积计算之后激活函数之前都插入了一种特殊的跨样本的批归一化层[16]。该方法由谷歌的科学家在 2015 年提出，它使用多个样本做归一化，将输入归一化到加了参数的标准正态分布上。这样可以有效避免梯度爆炸或消失，从而训练出较深的神经网络。批归一化的计算公式为

$$
\begin{aligned}
y_{tijk} &= \frac{x_{tijk}-\mu_i}{\sqrt{\sigma_i^2+\epsilon}} \\
\mu_i &= \frac{1}{HWN}\sum_{t=1}^{N}\sum_{l=1}^{W}\sum_{m=1}^{H} x_{tilm} \\
\sigma_i^2 &= \frac{1}{HWN}\sum_{t=1}^{N}\sum_{l=1}^{W}\sum_{m=1}^{H} (x_{tilm}-\mu_i)^2
\end{aligned}
\tag{4.1}
$$

其中，x_{tijk} 表示输入图像批（batch）中的第 $tijk$ 个元素，k、j 分别表示其在 H、W 方向的序号，t 表示输入图像在 batch 中的序号，i 表示特征通道号。

批归一化方法是对整个图像批做归一化以保证数据分布的一致性，而在风格迁移算法中，由于迁移后的结果主要依赖于某个图像实例，因此对整个输入批做归一化的方法并不适合。2017 年 Ulyanov 等[19] 针对实时风格迁移算法提出了实例归一化方法。不同于批归一化，实例归一化方法使用公式 (4.2)来对整个图像做归一化，从而保持每个图像实例之间的独立，在风格迁移算法上取得了较好的效果，比较显著地提升了生成图像的质量。因此本实验用实例归一化方法来替代批归一化方法。

$$
\begin{aligned}
y_{tijk} &= \frac{x_{tijk}-\mu_{ti}}{\sqrt{\sigma_{ti}^2+\epsilon}} \\
\mu_{ti} &= \frac{1}{HW}\sum_{l=1}^{W}\sum_{m=1}^{H} x_{tilm} \\
\sigma_{ti}^2 &= \frac{1}{HW}\sum_{l=1}^{W}\sum_{m=1}^{H} (x_{tilm}-\mu_{ti})^2
\end{aligned}
\tag{4.2}
$$

4.2.2.2 TensorFlow 中模型参数的恢复

在 TensorFlow 中，采用检查点（checkpoint）机制周期地记录（save）模型参数等数据，并将其存储到检查点文件中，后续当需要继续训练或直接使用训练好的参数做推断时，

需要从检查点文件中将保存的模型数据恢复（restore）出来。检查点机制由 saver 对象来完成，即在模型训练过程中或当模型训练完成后，使用 saver=tf.train.Saver() 函数来保存模型中的所有变量。当需要恢复模型参数来继续训练模型或者进行预测时，需要使用 saver 对象的 restore() 函数，从指定路径下的检查点文件中恢复出已保存的变量。

在本实验中，图像转换网络和特征提取网络的参数均已提前训练好并保存在特定路径下。在实现实时风格迁移推断时，首先使用 restore() 函数读入网络的模型参数，然后做图像转换网络的推断来生成风格化图像。

4.2.3 实验环境

硬件环境：CPU、DLP。

软件环境：TensorFlow 1.14，高性能算子库 CNML，运行时库 CNRT，以及 Python 编译环境及相关的扩展库，包括 Python 2.7.12、Pillow 4.2.1、SciPy 1.0.0、NumPy 1.16.6。

4.2.4 实验内容

本实验利用 TensorFlow 加载预先保存好的实时风格迁移的模型文件（pb 文件），在 CPU 和 DLP 平台上运行实时风格迁移的推断（即图像转换网络的推断）得到风格化图像，并比较两种平台在实现上和运行性能上的差异。模型文件中已经保存了图像转换网络的结构和参数，因此在实现时不需要再对网络结构进行定义。此外，在 DLP 平台上实现时，首先需要将 float32 类型表示的模型文件转换为 int8 类型表示的模型文件，然后加载模型文件在 DLP 上实现图像转换网络的推断过程。

4.2 节和 4.3 节的代码参考自：https://github.com/lengstrom/fast-style-transfer/。

4.2.5 实验步骤

本实验主要包括以下步骤：读取图像，在 CPU 平台上实现，在 DLP 平台上实现，实验运行。

4.2.5.1 读取图像

使用 4.1.5.1 节的方法读取一张图像。如果程序中指定了图像尺寸，就将该图像缩放至指定的尺寸。具体实现如代码示例 4.6 所示。

代码示例 4.6 读取输入图像

```
# file: src/utils.py
import scipy.misc
import NumPy as np

def get_img(src, img_size = False):
    #TODO: 使用 scipy.misc 模块读入输入图像 src 并转化成"RGB" 模式，返回 ndarray 类型的数组 img
```

```
    img = ______________
    ______________

    return img
```

4.2.5.2 在 CPU 平台上实现实时风格迁移推断

在 CPU 平台上实现实时风格迁移，需要加载实时风格迁移的模型文件，然后使用图像转换网络对输入图像进行处理，输出风格迁移后的图像。该部分主要包括实时风格迁移推断函数、实时风格迁移推断主函数的定义等。

1. 实时风格迁移推断函数的定义

代码示例 4.7 定义了实时风格迁移推断函数。首先对读入的图像做预处理，将图像的形状调整为 pb 模型的输入大小，并且将输入数据转换为 TensorFlow 默认的 NHWC 数据格式。然后将处理好的数据存为数组形式，执行会话完成实时风格迁移的推断。

代码示例 4.7 实时风格迁移推断函数

```
# file: evaluate_cpu.py
from __future__ import print_function
import sys
sys.path.insert(0, 'src')
import transform, NumPy as np, vgg, pdb, os
import scipy.misc
import tensorflow as tf
from utils import save_img, get_img, exists, list_files
from argparse import ArgumentParser
from collections import defaultdict
import time
import json
import subprocess
import NumPy
BATCH_SIZE = 4
DEVICE = '/cpu:0'


os.putenv('MLU_VISIBLE_DEVICES','')  #设置MLU_VISIBLE_DEVICES=""来屏蔽DLP

def ffwd(data_in, paths_out, model, device_t='/gpu:0', batch_size=1):
    #该函数为风格迁移预测基础函数。data_in为输入的待转换图像，它可以是保存了一张或多张
        输入图像的文件路径，也可以是由输入图像转换成的数组形式的数据；paths_out为存放
        输出图像的数组；model为pb模型参数的保存路径

    assert len(paths_out) > 0
    is_paths = type(data_in[0]) == str

```

```
#TODO：如果data_in是保存输入图像的文件路径，即is_paths为True，则读入第一张图像，由于pb模型的输入形状为[1,256,256,3]，因此需将输入图像的大小调整为256 × 256，并传递给img_shape；如果data_in是由输入图像转换成的数组形式的数据，即is_paths为False，则直接获取图像的形状特征img_shape
_______________

g = tf.Graph()
config = tf.ConfigProto(allow_soft_placement=True,
inter_op_parallelism_threads=1,
intra_op_parallelism_threads=1)
config.gpu_options.allow_growth = True
with g.as_default():
    with tf.gfile.FastGFile(model,'rb') as f:
        graph_def = tf.GraphDef()
        graph_def.ParseFromString(f.read())
        tf.import_graph_def(graph_def, name='')

    with tf.Session(config=config) as sess:
        sess.run(tf.global_variables_initializer())
        input_tensor = sess.graph.get_tensor_by_name('X_content:0')
        output_tensor = sess.graph.get_tensor_by_name('add_37:0')
        batch_size = 1
        #TODO：读入的输入图像的数据格式为 HWC，还需要将其转换成 NHWC
        batch_shape = _______________
        num_iters = int(len(paths_out)/batch_size)
        for i in range(num_iters):
        #分批次对输入图像进行处理
            pos = i * batch_size
            curr_batch_out = paths_out[pos:pos+batch_size]

            #TODO：如果data_in是保存输入图像的文件路径，则依次将输入图像集合文件路径下的batch_size张图像读入数组X；如果data_in是由输入图像转换成的数组形式的数据，则将该数组传递给X
            _______________
            start = time.time()
            #TODO: 使用 sess.run 来计算 output_tensor
            _preds = _______________
            end = time.time()
            for j, path_out in enumerate(curr_batch_out):
                #TODO：在该批次下调用 utils.py 中的 save_img() 函数对所有风格迁移后的图像进行存储
                _______________
            delta_time = end - start
            print("Inference (MLU) processing time: %s" % delta_time)
```

2. 实时风格迁移推断主函数的定义

代码示例 4.8 定义了实时风格迁移推断主函数。主函数负责解析输入的指令，获取输入的图像路径、模型路径等参数，然后调用代码示例 4.7 中的推断函数执行风格迁移预测。

代码示例 4.8 实时风格迁移推断主函数

```
# file: evaluate_cpu.py
def ffwd_to_img(in_path, out_path, model, device='/cpu:0'):
    #该函数将上面的ffwd()函数用于图像的实时风格迁移推断
    paths_in, paths_out = [in_path], [out_path]
    ffwd(paths_in, paths_out, model, batch_size=1, device_t=device)

def main():
    #实时风格迁移推断主函数
    #build_parser()与check_opts()用于解析输入指令，这两个函数的定义见evaluate_cpu.py文件
    parser = build_parser()
    opts = parser.parse_args()
    check_opts(opts)

    if not os.path.isdir(opts.in_path):
        #如果输入的opts.in_path是由输入图像转换成的数组形式的数据，则执行风格迁移预测
        if os.path.exists(opts.out_path) and os.path.isdir(opts.out_path):
            out_path = os.path.join(opts.out_path,os.path.basename(opts.in_path))
        else:
            out_path = opts.out_path

        #TODO：执行风格迁移预测，输入图像为opts.in_path，转换后的图像为out_path，模型文件路径为opts.model
        _____________
    else:
        #如果输入的opts.in_path是保存输入图像的文件路径，则对该路径下的图像依次实施风格迁移预测
        #调用list_files函数读取opts.in_path路径下的输入图像，该函数的定义见utils.py
        files = list_files(opts.in_path)
        full_in = [os.path.join(opts.in_path,x) for x in files]
        full_out = [os.path.join(opts.out_path,x) for x in files]

        #TODO：执行风格迁移预测，输入图像的保存路径为full_in，转换后的图像为full_out，模型文件路径为opts.model
        _____________

if __name__ == '__main__':
    main()
```

4.2.5.3 在 DLP 平台上实现实时风格迁移推断

在 DLP 平台上实现实时风格迁移的实验步骤包括模型量化和模型推断。

1. 模型量化

预先训练好的图像转换网络的数据类型为 float32，需要量化为 int8 类型才可以在 DLP 平台上运行。在 DLP 平台上本实验的 fppb_to_intpb 目录下运行以下命令，使用量化工具

完成对模型的量化，生成新模型 udnie_int8.pb。

```
python fppb_to_intpb.py udnie_int8.ini
```

2. 模型推断

实时风格迁移的推断使用集成了 DLP 的 CNML 的 TensorFlow 来加载量化后的模型文件并完成网络推断。该 TensorFlow 通过 DLP 的高性能库可以支持大部分风格迁移的算子，并且维持了上层的 Python 接口，用户不需要关心底层硬件，只需要通过 session config 配置 DLP 运行的相关参数。具体的运行时配置信息如代码示例 4.9 所示，包括运行的核数和使用的数据类型等参数。

代码示例 4.9　用 DLP 进行模型推断时配置的参数

```
# file: evaluate_mlu.py
import tensorflow as tf
...
#配置环境变量，设置程序运行在DLP上
os.putenv('MLU_VISIBLE_DEVICES','0')
...
#在生成session实例前，配置DLP参数
config = tf.ConfigProto(allow_soft_placement=True,
                inter_op_parallelism_threads=1,
                        intra_op_parallelism_threads=1)
config.mlu_options.data_parallelism = 1
config.mlu_options.model_parallelism = 1
config.mlu_options.core_num = 1
config.mlu_options.precision = "int8"
config.mlu_options.save_offline_model = True
sess = tf.Session(config = config, graph = graph)
```

在配置完与 DLP 硬件相关的参数后，运行推断时模型的算子可自动运行在 DLP 上。在运行完成后，统计 sess.run() 前后的运行时间，并与 CPU 上的运行时间进行对比。

4.2.5.4　实验运行

根据 4.2.5.1~4.2.5.3 节的描述补全 evaluate_cpu.py、evaluate_mlu.py、utils.py，并通过 Python 运行.py 文件。具体可以参考以下步骤。

1. 申请环境

申请实验环境并登录云平台，云平台上/opt/code_chap_4_student 目录下是本实验的代码。

```
# 登录云平台
ssh root@xxx.xxx.xxx.xxx -p xxxxx
```

```
# 进入/opt/code_chap_4_student目录
cd /opt/code_chap_4_student
# 初始化环境
cd env
source env.sh
```

2. 实现代码

补全 exp_4_2_fast_style_transfer_infer_student/stu_upload 目录下的 evaluate_cpu.py、evaluate_mlu.py 文件。

```
# 进入实验目录
cd exp_4_2_fast_style_transfer_infer_student
# 补全 utils.py
vim src/utils.py
# 补全 CPU 实现代码
vim stu_upload/evaluate_cpu.py
# 补全 DLP 实现代码
vim stu_upload/evaluate_mlu.py
```

3. 在 CPU 平台上运行

在 CPU 平台上运行以下命令，就可以实现实时风格迁移推断，将输入的内容图像转换为风格化图像，并保存模型文件。模型文件 *.pb 保存在 pb_models/目录下，输入的内容图像保存在 data/train2014_small/目录下，风格迁移后的图像保存在 out/目录下。

```
#file: run_cpu.sh
python evaluate_cpu.py --model pb_models/udnie.pb --in-path data/train2014_small/ --
    out-path out/
```

4. 在 DLP 平台上运行

运行以下命令，可以在 DLP 平台上完成实时风格迁移的模型量化和模型推断。

```
# 对 pb 模型进行量化
cd fppb_to_intpb
python fppb_to_intpb.py udnie_int8.ini
# 在 DLP 上运行
./run_mlu.sh
```

运行以下命令，可以进行完整的实验评测。

```
# 运行完整实验
python main_exp_4_2.py
```

4.2.6 实验评估

本实验的评估标准设定如下：

- 60 分标准：在 CPU 平台上正确实现实时风格迁移的推断过程；给定输入图像、权重参数，可以实时计算并输出风格迁移后的图像，同时给出对图像进行实时风格迁移的时间。
- 100 分标准：在 60 分标准的基础上，在 DLP 平台上，给定输入图像、权重参数，能够实时输出风格迁移后的图像，同时给出 DLP 和 CPU 平台上实现实时风格迁移的时间对比。

4.2.7 实验思考

1）对于给定的输入图像集合、权重参数，在不改变图像转换网络结构的前提下如何提升推断速度？

2）在调用 TensorFlow 内置的卷积及转置卷积函数（tf.nn.conv2d()、tf.nn.conv2d_transpose()）时，边界扩充方式分别选择“SAME”或“VALID”，对生成的图像结果有何影响？

3）请使用性能剖析/监控等工具分析在 DLP 平台上进行推断的性能瓶颈。如何利用多核 DLP 架构提升整体的吞吐率？

4.3 基于 TensorFlow 实现实时风格迁移训练

4.3.1 实验目的

本实验的目的是掌握如何使用 TensorFlow 实现实时风格迁移模型的训练。具体包括：

1）掌握使用 TensorFlow 定义损失函数的方法。

2）掌握使用 TensorFlow 存储网络模型的方法。

3）以实时风格迁移算法为例，掌握使用 TensorFlow 进行神经网络训练的方法。

实验工作量：约 60 行代码，约需 8 小时。

4.3.2 背景介绍

4.3.2.1 实时风格迁移训练算法

4.2.2.1 节介绍了实时风格迁移推断的相关背景知识，本小节介绍实时风格迁移训练的相关背景知识。

实时风格迁移训练算法 [15] 的完整流程如图 4.4 所示。首先，输入的内容图像 $\boldsymbol{x}$ 经过图像转换网络输出风格化图像（生成图像）$\hat{\boldsymbol{y}}$；其次，利用特征提取网络（在 ImageNet 数据集上预训练好的 VGG16）分别提取生成图像 $\hat{\boldsymbol{y}}$、风格图像 $\boldsymbol{y}_{\mathrm{s}}$ 和内容图像 $\boldsymbol{y}_{\mathrm{c}}=\boldsymbol{x}$ 的特征，并利用这些特征计算损失函数；然后，通过迭代地调整图像转换网络的参数来最小化损失函数，最终完成对图像转换网络的训练。其中损失函数由特征重建损失 L_{feat} 和风格重建损失 L_{style} 两部分组成 [15]：

$$L=\mathrm{E}_{\boldsymbol{x}}\left[\lambda_1 L_{\text{feat}}(f_W(\boldsymbol{x}),\boldsymbol{y}_{\mathrm{c}})+\lambda_2 L_{\text{style}}(f_W(\boldsymbol{x}),\boldsymbol{y}_{\mathrm{s}})\right] \tag{4.3}$$

其中，λ_1 和 λ_2 是权重参数。特征重建损失用卷积输出的特征计算视觉损失 [15]：

$$L_{\text{feat}}^{j}(\hat{\boldsymbol{y}},\boldsymbol{y})=\frac{1}{C_j H_j W_j}\|\phi_j(\hat{\boldsymbol{y}})-\phi_j(\boldsymbol{y})\|_2^2 \tag{4.4}$$

其中，C_j、H_j、W_j 分别表示第 j 层卷积输出特征图的通道数、高度和宽度，$\phi_j(\boldsymbol{y})$是特征提取网络中第 j 层卷积输出的特征图，实际中选择第 7 层卷积的特征计算特征重建损失。而第 j 层卷积后的风格重建损失为输出图像和目标图像的格拉姆矩阵的差的 F 范数 [15]：

$$L_{\text{style}}^{j}(\hat{\boldsymbol{y}},\boldsymbol{y})=\|G_j(\hat{\boldsymbol{y}})-G_j(\boldsymbol{y})\|_F^2 \tag{4.5}$$

其中，格拉姆矩阵 $G_j(\boldsymbol{x})$ 为 $C_j\times C_j$ 的矩阵，矩阵元素为 [15]：

$$G_j(\boldsymbol{x})_{c,c'}=\frac{1}{C_j H_j W_j}\sum_{h=1}^{H_j}\sum_{w=1}^{W_j}\phi_j(\boldsymbol{x})_{h,w,c}\phi_j(\boldsymbol{x})_{h,w,c'} \tag{4.6}$$

风格重建损失为第 2、4、7、10 层卷积后的风格重建损失之和。

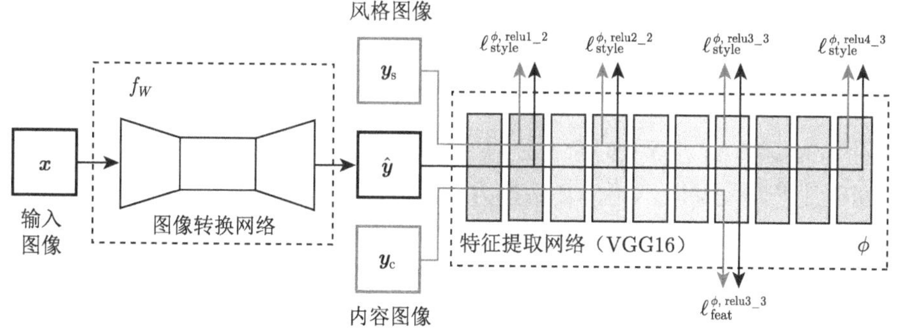

图 4.4 实时图像风格迁移算法的流程[15]

本实验中，为了平滑输出图像，消除图像生成过程中可能带来的伪影，在损失函数中增加了全变分正则化（total variation regularization）[20] 部分。其计算方法为将图像沿水平方向和垂直方向各平移一个像素，再分别与原图相减，然后计算两者的 L^2 范数。此外，将特征提取网络的结构由 VGG16 替换成 VGG19，使得特征提取网络的网络深度更深，网络参数更多，这样网络的表达能力和特征提取的区分度都更强，效果也更好。VGG16 和 VGG19 的网络结构如表 4.4 所示，其中第一列代表 VGG16 的网络配置，第二列代表 VGG19 的网络配置。

表 4.4 VGG16 与 VGG19 的网络结构[4]

VGG16 16 个权重层	VGG19 19 个权重层
输入（224 × 224 大小的 RGB 图像）	
conv3-64 conv3-64	conv3-64 conv3-64
最大池化	
conv3-128 conv3-128	conv3-128 conv3-128
最大池化	
conv3-256 conv3-256 conv3-256	conv3-256 conv3-256 conv3-256 **conv3-256**
最大池化	
conv3-512 conv3-512 conv3-512	conv3-512 conv3-512 conv3-512 **conv3-512**
最大池化	
conv3-512 conv3-512 conv3-512	conv3-512 conv3-512 conv3-512 **conv3-512**
最大池化	
全连接层-4096	
全连接层-4096	
全连接层-1000	
Softmax	

4.3.2.2 使用 TensorFlow 训练网络

在使用 TensorFlow 进行实时风格迁移训练时，首先定义网络基本运算单元，其次构建图像转换网络以及特征提取网络，其构建方法和 4.2 节所采用的方法一致，随后定义损失函数，然后创建优化器，定义模型训练方法，最后迭代地执行模型的训练过程。此外，在模型训练过程中或当模型训练完成后，可以使用 tf.train.Saver() 函数来创建一个 saver 实例，每训练一定次数就使用 saver.save() 函数将当前时刻的模型参数保存到磁盘指定路径下的检查点文件中。

4.3.3 实验环境

硬件环境：CPU。

软件环境：TensorFlow 1.14，以及 Python 编译环境及相关的扩展库，包括 Python 2.7.12、Pillow 4.2.1、SciPy 1.0.0、NumPy 1.16.6。

4.3.4 实验内容

利用 TensorFlow 的 API 实现卷积层、残差块等基本运算单元，构建如图 4.4 所示的实时风格迁移网络，通过特征提取网络构建损失函数，并基于该损失函数来迭代地训练图像转换网络[21]，最终获得较好的训练效果。

4.3.5 实验步骤

4.3.5.1 定义基本运算单元

如 4.2 节所述，实时风格迁移算法中的图像转换网络包含卷积层、残差块、转置卷积层等几种不同的网络层。本实验需要分别定义这几种不同网络层的计算。

1. 卷积层

代码示例 4.10 定义了图像转换网络中的卷积层。首先需要准备好权重的初始值以及步长（strides）参数，然后进行卷积运算，并对计算结果进行批归一化处理和 ReLU 操作。

代码示例 4.10 卷积层的定义

```
# file: src/transform.py
import tensorflow as tf

def _conv_layer(net, num_filters, filter_size, strides, relu=True):
    #该函数定义了卷积层的计算方法，net为该卷积层的输入ndarray数组，num_filters表示输出通道数，filter_size表示卷积核尺寸，strides表示卷积步长，该函数最后返回卷积层计算的结果

    #TODO：准备好权重的初始值
    weights_init = ______________

    #TODO：输入的 strides 参数为标量，需将其处理成卷积函数能够使用的数据形式
    ______________

    #TODO：进行卷积计算
    net = ______________

    #TODO：对卷积计算结果进行批归一化处理
    net = ______________

    if relu:
        #TODO：对归一化结果进行 ReLU 操作
        net = ______________

    return net
```

2. 残差块

代码示例 4.11 定义了图像转换网络中的残差块。根据 4.2.2 节中介绍的残差块结构，调用上一步中实现好的卷积层，实现残差块的功能。

代码示例 4.11 残差块的定义

```
# file: src/transform.py
def _residual_block(net, filter_size=3):
    #该函数定义了残差块的计算方法，net为该层的输入ndarray数组，filter_size表示卷积核尺
        寸，该函数最后返回残差块的计算结果

    #TODO：调用上一步骤中实现的卷积层函数，实现残差块的计算
    ______________

    return net
```

3. 转置卷积层

代码示例 4.12 定义了图像转换网络中的转置卷积层。首先与卷积层定义一样，准备好权重的初始值以及输出通道数（num_filters）和步长（strides）参数，然后进行转置卷积计算，并对计算结果进行批归一化处理和 ReLU 操作。

代码示例 4.12 转置卷积层的定义

```
# file:src/transform.py
def _conv_tranpose_layer(net, num_filters, filter_size, strides):
#该函数定义了转置卷积层的计算方法，net为该层的输入ndarray数组，num_filters表示输出通道
    数，filter_size表示卷积核尺寸，strides表示卷积步长，该函数最后返回转置卷积层计算
    的结果

    #TODO：准备好权重的初始值
    weights_init = ______________
    ______________

    #TODO：输入的 num_filters、strides 参数为标量，需将其处理成转置卷积函数能够使用的数据形式
    ______________

    #TODO：进行转置卷积计算
    net = ______________

    #TODO：对卷积计算结果进行批归一化处理
    net = ______________

    #TODO：对归一化结果进行 ReLU 操作
    net = ______________

```

```
    return net
```

4.3.5.2 定义图像转换网络

如图 4.1 所示，图像转换网络由三个卷积层、五个残差块、两个转置卷积层再接一个卷积层构成。图像转换网络的定义如代码示例 4.13 所示，使用之前定义好的卷积层、残差块、转置卷积层等基本运算单元来搭建图像转换网络，每一层的输出作为下一层的输入，并将最后一层的输出经过 tanh 函数处理，得到输出结果 preds。

代码示例 4.13 定义图像转换网络

```
# file: src/transform.py
def net(image):
#该函数构建图像转换网络，image为输入图像，返回最后一层的输出结果

    #TODO：构建图像转换网络，每一层的输出作为下一层的输入
    conv1 = ______________
    conv2 = ______________
    ______________

    #TODO：最后一个卷积层的输出再经过 tanh 函数处理，最后的输出张量 preds 的像素值需限定在 [0,255] 范围内
    preds = ______________

    return preds
```

4.3.5.3 定义特征提取网络

特征提取网络采用 VGG19 网络，其定义方式与 4.1 节类似，如代码示例 4.14 所示。特征提取网络使用前面定义好的卷积层等基本运算单元来搭建，网络参数使用官方预训练好的 VGG19 模型参数，即 3.1 节介绍过的 imagenet-vgg-verydeep-19.mat 文件。

代码示例 4.14 定义特征提取网络

```
# file: src/vgg.py
import tensorflow as tf
import NumPy as np
import scipy.io
import pdb

def net(data_path, input_image):
    #定义特征提取网络，data_path为其网络参数的保存路径，input_image为已经通过get_img()
        函数读取并转换成ndarray格式的内容图像

    #TODO：根据 VGG19 的网络结构定义每一层的名称
    layers = (
```

```
        'conv1_1', 'relu1_1', 'conv1_2', 'relu1_2', 'pool1',
        ______________
    )

    #TODO：从 data_path 路径下的.mat 文件中读入已训练好的特征提取网络参数 weights
    ______________

    net = {}
    current = input_image
    for i, name in enumerate(layers):
        kind = name[:4]
        if kind == 'conv'
            #TODO：如果当前层为卷积层，则进行卷积计算，计算结果为 current
            ______________
        elif kind == 'relu':
            #TODO：如果当前层为 ReLU 层，则进行 ReLU 计算，计算结果为 current
            ______________
        elif kind == 'pool':
            #TODO：如果当前层为池化层，则进行最大池化计算，计算结果为 current
            ______________
        net[name] = current

    assert len(net) == len(layers)
    return net
```

4.3.5.4 构建损失函数

输入图像（即内容图像）经过图像转换网络输出生成图像；再将生成图像、风格图像、内容图像分别送到特征提取网络的特定层中提取特征，并计算损失。损失函数由特征重建损失 *content_loss*、风格重建损失 *style_loss* 和全变分正则化项损失 *tv_loss* 组成。损失函数的构建如代码示例 4.15 所示。

代码示例 4.15 损失函数的构建

```
# file: src/optimize.py
from __future__ import print_function
import functools
import vgg, pdb, time
import tensorflow as tf, NumPy as np, os
import transform
from utils import get_img

STYLE_LAYERS = ('relu1_1', 'relu2_1', 'relu3_1', 'relu4_1', 'relu5_1')
CONTENT_LAYER = 'relu4_2'
DEVICES = '/CPU:0'

```

```
def _tensor_size(tensor):
    #对张量进行切片操作，将NHWC格式的张量切片成HWC，再计算H、 W、C的乘积
    from operator import mul
    return functools.reduce(mul, (d.value for d in tensor.get_shape()[1:]), 1)

def loss_function(net, content_features, style_features, content_weight, style_weight,
     tv_weight, preds, batch_size):
    #损失函数的构建，net为特征提取网络，content_features为内容图像特征，style_features
        为风格图像特征，content_weight、style_weight和tv_weight分别为特征重建损失的权
        重、风格重建损失的权重和全变分正则化损失的权重

    batch_shape = (batch_size,256,256,3)

    #TODO：计算内容损失
    content_size = _tensor_size(content_features[CONTENT_LAYER])*batch_size
    assert _tensor_size(content_features  [CONTENT_LAYER]) == _tensor_size(net
                [CONTENT_LAYER])
    content_loss = _____________

    #计算风格损失
    style_losses = []
    for style_layer in STYLE_LAYERS:
        layer = net[style_layer]
        bs, height, width, filters = map(lambda i:i.value,layer.get_shape())
        size = height * width * filters
        feats = tf.reshape(layer, (bs, height * width, filters))
        feats_T = tf.transpose(feats, perm=[0,2,1])
        grams = tf.matmul(feats_T, feats) / size
        style_gram = style_features[style_layer]
        #TODO：计算 style_losses
        _____________
    style_loss = style_weight * functools.reduce(tf.add, style_losses) / batch_size

    #使用全变分正则化方法定义损失函数tv_loss
    tv_y_size = _tensor_size(preds[:,1:,:,:])
    tv_x_size = _tensor_size(preds[:,:,1:,:])
    #TODO：将图像preds沿水平和垂直方向各平移一个像素，再分别与原图相减，然后分别计算二
        者的L²范数x_tv和y_tv

    _____________
    tv_loss = tv_weight*2*(x_tv/tv_x_size + y_tv/tv_y_size)/batch_size

    loss = content_loss + style_loss + tv_loss
    return content_loss, style_loss, tv_loss, loss
```

4.3.5.5 实时风格迁移训练的实现

实时风格迁移的训练部分主要包括优化器创建和训练方法定义，以及主函数的定义等。

1. 优化器创建及训练方法定义

代码示例 4.16 定义了优化器的创建及实时风格迁移的训练方法，使用上一步骤实现的损失函数计算风格损失和内容损失，然后利用 TensorFlow 的 API 创建优化器，实现训练过程。本实验使用 Adam 优化器以及最小化损失函数的训练方法。

代码示例 4.16 实时风格迁移训练方法的定义

```
# file: optimize.py
from __future__ import print_function
import functools
import vgg, pdb, time
import tensorflow as tf, NumPy as np, os
import transform
from utils import get_img

STYLE_LAYERS = ('relu1_1', 'relu2_1', 'relu3_1', 'relu4_1', 'relu5_1')
CONTENT_LAYER = 'relu4_2'
DEVICES = '/CPU:0'

def optimize(content_targets, style_target, content_weight, style_weight,
             tv_weight, vgg_path, epochs=2, print_iterations=1000,
             batch_size=4, save_path='saver/fns.ckpt', slow=False,
             learning_rate=1e-3, debug=True):
    #实时风格迁移训练方法的定义，content_targets为内容图像，style_target为风格图像，content_weight、style_weight和tv_weight分别为特征重建损失的权重、风格重建损失的权重和全变分正则化项损失的权重，vgg_path为保存VGG19网络参数的文件路径
    if slow:
        batch_size = 1
    mod = len(content_targets) % batch_size
    if mod > 0:
        print("Train set has been trimmed slightly..")
        content_targets = content_targets[:-mod]

    #风格特征的预处理
    style_features = {}
    batch_shape = (batch_size,256,256,3)
    style_shape = (1,) + style_target.shape
    print(style_shape)

    with tf.Graph().as_default(), tf.device(DEVICES), tf.Session() as sess:
        #使用NumPy库在CPU上处理

        #TODO：使用占位符来定义风格图像 style_image
        style_image = ______________

        #TODO: 依次调用 vgg.py 文件中的 preprocess()、net() 函数对风格图像进行预处理，并将此时得到的特征提
```

```
        取网络传递给 net
    style_image_pre = vgg.preprocess(style_image)
    ______________

    #使用NumPy库对风格图像进行预处理，定义风格图像的格拉姆矩阵
    style_pre = np.array([style_target])
    for layer in STYLE_LAYERS:
        features = net[layer].eval(feed_dict={style_image:style_pre})
        features = np.reshape(features, (-1, features.shape[3]))
        gram = np.matmul(features.T, features) / features.size
        style_features[layer] = gram

    #TODO：先使用占位符来定义内容图像X_content，再调用preprocess()函数对X_content进行预处
        理，生成X_pre
    ______________

    #提取内容特征对应的网络层
    content_features = {}
    content_net = vgg.net(vgg_path, X_pre)
    content_features[CONTENT_LAYER] = content_net[CONTENT_LAYER]

    if slow:
        preds = tf.Variable(tf.random_normal(X_content.get_shape()) * 0.256)
        preds_pre = preds
    else:
        #TODO:内容图像经过图像转换网络后输出结果preds，并调用preprocess()函数对preds进
            行预处理,生成preds_pre
        ______________

    #TODO：将 preds_pre 输入特征提取网络，并将此时得到的特征提取网络传递给 net
    net = ______________

    #TODO：计算内容损失 content_loss、风格损失 style_loss、全变分正则化项 tv_loss、损失函数 loss
    ______________
    #TODO：创建 Adam 优化器，并定义模型训练方法为最小化损失函数方法，返回 train_step
    ______________
    #TODO：初始化所有变量
    ______________
    import random
    uid = random.randint(1, 100)
    print("UID: %s" % uid)
    save_id = 0
    for epoch in range(epochs):
        num_examples = len(content_targets)
        iterations = 0
        while iterations * batch_size < num_examples:
            start_time = time.time()
```

```
                curr = iterations * batch_size
                step = curr + batch_size
                X_batch = np.zeros(batch_shape, dtype=np.float32)
                for j, img_p in enumerate(content_targets[curr:step]):
                    X_batch[j] = get_img(img_p, (256,256,3)).astype(np.float32)

                iterations += 1
                assert X_batch.shape[0] == batch_size

                feed_dict = {
                    X_content:X_batch
                }

                train_step.run(feed_dict=feed_dict)
                end_time = time.time()
                delta_time = end_time - start_time
                is_print_iter = int(iterations) % print_iterations == 0
                if slow:
                    is_print_iter = epoch % print_iterations == 0
                is_last = epoch == epochs - 1 and iterations * batch_size >= num_examples
                should_print = is_print_iter or is_last
                if should_print:
                    to_get = [style_loss, content_loss, loss, preds]
                    test_feed_dict = {
                        X_content:X_batch
                    }

                    tup = sess.run(to_get, feed_dict = test_feed_dict)
                    _style_loss,_content_loss,_loss,_preds = tup
                    losses = (_style_loss, _content_loss, _loss)
                    if slow:
                        _preds = vgg.unprocess(_preds)
                    else:
                        with tf.device('/CPU:0'):
                            #TODO：将模型参数保存到save_path，并将训练的次数save_id作为后缀加入模型名称中
                            ______________
                    #返回相关计算结果
                    yield(_preds, losses, iterations, epoch)
```

2. 实时风格迁移训练主函数

代码示例 4.17 定义了实时风格迁移训练的主函数，该部分读取输入的风格图像以及内容图像，调用上一步中定义的实时风格迁移训练方法来完成整个训练过程[⊖]。

⊖ 受 CPU 硬件算力的限制，完整执行完整个训练流程可能需要花费较多时间，因此，本实验可以仅执行完前几百个

代码示例 4.17 实时风格迁移训练主函数

```
# file: style.py
from __future__ import print_function
import sys, os, pdb
sys.path.insert(0, 'src')
import NumPy as np, scipy.misc
from optimize import optimize
from argparse import ArgumentParser
from utils import save_img, get_img, exists, list_files
import evaluate

os.putenv('MLU_VISIBLE_DEVICES','')  #设置MLU_VISIBLE_DEVICES=""来屏蔽DLP
CONTENT_WEIGHT = 7.5e0
STYLE_WEIGHT = 1e2
TV_WEIGHT = 2e2

LEARNING_RATE = 1e-3
NUM_EPOCHS = 2
CHECKPOINT_DIR = 'checkpoints'
CHECKPOINT_ITERATIONS = 2000
VGG_PATH = 'data/imagenet-vgg-verydeep-16.mat'
TRAIN_PATH = 'data/train2014'
BATCH_SIZE = 4
DEVICE = '/cpu:0'
FRAC_GPU = 1

def _get_files(img_dir):
    #读入内容图像目录下的所有图像并返回
    files = list_files(img_dir)
    return [os.path.join(img_dir,x) for x in files]

def main():
    #build_parser()与check_opts()用于解析输入指令，这两个函数的定义见style.py文件
    parser = build_parser()
    options = parser.parse_args()
    check_opts(options)

    #TODO：获取风格图像 style_target 以及内容图像数组 content_targets
    ______________

    if not options.slow:
        content_targets = _get_files(options.train_path)
    elif options.test:
        content_targets = [options.test]

```

迭代，并且每隔 100 个迭代就打印计算出的损失值，观察损失值随着训练的进行逐步减小的过程。

```
    kwargs = {
        "epochs":options.epochs,
        "print_iterations":options.checkpoint_iterations,
        "batch_size":options.batch_size,
        "save_path":os.path.join(options.checkpoint_dir,'fns.ckpt'),
        "learning_rate":options.learning_rate
    }

    if options.slow:
        if options.epochs < 10:
            kwargs['epochs'] = 1000
        if options.learning_rate < 1:
            kwargs['learning_rate'] = 1e1

    args = [
        content_targets,
        style_target,
        options.content_weight,
        options.style_weight,
        options.vgg_path
    ]

    for preds, losses, i, epoch in optimize(*args, **kwargs):
        style_loss, content_loss, tv_loss, loss = losses

        print('Epoch %d, Iteration: %d, Loss: %s' % (epoch, i, loss))
        to_print = (style_loss, content_loss, tv_loss)
        print('style: %s, content:%s, tv: %s' % to_print)

    ckpt_dir = options.checkpoint_dir
    print("Training complete.\n")

if __name__ == '__main__':
    main()
```

4.3.5.6 实验运行

根据 4.3.5.1~4.3.5.5 节的描述补全 optimize.py、transform.py、utils.py、vgg.py、style.py，并通过 Python 运行.py 文件。具体可以参考以下步骤。

1. 申请环境

申请实验环境并登录云平台，云平台上/opt/code_chap_4_student 目录下是本实验的示例代码。

```
# 登录云平台
ssh root@xxx.xxx.xxx.xxx -p xxxxx
```

```
# 进入/opt/code_chap_4_student目录
cd /opt/code_chap_4_student
# 初始化环境
cd env
source env.sh
```

2. 实现代码

补全 exp_4_3_fast_style_transfer_train_student/ src 目录下的 optimize.py、transform.py、utils.py、vgg.py 文件。

```
# 进入实验目录
cd exp_4_3_fast_style_transfer_train_student
# 补全 utils.py
vim src/utils.py
# 补全 transform.py
vim src/transform.py
# 补全 vgg.py
vim src/vgg.py
# 补全 optimize.py
vim src/optimize.py
# 补全训练主函数 style.py
vim style.py
```

3. 运行实验

如果要运行完整的实时风格迁移训练，可以在实验环境中运行以下命令[⊖]。生成的模型文件 *.ckpt 保存在 ckp_temp/路径下，输入的风格图像保存在 examples/style/路径下。

```
#file: run_style.sh
#单独进行训练过程
python style.py --checkpoint-dir ckp_temp \
                --style examples/style/rain_princess.jpg \
                --train-path data/train2014_small \
                --content-weight 1.5e1 \
                --checkpoint-iterations 100 \
                --epochs 2 \
                --batch-size 4 \
                --type 0
```

由于完整的实时风格迁移训练时间过长，为了快速评测实现的网络层的计算结果是否正确、网络能否正常训练，可以运行以下命令，通过部分训练迭代结果快速进行实验评测。

⊖ 在进行训练之前，建议首先使用以下语句以检查数据集是否完好：
find . -name .jpg -exec identify -verbose -regard-warnings >/dev/null "+"
该语句依赖 identify 命令，如果当前环境不支持，可以使用 apt-get install imagemagick 命令来安装相应依赖库。

```
# 运行实验
python main_exp_4_3.py
```

4.3.6 实验评估

本实验的评估标准设定如下：

- 60 分标准：正确实现特征提取网络及损失函数的构建。给定输入的内容图像、风格图像，首先通过图像转换网络输出生成图像，再根据内容图像、生成图像以及风格图像来计算损失函数值。正确实现实时风格迁移的训练过程，给定输入图像、风格图像，可以通过训练过程使得损失值逐渐减少，即损失的整体变化率小于 0。
- 80 分标准：在图像转换网络中使用实例归一化替代批归一化；正确实现实时风格迁移的训练过程，给定输入图像、风格图像，可以通过训练过程使得损失值逐渐减少，即损失的整体变化率小于 0。
- 100 分标准：正确实现检查点文件的保存及恢复功能，使得每经过一定训练迭代次数就可将当前参数保存在特定检查点文件中，且图像转换网络可使用该参数生成图像，以验证训练效果。

4.3.7 实验思考

1）整个实时风格迁移算法中包含了图像转换网络和特征提取网络两部分，其中特征提取网络的参数是已经预训练好的。在使用 TensorFlow 设计算法时，应该如何操作才能使得训练时 TensorFlow 内置的优化器仅针对图像转换网络的参数进行优化？

2）对于给定的输入图像集合，在不改变图像转换网络以及特征提取网络结构的前提下应如何提升训练速度？

3）在图像转换网络中使用实例归一化方法，相比于使用批归一化方法，对生成的图像质量会产生怎样的影响？

4）为什么计算风格损失时需要将多层卷积层的输出求和，而计算内容损失时只需要计算第 7 层卷积层的输出？

5）在定义损失函数时，如果改变内容损失、风格损失和全变分正则化损失的权重 content_weight、style_weight 和 tv_weight，将如何影响最后的迁移效果？

4.4 自定义 TensorFlow CPU 算子

4.4.1 实验目的

本实验的目的是掌握如何在 TensorFlow 中新增自定义的 PowerDifference 算子。具体包括：

1）熟悉 TensorFlow 整体设计机理。

2）通过对风格迁移 pb 模型的扩展，掌握对 TensorFlow pb 模型进行修改的方法。

3）通过在 TensorFlow 框架中添加自定义的 PowerDifference 算子，加深对 TensorFlow 算子实现机制的理解，掌握在 TensorFlow 中添加自定义 CPU 算子的方法，为后续在 TensorFlow 中集成自定义的 DLP 算子奠定基础。

实验工作量：约 40 行代码，约需 4 小时。

4.4.2 背景介绍

4.4.2.1 PowerDifference 介绍

在实时风格迁移的训练和预测过程中，实例归一化和损失计算均需要用 SquaredDifference 计算均方误差。本实验将 SquaredDifference 算子扩展替换成更通用的 PowerDifference 算子，用于对两个张量的差值进行指数幂运算。其具体计算公式如下：

$$PowerDifference = (\boldsymbol{X} - \boldsymbol{Y})^z \tag{4.7}$$

其中输入数据 $\boldsymbol{X}$ 和 $\boldsymbol{Y}$ 是张量数据类型，指数 Z 是标量数据类型。由于张量 $\boldsymbol{X}$ 和 $\boldsymbol{Y}$ 的形状（shape）可能不一致，有可能无法直接进行按元素的减法操作，因此 PowerDifference 的计算通常需要三个步骤：首先将输入 $\boldsymbol{X}$ 和 $\boldsymbol{Y}$ 进行数据广播操作，然后统一形状后做减法，最后再进行求幂运算。与原始的风格迁移模型中的 SquaredDifference 算子（完成 $(\boldsymbol{X} - \boldsymbol{Y})^2$ 运算）相比，自定义的 PowerDifference 算子具有更好的通用性。

4.4.2.2 添加 TensorFlow 算子的流程

在 TensorFlow 中添加新算子有两种方式：基于 Python 通过拼接已有的操作（Op）定义算子，这些算子可作为 TensorFlow 中的基本单元使用；基于底层 C++ 定义算子功能并将算子注册到 TensorFlow 的算子库中。

其中，基于 Python 拼接已有操作定义算子的方式是较简便的方式，但可能会出现算子难以构造或者构造出的算子无法满足设计要求的情况。例如对中值池化（median pooling）的算子的实现，该算子类似于最大池化，但是在进行滑动窗口操作时使用中位数来代替最大值。我们可以通过若干算子的拼接来完成该功能，如用 ExtractImagePatches（用以提取图片中的特定区域）和 TopK 算子拼接，但这种方式实现性能不高，且会造成不必要的内存浪费。

当我们难以根据已有的操作构建新的算子时，也可以使用 Python 的 NumPy 等数学函数库手动实现算子的功能。这样实现的算子不需要集成进 TensorFlow 框架内即可运行，但是性能会比较差，而且无法在 DLP 上运行。

一般来说，如果构建算子时出现以下几种情况，则可以考虑使用底层 C++ 来定义算子功能并将算子注册到 TensorFlow 中。

1）组合现有算子形成新算子的方式不易实现或无法实现；

2）组合现有算子形成新算子的方式无法达到预期设计性能；

3）开发者期望自由融合一些算子，而编译器较难将其融合。

基于底层 C++ 定义算子功能并将算子注册到 TensorFlow 的算子库中，一般包括以下 5 个步骤：

1）用 C++ 实现算子的具体功能。算子的实现称为 Kernel。针对不同的输入、输出类型或硬件架构（如 CPU、GPU 或 DLP 等），可以有多个 Kernel 实现。

2）在 C++ 文件中注册新算子。算子的注册与其具体实现是相互独立的，在注册时定义的接口主要描述该算子如何执行。例如，算子注册函数定义了其名称、输入和输出，还可定义用于推断张量形状的函数。

3）创建 Python 封装器（可选）。该封装器用于在 Python 中创建此算子的公共 API。默认的封装器是通过算子注册并遵循特定规则生成的，用户可以直接使用。

4）编写该算子的梯度计算函数（可选）。

5）编译测试。对 TensorFlow 进行重新编译并进行测试。通常在 Python 中测试该操作，开发人员也可以在 C++ 中进行操作测试。如果定义了梯度，可以使用 Python 的 GradientChecker 来进行测试。

4.4.3 实验环境

硬件环境：CPU。

软件环境：TensorFlow 1.14，bazel 0.24.1，以及 Python 编译环境及相关的扩展库，包括 Python 2.7.12、Pillow 4.2.1、SciPy 1.0.0、NumPy 1.16.6。

4.4.4 实验内容

基于 4.3 节训练得到的风格迁移模型，我们将其中的 SquaredDifference 算子替换为更通用的 PowerDifference 算子。由于原始 TensorFlow 框架中并不支持该算子，直观的解决方案是采用 Python 的 NumPy 扩展包实现该算子。与基于 NumPy 的实现相比，如果可以直接扩展 TensorFlow 的算子库，使 TensorFlow 框架直接支持该算子，将有望大幅提升处理效率。为了体现基于 Python 的实现和基于 TensorFlow 框架的实现的区别，本节实验内容如图 4.5 所示。主要流程包括：

1）模型扩展：TensorFlow 实时风格迁移 pb 模型节点的修改与扩展。

2）NumPy 实现：使用 NumPy 实现该算子的计算过程。

3）C++ 实现：使用 C++ 完成该算子的 CPU 实现并将该算子集成到 TensorFlow 框架中。

4）算子测试：编写测试用例，比较使用 NumPy 和 C++ 两种方式实现算子的性能差异。

5）模型推断：比较使用上述两种不同方式执行实时风格迁移模型推断的性能差异。

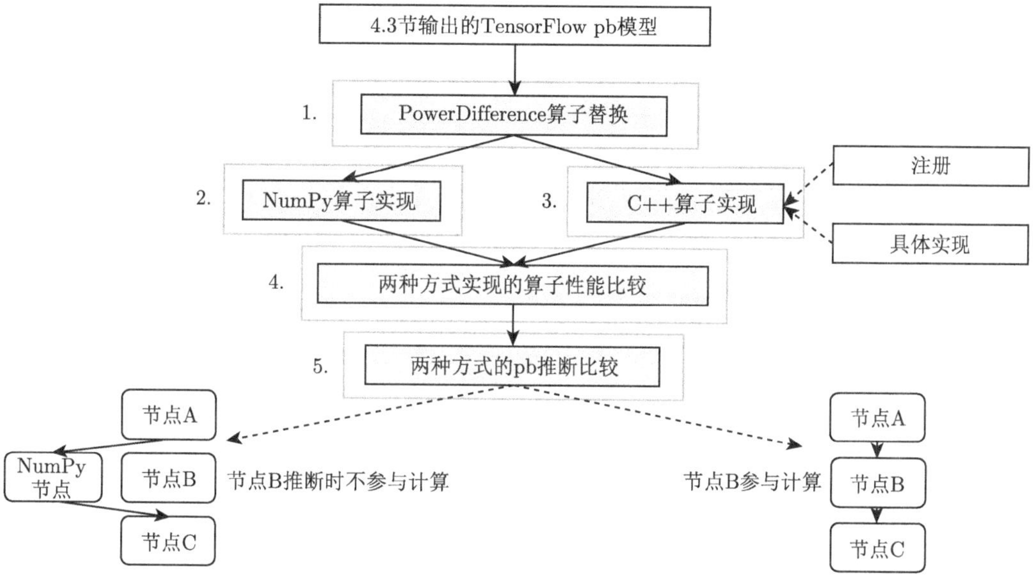

图 4.5 自定义算子实验流程图

最后一个步骤中包含 NumPy 算子和 C++ 算子的实时风格迁移 pb 模型的推断测试。对于 NumPy 算子，需要将 PowerDifference 算子的输入直接传递给 CPU，再使用第二步中完成的 NumPy 函数进行计算，然后将结果作为该节点的下一层输入，并且统计使用该方法的推理时间。对于 C++ 算子，仅需正常执行推断程序，统计 TensorFlow 中 Session.run() 前后的时间即可。

4.4.5 实验步骤

如前所述，完整的实验流程包括：模型扩展，NumPy 实现，C++ 实现，算子测试，模型推断，实验运行。

4.4.5.1 模型扩展

模型扩展的主要目的是增加输入节点，使得 PowerDifference 算子中的指数可以顺利传入 pb 模型中。模型中被替换的 SquaredDifference 节点名称要相应地进行修改。具体包括以下步骤。

1. 转换模型文件

采用如代码示例 4.18 所示的 pb2pbtxt 工具，将 pb 模型转换为可读的 pbtxt 格式㊀。

㊀ pbtxt 格式也是 TensorFlow 中保存神经网络模型的一种文件格式。该格式的文件中包含了神经网络的结构等信息。相比于 pb 模型，其保存的神经网络结构更具可读性。

代码示例 4.18 pb2pbtxt 转换工具

```
# file: pb_to_pbtxt.py
import argparse
import tensorflow as tf
from tensorflow.core.framework import graph_pb2

if __name__ == '__main__':
    parser = argparse.ArgumentParser()
    parser.add_argument('input_pb',help='input pb to be converted')
    parser.add_argument('output_pbtxt',help='output pbtxt generated')
    args = parser.parse_args()
    with tf.Session() as sess:
        with tf.gfile.FastGFile(args.input_pb, 'rb') as f:
            graph_def = graph_pb2.GraphDef()
            graph_def.ParseFromString(f.read())
            #tf.import_graph_def(graph_def)
        tf.train.write_graph(graph_def, './', args.output_pbtxt, as_text=True)
```

以 udnie.pb 模型为例，通过以下命令生成 udnie.pbtxt 文件：

```
python pb_to_pbtxt.py models/pb_models/udnie.pb udnie.pbtxt
```

2. 添加输入节点

编辑生成的 udnie.pbtxt 文件，在首行添加代码示例 4.19 中的节点信息。

代码示例 4.19 在 pbtxt 文件中添加新输入节点

```
node {
  name: "moments_15/PowerDifference_z"
  op: "Placeholder"
  attr {
    key: "dtype"
    value {
      type: DT_FLOAT
    }
  }
  attr {
    key: "shape"
    value {
      shape {
        unknown_rank: true
      }
    }
  }
}
```

3. 修改节点名

找到模型文件中的最后一个 SquaredDifference 节点，将其修改为 PowerDifference 节点，如代码示例 4.20 所示。

代码示例 4.20 在 pbtxt 文件中修改节点属性

```
node {
  name: "moments_15/PowerDifference"
  op: "PowerDifference"
  input: "Conv2D_13"
  input: "moments_15/StopGradient"
  input: "moments_15/PowerDifference_z"
  attr {
    key: "T"
    value {
      type: DT_FLOAT
    }
  }
}
```

注意，除了修改最后一个 SquaredDifference 节点，还需要将其他以该节点作为输入的节点（此处为 moments_15/variance）的 input 域统一从 SquaredDifference 替换为 PowerDifference，如代码示例 4.21 所示。

代码示例 4.21 在 pbtxt 文件中修改输入节点

```
node {
    name: "moments_15/variance"
    op: "Mean"
    input: "moments_15/PowerDifference"
    input: "moments_15/variance/reduction_indices"
    attr {
        key: "T"
        value {
        type: DT_FLOAT
        }
    }
    attr {
        key: "Tidx"
        value {
        type: DT_INT32
        }
    }
    attr {
        key: "keep_dims"
        value {
```

```
        b: true
        }
    }
}
```

4. 输出扩展模型

采用如代码示例 4.22 所示的 pbtxt2pb 工具，将编辑后的 udnie.pbtxt 输出为扩展后的 pb 模型 udnie_power_diff.pb。

代码示例 4.22 pbtxt2pb 转换工具

```
#file: pbtxt_to_pb.py
import argparse
import tensorflow as tf
from tensorflow.core.framework import graph_pb2
from google.protobuf import text_format

if __name__ == "__main__":
    parser = argparse.ArgumentParser()
    parser.add_argument('input_pbtxt',help='input pbtxt to be converted')
    parser.add_argument('output_pb',help='output pb generated')
    args = parser.parse_args()
    with tf.Session() as sess:
        with tf.gfile.FastGFile(args.input_pbtxt, 'rb') as f:
        graph_def = graph_pb2.GraphDef()
        new_graph_def=text_format.Merge(f.read(), graph_def)
        tf.train.write_graph(new_graph_def, './', args.output_pb, as_text=False)
```

4.4.5.2 NumPy 实现

NumPy 实现主要根据 PowerDifference 的原理，使用 Python 的 NumPy 扩展包实现其数学计算，如代码示例 4.23 所示。

代码示例 4.23 NumPy 算子的实现

```
# file: power_diff_NumPy.py
import NumPy as np
def power_diff_NumPy(input_x,input_y,input_z):
    #Reshape操作
    x_shape = np.shape(input_x)
    y_shape = np.shape(input_y)
    x = np.reshape(input_x,(-1,y_shape[-1]))
    x_new_shape = np.shape(x)
    y = np.reshape(input_y,(-1))
    output = []
    #TODO：通过 for 循环完成计算，每次循环计算 y 个数的 PowerDifference
```

```
    for i in range(x_new_shape[0]):
        ________________
    ________________
    return output
```

4.4.5.3 C++ 实现

C++ 实现主要指在 TensorFlow 框架中集成用 C++ 编写的算子，以进行高效的模型推断。下面基于 4.4.2.2 节中关于 TensorFlow 算子添加流程的背景知识，从算子实现、算子注册、TensorFlow 框架编译三方面展开详细介绍。

1. 算子实现

PowerDifference 的实现定义在 tensorflow/core/kernels/cwise_op_power_difference.cc 文件中，其部分代码如代码示例 4.24 所示。其中主要包括 CPU 实现算子的 PowerDifferenceOp 构造函数和 Compute 计算方法。在 Compute 方法中，首先需调用 TensorFlow 中已有的 BCast 算子来实现对张量的广播操作，使得输入的两个张量 input_x 和 input_y 的形状一致，最后同样用循环的方式完成所有元素的计算。

代码示例 4.24 PowerDifference 算子的 CPU 实现示例代码

```
# file: cwise_op_power_difference.cc
template <typename T>
class PowerDifferenceOp : public OpKernel {
 public:
  explicit PowerDifferenceOp(OpKernelConstruction* context)
    : OpKernel(context) {}

  void Compute(OpKernelContext* context) override {
    const Tensor& input_x_tensor = context->input(0);
    const Tensor& input_y_tensor = context->input(1);
    const Tensor& input_pow_tensor = context->input(2);

    const Eigen::ThreadPoolDevice& device = context->eigen_device<Eigen::
        ThreadPoolDevice>();
    //BCast部分，调用了TensorFlow自有的BCast算子，确保x和y的形状一致
    BCast bcast(BCast::FromShape (input_y_tensor.shape()), BCast::FromShape(
        input_x_tensor.shape()),
        /*fewer_dims_optimization=*/true);

    Tensor* output_tensor = nullptr;
    TensorShape output_shape = BCast::ToShape(bcast.output_shape());

    OP_REQUIRES_OK(context,
                   context->allocate_output(0, output_shape, &output_tensor));

```

```
      Tensor input_x_broad(input_x_tensor.dtype(), output_shape);
      Tensor input_y_broad(input_y_tensor.dtype(), output_shape);

      ......

      auto input_x = input_x_broad.flat<T>();
      auto input_y = input_y_broad.flat<T>();
      auto input_pow = input_pow_tensor.flat<T>();
      auto output = output_tensor->flat<T>();

      const int N = input_x.size();
      const int POW = input_pow(0);
      float tmp = 0;
      //实际计算部分
      for (int i = 0; i < N; i++) {
        //output(i) = (input_x(i) - input_y(i)) * (input_x(i) - input_y(i));
        tmp = input_x(i) - input_y(i);
        output(i) = tmp;
        for (int j = 0; j < POW - 1; j++){
          output(i) = output(i) * tmp;
        }
      }
    }
};
```

2. 算子注册

首先在 tensorflow/core/ops 目录下找到对应的算子注册文件。TensorFlow 对于算子注册位置没有特定的限制，为了尽可能和算子的用途保持一致，此处选择将算子注册在常用数学函数的 math_ops.cc 文件中。在该文件中添加代码示例 4.25 中的信息。然后在文件 tensorflow/core/kernels/cwise_op_power_difference.cc 中添加代码示例 4.26 中的信息。

代码示例 4.25　注册算子信息

```
REGISTER_OP("PowerDifference")
    .Input("x: T")
    .Input("y: T")
    .Input("pow: T")
    .Output("z: T")
    .Attr(
        "T: {bfloat16, float, half, double, int32, int64, complex64, "
        "complex128}")
    .SetShapeFn([](::tensorflow::shape_inference::InferenceContext* c) {
      c->set_output(0, c->input(0));
      c->set_output(0, c->input(1));
      c->set_output(0, c->input(2));
```

```
        return Status::OK();
    });
```

代码示例 4.26 注册算子实现

```
REGISTER_KERNEL_BUILDER(                              \
    Name("PowerDifference").Device(DEVICE_CPU),\
    PowerDifferenceOp<float>);
```

3. TensorFlow 框架编译

注册完成后，需进一步依照代码示例 4.27 将文件编译等内容添加到 core/kernel 目录下的 BUILD 文件中，使框架能够正常编译。注意，如果在算子实现中用到了 TensorFlow 中已有的算子（例如在 PowerDifference 的实现中用到了 Broadcast 算子），还需要将对应依赖添加至 BUILD 文件中，如代码示例 4.27 所示。

代码示例 4.27 修改 BUILD 文件

```
filegroup(
    name = "android_extended_ops_group1",
    srcs = [
        "argmax_op.cc",
        ......
        "cwise_op_power_difference.cc",
        //剩余注册文件
    ],
)
......
tf_kernel_library(
    name = "cwise_op",
    prefix = "cwise_op",
    deps = MATH_DEPS,
    hdrs = [
        "broadcast_to_op.h"   //依赖Broadcast算子
        ] + ......,
)
```

完成上述步骤后，可以参照代码示例 4.28 重新编译 TensorFlow 源码，完成编译后，即可使用 Python 调用该算子。

代码示例 4.28 TensorFlow 的编译

```
#1.执行指令，查看主机bazel的版本信息，版本号需大于或等于0.24，如不满足，需先进行相应的升级
bazel version
```

```
#2.激活环境
source env.sh
#3.执行编译脚本
cd /path/to/tensorflow/source
build_tensorflow-v1.10_mlu.sh
```

4.4.5.4 算子测试

算子测试是通过编写测试程序来测试采用 NumPy 与 C++ 实现的算子的精度与性能。在测试程序文件夹下创建 data 文件夹存放测试数据，该文件夹下包含 in_x.txt、in_y.txt、in_z.txt 以及存放正确结果的 out.txt 四个文件。其中，in_x.txt、in_y.txt 和 in_z.txt 三个文件存储 PowerDifference 的三个输入，out.txt 文件存储 PowerDifference 测试用例的正确输出结果。算子测试如代码示例 4.29 所示。

代码示例 4.29 单算子的比较测试

```
# file: power_difference_test_cpu.py
import NumPy as np
import os
import time
import tensorflow as tf
from power_diff_NumPy import *
np.set_printoptions(suppress=True)

def power_difference_op(input_x,input_y,input_pow):
    with tf.Session() as sess:
        # TODO：完成 TensorFlow 接口调用
        ______________________
        return sess.run(out, feed_dict = {...})

def main():
    start = time.time()
    input_x = np.loadtxt("./data/in_x.txt",delimiter=',')
    input_y = np.loadtxt("./data/in_y.txt")
    input_pow = np.loadtxt("./data/in_z.txt") #指数
    output = np.loadtxt("./data/out.txt")
    end = time.time()
    print("load data cost "+ str((end-start)*1000) + "ms" )
    # 测试 C++ PowerDifference CPU 算子
    start = time.time()
    res = power_difference_op(input_x, input_y, input_pow)
    end = time.time()
    print("comput C++ op cost "+ str((end-start)*1000) + "ms" )
    err = sum(abs(res - output))/sum(output)
    print("C++ op err rate= "+ str(err*100))
```

```
    # 测试 NumPy PowerDifference 算子
    start = time.time()
    res = power_diff_NumPy(input_x, input_y, input_pow)
    end = time.time()
    print("comput NumPy op cost "+ str((end-start)*1000) + "ms" )
    err = sum(abs(res - output))/sum(output)
    print("NumPy op err rate= "+ str(err*100))
if __name__ == '__main__':
    main()
```

4.4.5.5 模型推断

模型推断指的是分别采用 NumPy 和 C++ 实现的算子进行网络模型推断。

1. 基于 NumPy 算子进行模型推断

首先需要修改实时风格迁移 pb 模型，将 PowerDifference 节点删除并增加一个相同名称的输入节点，使得 NumPy 计算后的数据可以传入 pb 模型中，可以参考 4.4.5.1 节中介绍的方法和流程。如代码示例 4.30 所示，在 pbtxt 中添加 NumPy 计算节点的信息。

代码示例 4.30 在 pbtxt 中添加 NumPy 计算节点

```
node {
  name: "moments_15/PowerDifference"
  op: "Placeholder"
  attr {
    key: "dtype"
    value {
      type: DT_FLOAT
    }
  }
  attr {
    key: "shape"
    value {
      shape {
        unknown_rank: true
      }
    }
  }
}
```

得到新模型后使用 NumPy 完成缺失节点的计算，如代码示例 4.31所示。

代码示例 4.31 基于 NumPy 算子实现的推断

```
# file: transform_cpu.py
def run_NumPy_pb():
```

```
    args = parse_arg()
    config = tf.ConfigProto(allow_soft_placement=True,
                 inter_op_parallelism_threads=1,
                             intra_op_parallelism_threads=1)
    model_name = os.path.basename(args.NumPy_pb).split(".")[0]
    image_name = os.path.basename(args.image).split(".")[0]

    g = tf.Graph()
    with g.as_default():
        with tf.gfile.FastGFile(args.NumPy_pb,'rb') as f:
            graph_def = tf.GraphDef()
            graph_def.ParseFromString(f.read())
            tf.import_graph_def(graph_def, name='')
        img = cv.imread(args.image)
        X = cv.resize(img, (256, 256))
        with tf.Session(config=config) as sess:
            sess.graph.as_default()
            sess.run(tf.global_variables_initializer())

            # TODO：根据输入名称获得输入的张量
            input_tensor = ________________
            # TODO：获取两个输出节点，作为 NumPy 算子的输入
            out_tmp_tensor_1 = ________________
            out_tmp_tensor_2 = ________________
            # TODO：执行第一次 session run，得到 NumPy 算子的两个输入值，注意此时两个输入的形状不同
            input_x ,input_y =________________
            input_pow = 2 #指数参数，可设为其他值，此处设置为2
            output = power_diff_NumPy(input_x , input_y , input_pow)

            # TODO：根据添加的输入节点名称获得输入张量
            input_tensor_new = ________________
            # TODO：完整推断最终输出的张量
            output_tensor = ________________
            # TODO：执行第二次 session run，输入图片数据以及上一步骤 NumPy 计算的数据
            ret =________________
            #保存结果
            img1 = tf.reshape(ret,[256,256,3])
            img_NumPy = img1.eval(session=sess)
            cv.imwrite('result_new.jpg',img_NumPy)
```

NumPy 计算完缺失的节点信息后，需将计算结果（即上述代码中的 output）作为输入数据传入 pb 模型进行完整计算。

2. 基于 C++ 算子进行模型推断

采用 C++ 算子进行模型推断的实现如代码示例 4.32 所示。加载 pb 模型文件，将输入数据 X 传入输入节点，并且将 input_pow 数据送入模型中的 PowerDifference_z 节点，

然后执行会话完成推断。

代码示例 4.32 采用 C++ 算子的 CPU pb 模型的推理实现

```
# file: transform_cpu.py
def run_ori_power_diff_pb(ori_power_diff_pb, image):
    config = tf.ConfigProto(allow_soft_placement=True,
                inter_op_parallelism_threads=1,
                            intra_op_parallelism_threads=1)
    model_name = os.path.basename(ori_power_diff_pb).split(".")[0]
    image_name = os.path.basename(image).split(".")[0]

    g = tf.Graph()
    with g.as_default():
        with tf.gfile.FastGFile(ori_power_diff_pb,'rb') as f:
            graph_def = tf.GraphDef()
            graph_def.ParseFromString(f.read())
            tf.import_graph_def(graph_def, name='')
        img = cv.imread(image)
        X = cv.resize(img, (256, 256))
        with tf.Session(config=config) as sess:
            # TODO：完成 PowerDifference pb 模型的推断
            _________________

            start_time = time.time()
            ret =sess.run(...)
            end_time = time.time()
            print("C++ inference(CPU) time is: ",end_time-start_time)
            img1 = tf.reshape(ret,[256,256,3])
            img_NumPy = img1.eval(session=sess)
            cv.imwrite(image_name + '_' + model_name + '_cpu.jpg',img_NumPy)
```

由于此时 PowerDifference 已集成到了框架内部，因此对于模型的推断仅需调用一次 Session.run() 即可完成。

4.4.5.6 实验运行

根据 4.4.5.1~4.4.5.5 节的描述补全 cwise_op_power_difference.cc，并将 PowerDifference 算子集成到 TensorFlow 中，然后补全 power_diff_NumPy.py、power_difference_test_cpu.py、transform_cpu.py 等文件，并通过 Python 运行上述文件。

1. 申请环境

申请实验环境并登录云平台，本实验的代码存放在云平台/opt/code_chap_4_student 目录下。

```
# 登录云平台
ssh root@xxx.xxx.xxx.xxx -p xxxxx
```

```
# 进入/opt/code_chap_4_student目录
cd /opt/code_chap_4_student
# 初始化环境
cd env
source env.sh
```

2. 实现代码

补全 power_diff_NumPy.py、cwise_op_power_difference.cc、BUILD、power_difference_test_cpu.py、transform_cpu.py 等文件。

```
# 进入实验目录
cd exp_4_4_custom_tensorflow_op_student
# 修改模型
python pb_to_pbtxt.py models/pb_models/udnie.pb udnie.pbtxt
vim udnie.pbtxt
# C++ 算子模型
python pbtxt_to_pb.py udnie.pbtxt udnie_power_diff.pb
# NumPy 算子模型
python pbtxt_to_pb.py udnie.pbtxt udnie_power_diff_NumPy.pb
# 补全 power_diff_NumPy.py
vim stu_upload/power_diff_NumPy.py
# 补全 cwise_op_power_difference.cc
vim tf-implementation/cwise_op_power_difference.cc
# 算子集成
cp tf-implementation/cwise_op_power_difference.* /opt/code_chap_4_student/env/
    tensorflow-v1.10/tensorflow/core/kernels/
vim /opt/code_chap_4_student/env/tensorflow-v1.10/tensorflow/core/kernels/BUILD
# 编译 TensorFlow
./opt/code_chap_4_student/env/tensorflow-v1.10/build_tensorflow-v1.10_mlu.sh
# 补全 power_difference_test_cpu.py
vim stu_upload/power_difference_test_cpu.py
# 补全 transform_cpu.py
vim stu_upload/transform_cpu.py
```

3. 运行实验

TensorFlow 编译后会生成 whl 安装包，将 whl 文件与修改后的 pb 模型复制到 stu_upload 目录下，执行 main_exp_4_4.py 运行实验。

```
# 将 tensorflow_mlu-1.14.0-cp27-cp27mu-linux_x86_64.whl、 udnie_power_diff.pb 和
    udnie_power_diff_NumPy.pb 复制到 stu_upload 目录下
cp /opt/code_chap_4_student/env/tensorflow-v1.10/virtualenv_mlu/tensorflow_mlu-
    1.14.0-cp27-cp27mu-linux_x86_64.whl stu_upload/
cp udnie_power_diff.pb stu_upload/
# 运行完整实验
python main_exp_4_4.py
```

4.4.6 实验评估

本实验的评估标准设定如下：

- 60 分标准：完成 PowerDifference 的 NumPy 算子和 C++ 算子的编写和注册工作，对于实验平台提供的测试数据可以得到正确的结果。
- 80 分标准：在 60 分基础上，对于实验平台提供的大规模测试数据（多种输入形状）可以得到正确的结果。
- 100 分标准：在 80 分基础上，基于两种算子实现方式可以得到正确的模型推断结果，且 C++ 实现方式性能优于 NumPy 实现方式。

4.4.7 实验思考

1）为何实际应用中很少使用 NumPy 来实现算子的编写？在框架中集成新算子相比于用 NumPy 实现算子来说有什么好处？

2）框架内部核心代码为何使用 C/C++ 语言，为何不使用 Python 等语言？

3）使用 Python 框架接口和使用 C++ 框架接口有何不同？

4）不同深度学习框架之间有何联系与区别？

C H A P T E R 5

第 5 章

智能编程语言实验

智能编程语言是连接智能编程框架和智能计算硬件的桥梁。本章将通过具体实验阐述智能编程语言的开发、优化和集成方法。

具体而言，5.1 节介绍如何使用智能编程语言 BCL 开发用户自定义的算子 PowerDifference，并将其集成到 TensorFlow 框架中，进而将训练好的风格迁移网络模型高效地运行在 DLP 硬件上。5.2 节进一步介绍如何使用智能编程语言进行矩阵乘法性能优化以充分发挥 DLP 硬件潜力。在 5.1 节实验基础上，5.3 节介绍如何使用基于 Python 的智能编程语言 BPL 开发自定义算子 PowerDifference，并将算子集成到 TensorFlow 框架中，进一步提高编程效率。

5.1 智能编程语言算子开发与集成实验（BCL 开发实验）

5.1.1 实验目的

本实验的目的是：掌握使用智能编程语言 BCL 开发自定义算子，扩展高性能库算子，并将算子集成到 TensorFlow 框架中的方法和流程；能够用 BCL 实现 PowerDifference 算子的计算逻辑，使风格迁移网络的推断过程可以高效地运行在 DLP 硬件上。

实验工作量：约 150 行代码，约需 10 小时。

5.1.2 背景介绍

5.1.2.1 BCL 编程流程

智能编程语言采用异构编程。一个完整的程序包括主机端（Host）程序和设备端（Device）程序，并且主机端程序和设备端程序分别在不同的文件中。主机端程序和设备端程序分别使用各自的编译器进行编译，最后链接成一个可执行程序。主机端程序使用 C/C++ 语言进行编写，调用 CNRT 接口执行控制部分和串行任务；设备端程序使用 BCL 特定的语法规则执行计算部分和并行任务。用户可以在主机端输入数据，做一定处理后，通过一个 Kernel 启动函数将相应输入数据传给设备端，设备端进行计算后，再将计算结果拷贝回主机端。

5.1.2.2 编译器（CNCC）

CNCC 编译器将使用智能编程语言（BCL）编写的程序编译成 DLP 底层指令。为了填补高层智能编程语言和底层 DLP 硬件指令间的鸿沟，DLP 的编译器通过寄存器分配、自动软件流水、全局指令调度等技术进行编译优化，以提升生成的二进制代码的性能。

CNCC 的编译过程如图 5.1 所示，开发者使用 BCL 开发出的 DLP 端程序首先通过 CNCC 前端编译为汇编代码，然后汇编代码由 CNAS 汇编器生成 DLP 上运行的二进制机器码。在实际使用中，CNCC 编译器将自动完成上述过程，直接将 BCL 代码编译生成二进制机器码。

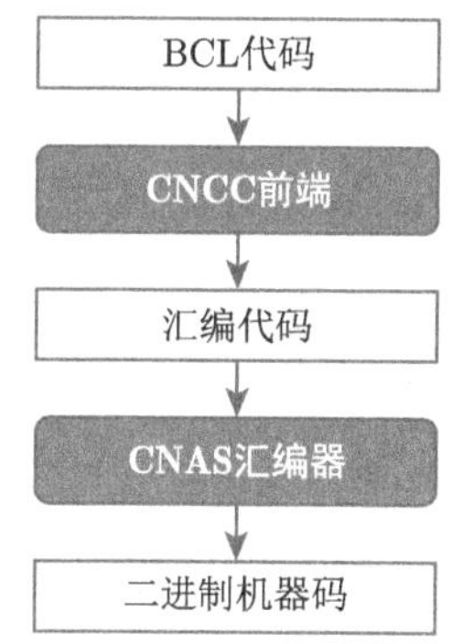

图 5.1 CNCC 的编译过程

在使用 CNCC 编译 BCL 文件时，有多个编译选项供开发者使用，常用选项如表 5.1 所示。

表 5.1 CNCC 常用编译选项

常用选项	说明
-E	编译器只执行预处理步骤，生成预处理文件
-S	编译器只执行预处理、编译步骤，生成汇编文件
-c	编译器只执行预处理、编译、汇编步骤，生成 ELF 格式的二进制文件
-o	将输出写入指定的文件
-x	为输入的文件指定编程语言，如 BCL 等
-g	在编译时产生调试信息
-O	指定编译优化级别，其中-O0 表示不做编译优化
--target=	指定可执行文件的目标主机平台架构，例如 x86_64、armv7a 等
--bang-mlu-arch=	为输入的 BCL 程序指定 DLP 的架构
--bang-stack-on-ldram	栈是否放在 LDRAM 上，默认放在 NRAM 上。如果开启该选项，栈会放在 LDRAM 上
--cnas-path=	指定汇编器的路径

5.1.2.3 调试器（CNGDB）

CNGDB 是面向智能编程语言的调试器，支持搭载 DLP 硬件的异构平台调试，即同时支持主机端 C/C++ 代码和设备端 BCL 代码的调试，并且两种调试过程的切换对于用户而言也是透明的。此外，针对多核 DLP 架构的特点，调试器可以支持单核和多核应用程序的调试。CNGDB 解决了异构编程模型调试的问题，提升了应用程序开发的效率。

如果要使用 CNGDB 进行调试，需要在用 CNCC 编译 BCL 文件时添加-g 选项，并选择-O0 优化级别，如代码示例 5.1 所示，以编译生成含有调试信息的二进制文件。

代码示例 5.1　使用 CNCC 编译生成带调试信息的二进制文件的命令示例

```
cncc kernel.mlu -o kernel.o --bang-mlu-arch=MLU270 -g -O0
```

下面以 BCL 编写的快速排序程序为例, 介绍如何使用 CNGDB 调试程序。快速排序程序的设备端 BCL 代码文件为 recursion.mlu。 图 5.2 展示了使用 CNGDB 调试 recursion.mlu 程序的基本流程，主要包含以下几个步骤：断点插入、程序执行、变量打印、单步调试和多核切换等。

```
#1.在 CNCC 编译时开启 -g 选项，将 recursion.mlu 文件编译为带有调试信息的二进制文件
cncc recursion.mlu -o recursion.o --bang-mlu-arch=MLU270 -g -O0

#2.编译得到可运行的二进制文件
g++ recursion.o main.cpp -o quick_sort -lcnrt -I${DLP_INC} -L${DLP_LIB}

#3.在有DLP板卡的机器上，使用CNGDB打开quick_sort程序
cngdb quick_sort

#4.用 break 命令在第 x 行添加断点
(cn-gdb) b recursion.mlu : x

#5.用 run 命令执行程序至断点处，此时程序执行至 Kernel 函数的第 x 行处 (第 x 行还未执行)
(cn-gdb) r

#6.用 print 命令分别查看第一次调用第 x 行函数时的三个实参
(cn-gdb) p input1
(cn-gdb) p input2
(cn-gdb) p input3

#7(a). 如果使用 continue 命令，程序会从当前断点处继续执行直到结束。如果不希望程序结束，可以继续添加断点
(cn-gdb) c
#7(b). 如果希望进入被调用的某函数内部，可以直接使用 step 命令，达到单步调试的效果
(cn-gdb) s

#8. 可以使用info args命令和info locals命令查看函数参数以及函数局部变量
(cn-gdb) info args

#9.如果需要对不同核进行调试，通过切换焦点获取对应核的控制权
(cngdb) cngdb focus device 0 cluster 0 core 2
```

图 5.2　CNGDB 调试示例

5.1.2.4 集成开发环境（CNStudio）

CNStudio 是一款方便在 Visual Studio Code（VSCode）中开发和调试 BCL 语言程序的编程插件。为了使编写 BCL 语言程序更加方便快捷，CNStudio 基于 VSCode 编译器强大的功能和简便的可视化操作，提供了语法高亮、自动补全和程序调试等功能。

目前 CNStudio 插件只支持 VSCode 1.28.0 及以上版本，且只提供离线安装包，不支持在线安装。安装包的具体下载地址请参考本课程网站（http://novel.ict.ac.cn/aics/）。下载 CNStudio 插件的离线安装包后，按照如图 5.3 所示的安装流程即可完成 CNStudio 插件的安装。

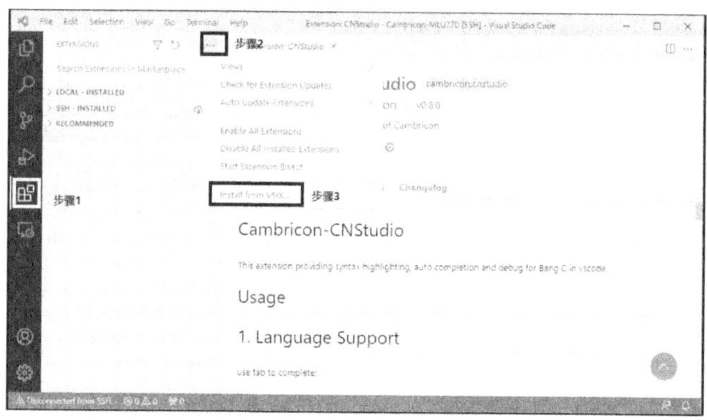

图 5.3 CNStudio 安装流程图

CNStudio 插件安装完毕后，在左侧插件安装界面的搜索框中输入“@installed”即可查询全部插件，若显示如图 5.4 所示的插件则说明 CNStudio 安装成功。如果 CNStudio 的高亮颜色与 VSCode 的背景颜色有冲突，可通过组合快捷键 (Ctrl+k) (Ctrl+t) 更改浅色主题。

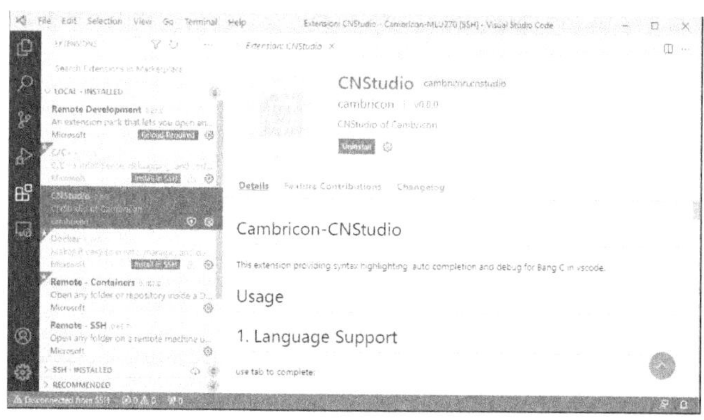

图 5.4 CNStudio 安装完成

在创建工程时（以新建一个 DLP 文件夹为例），每个 project 都包含三种类型的文件：DLP 端使用 BCL 编写的 Kernel 程序源文件 dlp.mlu（设备端程序源文件的后缀名为.mlu，安装 CNStudio 插件后，VSCode 会自动识别.mlu 文件），主机端的 C++ 程序 main.cpp，以及头文件 kernel.h。通过在 VSCode 工具栏中选择 File 选项中的“Save Workspace As ….”，将打开的 DLP 工程保存为 workspace，方便下次直接打开工程文件。

5.1.2.5　BCL PluginOp 算子库（CNPlugin）

CNPlugin 是包含一系列 BCL 自定义算子的高性能计算库。CNPlugin 在 CNML PluginOp 接口的基础上为深度学习框架提供一系列进一步封装的接口，将 BCL 语言编写的 Kernel 封装成算子并与 CNML 的接口调用逻辑统一起来。

如代码示例 5.2 所示，CNML 提供了自定义算子的创建（cnmlCreatePluginOp）、计算（cnmlComputePluginOpForward_V4）和销毁（cnmlDestroyBaseOp）等接口，通过这些接口运行的算子被称为 PluginOp。CNML 通过 PluginOp 相关接口提供了 BCL 自定义算子和 CNML 内置算子⊖协同工作机制。

代码示例 5.2　CNML PluginOp 的主要相关接口

```
CNML_DLL_API cnmlStatus_t cnmlCreatePluginOp(cnmlBaseOp_t *op,
                                             const char *name,
                                             void *kernel,
                                             cnrtKernelParamsBuffer_t params,
                                             cnmlTensor_t *input_tensors,
                                             int input_num,
                                             cnmlTensor_t *output_tensors,
                                             int output_num,
                                             cnmlTensor_t *statics_tensor,
                                             int static_num);

CNML_DLL_API cnmlStatus_t cnmlComputePluginOpForward_V4(cnmlBaseOp_t op,
                                                        cnmlTensor_t input_tensors[],
                                                        void *inputs[],
                                                        int input_num,
                                                        cnmlTensor_t output_tensors[],
                                                        void *outputs[],
                                                        int output_num,
                                                        cnrtQueue_t queue,
                                                        void *extra);
```

CNPlugin 中的每个算子都包含主机端代码（如 plugin_yolov3_detection_output_ op.cc 文件）和设备端 BCL 代码（如 plugin_yolov3_detection_output_kernel_v2.mlu 文件），如

⊖ CNML 内置算子也称为 CNML 的底层算子，如 CNML 中已有的 Conv、MLP 和 Pooling 等算子。

图 5.5 所示。主机端代码主要完成算子参数处理、CNML PluginOp 接口封装和 BCL Kernel 调用等工作。设备端代码包含 BCL 源码，实现主要的计算逻辑。

```
Cambricon-CNPlugin-MLU270
├── build
├── build_aarch64.sh
├── build_cnplugin.sh
├── CMakeLists.txt
├── common
│   ├── include
│   │   ├── cnplugin.h
├── pluginops
│   ├── PluginYolov3DetectionOutputOp
│   │   ├── plugin_yolov3_detection_output_kernel_v2.h
│   │   ├── plugin_yolov3_detection_output_kernel_v2.mlu
│   │   └── plugin_yolov3_detection_output_op.cc
├── README.md
└── samplecode
```

图 5.5 CNPlugin 的主要目录结构示意图

在 CNPlugin 中，如果函数参数不多可以选择直接传参的方式，如果参数比较多则建议使用 OpParam 机制，将参数打包定义为结构体来进行参数传递。一个完整的 OpParam 机制包括结构体定义、创建结构体的函数 `cnml` CreatePluginXXXOpParam 和销毁结构体的函数 cnmlDestroyPluginXXXOpParam。代码示例 5.3 是一个 Addpad 算子的 OpParam 示例。

代码示例 5.3 CNPlugin OpParam 示例

```
struct cnmlPluginAddpadOpParam {
  int batch_size;
  int src_h;
  int src_w;
  int dst_h;
  int dst_w;
  int type_uint8;
  int type_yuv;
};

cnmlStatus_t cnmlCreatePluginAddpadOpParam(cnmlPluginAddpadOpParam_t *param_ptr,
                                           int batch_size,
                                           int src_h,
                                           int src_w,
                                           int dst_h,
                                           int dst_w,
```

```
                                              int type_uint8,
                                              int type_yuv) {
  *param_ptr = new cnmlPluginAddpadOpParam();
  (*param_ptr)->batch_size = batch_size;
  (*param_ptr)->src_h = src_h;
  (*param_ptr)->src_w = src_w;
  (*param_ptr)->dst_h = dst_h;
  (*param_ptr)->dst_w = dst_w;
  (*param_ptr)->type_uint8 = type_uint8;
  (*param_ptr)->type_yuv = type_yuv;
  return CNML_STATUS_SUCCESS;
}

cnmlStatus_t cnmlDestroyPluginAddpadOpParam(cnmlPluginAddpadOpParam_t param) {
  delete param;
  return CNML_STATUS_SUCCESS;
}
```

更多关于智能编程语言的介绍，详见《智能计算系统》教材 [1] 第 8 章。

5.1.3 实验环境

硬件平台：DLP 云平台环境。

软件环境：编程框架 TensorFlow、高性能库 CNML、运行时库 CNRT、智能编程语言及编译器。

5.1.4 实验内容

本实验在 4.4 节中的高性能库算子实验的基础上，进一步用智能编程语言 BCL 来实现自定义算子 PowerDifference 的计算逻辑（Kernel 函数），通过高性能库 PluginOp 接口扩展算子，并将其和高性能库原有算子一起集成到编程框架 TensorFlow 中，然后在扩展后的 TensorFlow 上运行风格迁移模型，最后与 4.4 节的实现进行性能对比。实验流程如图 5.6 所示，主要包括：

1）**BCL 自定义算子的 Kernel 实现**：采用智能编程语言 BCL 实现自定义算子 PowerDifference 的计算逻辑并进行正确性测试。

2）**框架算子集成**：通过高性能库 PluginOp 的接口对 PowerDifference 算子进行封装，使其调用方式和高性能库原有 DLP 算子一致，然后将封装后的 DLP 算子㊀集成到 TensorFlow 框架中并进行测试，保证其精度和功能正确性。

3）**模型在线推断**：通过 TensorFlow 框架的接口，在内部高性能库 CNML 和运行时库 CNRT 的配合下，完成对风格迁移模型的在线推断，并生成离线模型。

㊀ BCL 自定义算子和 CNML 内置算子统称为 DLP 算子。

4）**模型离线推断**：采用运行时库 CNRT 的接口编写应用程序，完成离线推断，并将其结果与上一步的在线推断以及 4.4 节中的模型推断进行性能对比。

图 5.6 中虚线框的部分是需要读者补充完善的实验文件。每一步实验操作需要修改的具体对应文件内容请参考下一小节。

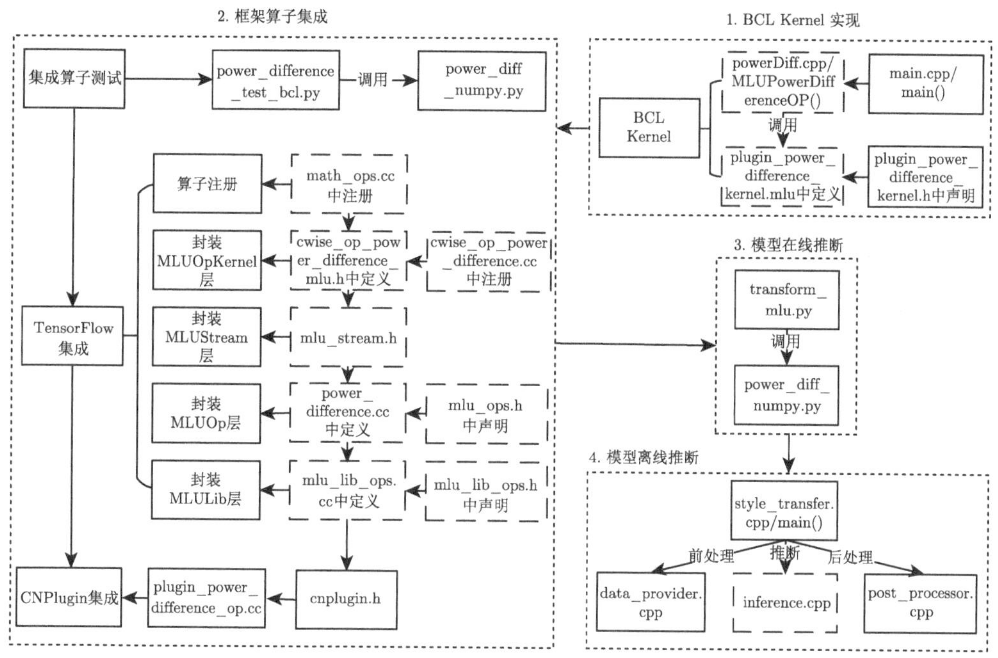

图 5.6 开发与集成 BCL 自定义算子的实验流程

5.1.5 实验步骤

本小节介绍如何实现本实验涉及的各个步骤，包括 BCL 自定义算子的计算逻辑开发、框架集成、在线推断和离线推断等。

5.1.5.1 BCL 自定义算子的 Kernel 实现

用 BCL 实现自定义算子 PowerDifference 的计算逻辑并进行正确性测试。具体实现包括 Kernel 程序编写、运行时程序编写、主程序编写和编译运行等步骤。

1. Kernel 程序编写（plugin_power_difference_kernel.mlu）

使用 BCL 编写 Kernel 程序。该 Kernel 程序有一个标记为 __mlu_entry__ 的 Kernel 函数，在该函数中实现 4.4.2.1 节介绍过的 PowerDifference 算子计算逻辑，如代码示例 5.4 所示。该 Kernel 函数可以被 CNRT 或 CNML 调用。Kernel 函数中调用的 BCL 函数的接口说明详见《BCL 用户手册》⊖。

代码示例 5.4　基于智能编程语言 BCL 的 PowerDifference 实现

```
//file: plugin_power_difference_kernel.mlu
//定义常量
#define ONELINE 256

__mlu_entry__ void PowerDifferenceKernel(half* input1, half* input2, int pow, half* output, int len)
{
  int quotient = len / ONELINE;
  __bang_printf("%d %d\n", pow, len);
  int rem = len % ONELINE;

  //声明NRAM空间
  __nram__ half input1_nram[ONELINE];
  __nram__ half input2_nram[ONELINE];

  if ( rem != 0)
  {
    quotient +=1;
  }
  for (int i = 0; i < quotient; i++)
  {
    //TODO: 内存拷贝，从GDRAM的（input1 + i * ONELINE）位置开始，拷贝ONELINE * sizeof(half)大小的数据到input1_nram空间中
    __memcpy(______________________________);
    __memcpy(______________________________);
    //TODO: 按元素减法操作，将input1_nram和input2_nram的对应元素相减并将结果存储在input1_nram中
    __bang_sub(___________________________);
    //TODO: NRAM中两个数据块的数据拷贝操作
    __memcpy(______________________________);
    for (int j = 0; j < pow - 1; j++)
    {
      //TODO: 按元素乘法操作
      __bang_mul(__________________________);
    }
    //TODO: 内存拷贝，从NRAM中将计算的结果拷贝至GDRAM中
    __memcpy(______________________________);
  }
}
```

在上述实现中，为了充分利用 DLP 硬件的计算能力，使用了向量计算函数来完成 Pow-

⊖ 《BCL 用户手册》可以从课程网站 http://novel.ict.ac.cn/aics/的下载专区下载。

erDifference 的运算。使用向量计算函数必须满足两个前提：第一是调用计算函数时输入和输出数据必须存放在 NRAM 上，因此必须在计算前使用 memcpy 将数据从 GDRAM 拷贝到 NRAM 上，在计算完成后再将结果从 NRAM 拷贝到 GDRAM 上；第二是向量操作的输入规模必须对齐到 64 的整数倍，在该程序中数据对齐到 256。

由于 NRAM 大小的限制，不能一次性将所有数据拷贝到 NRAM 上执行，因此需要对原输入数据进行分块。这里分块的规模在满足 NRAM 大小和函数对齐要求的前提下由用户指定，这里设置为 256（ONELINE）。分块的重点在于余数段的处理。由于通常情况下输入长度不一定是 256 的倍数，因此最后会有一部分长度小于 256、大于 0 的余数段。读者在实现时需注意该部分数据的处理逻辑。

2. 运行时程序编写（powerDiff.cpp）

运行时程序通过利用运行时库 CNRT 的接口调用 BCL Kernel 函数来实现，如代码示例 5.5 所示。首先声明被调用的算子实现函数；然后在 MLUPowerDifferenceOp 中调用一系列 CNRT 接口，包括使用 cnrtKernelParamsBuffer 来设置 PowerDifference Kernel 的输入参数，通过 cnrtInvokeKernel 来调用 BCL Kernel 函数（PowerDifferenceKernel），以及在完成计算后获取输出结果并销毁相应资源。

代码示例 5.5　调用运行时库函数

```
//file: powerDiff.cpp
#include <stdlib.h>
#include "cnrt.h"
#include "cnrt_data.h"
#include "stdio.h"
#ifdef __cplusplus
extern "C" {
#endif
void PowerDifferenceKernel(half* input1, half* input2, int32_t pow, half* output,
    int32_t len);
#ifdef __cplusplus
}
#endif
void PowerDifferenceKernel(half* input1, half* input2, int32_t pow, half* output,
    int32_t len);

int MLUPowerDifferenceOp(float* input1,float* input2, int pow, float*output, int
    dims_a) {
    //初始化
    ...
    if (CNRT_RET_SUCCESS != cnrtMalloc((void**)&mlu_input1, dims_a * sizeof(half))) {
        printf("cnrtMalloc Failed!\n");
        exit(-1);
```

```
    }
    ...
    //TODO: 将两个输入拷贝到设备端
    cnrtMemcpy(____________,CNRT_MEM_TRANS_DIR_HOST2DEV);
    cnrtMemcpy(____________,CNRT_MEM_TRANS_DIR_HOST2DEV);
    //Kernel 参数
    cnrtKernelParamsBuffer_t params;
    cnrtGetKernelParamsBuffer(&params);
    cnrtKernelParamsBufferAddParam(params, &mlu_input1, sizeof(half*));
    ...
    //TODO: 启动Kernel
    cnrtInvokeKernel_V2(_________________________________);
    //TODO: 将计算结果拷回Host
    cnrtMemcpy(____________,CNRT_MEM_TRANS_DIR_DEV2HOST);
    cnrtConvertHalfToFloatArray(________________________);
    //释放内存
    cnrtDestroy();
    ...
    return 0;
}
```

3. 主程序编写（main.cpp）

如代码示例 5.6 所示，主程序首先将文件 in_x.txt 和 in_y.txt 中的数据加载到内存中，然后调用上一步定义的 MLUPowerDifferenceOp 函数对输入数据进行计算，并将结果输出到文件 out.txt 中。主程序会统计计算时间，并计算相对于 CPU 运算结果的错误率。

代码示例 5.6 主程序

```
// file: main.cpp
#include <math.h>
#include <time.h>
#include "stdio.h"
#include <stdlib.h>
#include <sys/time.h>

#define DATA_COUNT 32768
#define POW_COUNT 2
int MLUPowerDifferenceOp(float* input1,float* input2, int pow, float*output, int
    dims_a);

int main() {
  float* input_x = (float*)malloc(DATA_COUNT * sizeof(float));
  float* input_y = (float*)malloc(DATA_COUNT * sizeof(float));
  float* output_data = (float*)malloc(DATA_COUNT * sizeof(float));
  float* output_data_cpu = (float*)malloc(DATA_COUNT * sizeof(float));
  FILE* f_input_x = fopen("./data/in_x.txt", "r");
```

```
  FILE* f_input_y = fopen("./data/in_y.txt", "r");
  FILE* f_output_data = fopen("./data/out.txt", "r");
  struct timeval tpend, tpstart;

  float err = 0.0;
  float cpu_sum = 0.0;
  float time_use = 0.0;

  if (f_input_x == NULL|| f_input_y == NULL || f_output_data == NULL) {
    printf("Open file fail!\n");
    return 0;
  }

  gettimeofday(&tpstart, NULL);
  srand((unsigned)time(NULL));
  for (int i = 0; i < DATA_COUNT; i++) {
    fscanf(f_input_x, "%f\n", &input_x[i]);
    fscanf(f_input_y, "%f\n", &input_y[i]);
    fscanf(f_output_data, "%f\n", &output_data_cpu[i]);
  }
  gettimeofday(&tpend, NULL);
  time_use = 1000000 * (tpend.tv_sec - tpstart.tv_sec)+ tpend.tv_usec - tpstart.tv_usec;
  printf("get data cost time %f ms\n", time_use/1000.0);

  //计算
  gettimeofday(&tpstart, NULL);
  MLUPowerDifferenceOp(input_x,input_y,POW_COUNT,output_data,DATA_COUNT);
  gettimeofday(&tpend, NULL);
  time_use = 1000000 * (tpend.tv_sec - tpstart.tv_sec)+ tpend.tv_usec - tpstart.tv_usec;
  for(int i = 0; i < DATA_COUNT;++i)
  {
     err +=fabs(output_data_cpu[i] - output_data[i]) ;
     cpu_sum +=fabs(output_data_cpu[i]);
  }
  printf("err rate = %0.4f%%\n", err*100.0/cpu_sum);
  return 0;
}
```

4. 编译运行（power_diff_test）

完成上述代码的编写后，需要编译运行该程序。具体的编译命令如下所示：

```
cncc -c --bang-mlu-arch=MLU270 plugin_power_difference_kernel.mlu -o powerdiffkernel.o
g++ -c main.cpp
g++ -c powerDiff.cpp -I/usr/local/neuware/include
```

```
g++ powerdiffkernel.o main.o powerDiff.o -o power_diff_test -L /usr/local/neuware/
    lib64 -lcnrt
```

其中，首先用 CNCC 编译器将算子实现函数编译为 powerdiffkernel.o 文件，然后通过主机端的 g++ 编译器将 powerdiffkernel.o、powerDiff.cpp 和 main.cpp 等文件一起编译链接成最终的可执行程序 power_diff_test。

5.1.5.2 框架算子集成

将 BCL 自定义算子 PowerDifference 的 Kernel 函数集成至 TensorFlow 框架中，包括 PluginOp 接口封装、算子集成和算子测试等步骤。

1. PluginOp 接口封装

在完成自定义算子 PowerDifference 的 Kernel 实现后，可以利用 CNML PluginOp 相关接口封装出方便用户使用的 CNPlugin 接口（包括 PluginOp 的创建、计算和销毁等接口），使用户自定义 PluginOp 和 CNML 内置算子有一致的编程模式和接口。

PluginOp 接口封装主要包括自定义算子的创建接口 Create、计算接口 Compute 的具体实现，如代码示例 5.7 所示。

- 算子创建接口（Create 函数）：通过调用 cnmlCreatePluginOp 传递 BCL Kernel 函数指针、输入和输出变量指针完成算子的创建。创建成功后可以得到 cnmlBaseOp_t 类型的指针。算子的相关参数需要使用 cnrtKernelParamsBuffer_t 的相关数据结构和接口创建。
- 算子计算接口（Compute 函数）：通过调用 cnmlComputePluginOpForward 利用前面创建的 cnmlBaseOp_t 和输入输出变量指针完成计算过程。注意针对单个算子的 Compute 函数主要在非融合模式下使用。

由于 PowerDifference 算子的功能比较简单，因此采用在创建时直接传递参数（例如 power 和 len）的方式。

代码示例 5.7 PluginOp 接口封装

```
//file: plugin_power_difference_op.cc

//算子创建接口: cnmlCreatePluginPowerDifferenceOp
cnmlStatus_t cnmlCreatePluginPowerDifferenceOp(
  cnmlBaseOp_t *op,
  cnmlTensor_t* input_tensors,
  int power,
  cnmlTensor_t* output_tensors,
  int len
) {
  void** InterfacePtr;
```

```
  InterfacePtr = reinterpret_cast<void**>(&PowerDifferenceKernel);
  // 传递参数
  cnrtKernelParamsBuffer_t params;
  cnrtGetKernelParamsBuffer(&params);
  cnrtKernelParamsBufferMarkInput(params);    // input 0
  cnrtKernelParamsBufferMarkInput(params);    // input 1
  cnrtKernelParamsBufferAddParam(params, &power, sizeof(int));
  cnrtKernelParamsBufferMarkOutput(params);   // output 0
  cnrtKernelParamsBufferAddParam(params, &len, sizeof(int));
  cnmlCreatePluginOp(op,
                     "PowerDifference",
                     InterfacePtr,
                     params,
                     input_tensors,
                     2,
                     output_tensors,
                     1,
                     nullptr,
                     0);
  cnrtDestroyKernelParamsBuffer(params);
  return CNML_STATUS_SUCCESS;
}
// 算子计算接口：cnmlComputePluginPowerDifferenceOpForward
cnmlStatus_t cnmlComputePluginPowerDifferenceOpForward(
  cnmlBaseOp_t op,
  void **inputs,
  void **outputs,
  cnrtQueue_t queue
) {
  cnmlComputePluginOpForward_V4(op,
                                nullptr,
                                inputs,
                                2,
                                nullptr,
                                outputs,
                                1,
                                queue,
                                nullptr);
  return CNML_STATUS_SUCCESS;
}
```

2. DLP 算子的框架集成

为了使支持 DLP 硬件的高性能计算库往 TensorFlow 框架中的集成更加模块化，我们对高性能库 CNML 或 CNPlugin 算子进行了多个层次的封装，如图 5.7 所示，自底向上包含以下几个层次。

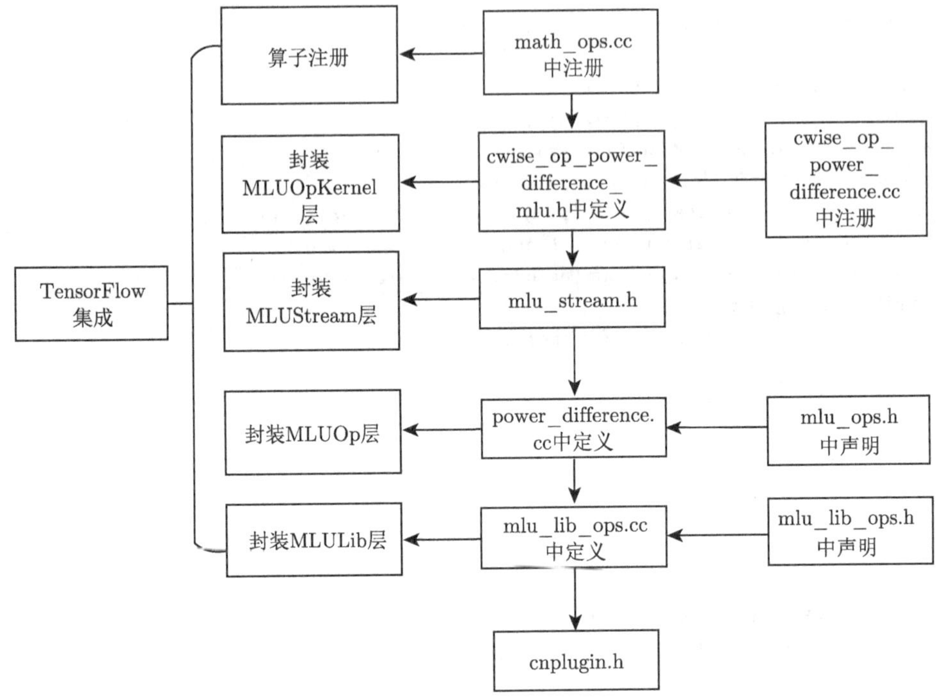

图 5.7　TensorFlow 集成流程图

- 封装 MLULib 层：对 CNML 和 CNPlugin 算子的直接封装，封装结果供 MLUOp 层调用。这一步封装的目的是将高层调用和底层计算库的接口实现有效隔离，避免相互干扰。
- 封装 MLUOp 层：负责 TensorFlow 算子的 DLP 实现，完成对 MLULib 层的调用后实现完整的 TensorFlow 算子供 MLUStream 层调用。可以只调用单独的 MLULib 层算子实现 TensorFlow 算子功能，也可以调用多个 MLULib 层算子拼接为更复杂的 TensorFlow 算子。
- 封装 MLUStream 层：与 MLUOpKernel 类接口关联，负责 MLU 算子的实例化，并与运行时队列结合。
- 封装 MLUOpKernel 层：定义并注册最终运行的算子类 MLUOpKernel，继承 TensorFlow 中的 OpKernel 类，作为与 TensorFlow 算子层的接口。
- 算子注册：注册最终的算子供上层应用调用。

上述五个层次自底向上连接了 TensorFlow 内部的 OpKernel 和 DLP 提供的高性能库及运行时库，因此在 TensorFlow 中集成 DLP 算子需要进行这些层次的封装。

1）封装 MLULib 层

定义 MLULib 层接口主要是将前述已通过 PluginOp 接口封装好的算子创建和计算接口（如 cnmlCreatePluginPowerDifferenceOp 和 cnmlComputePluginPowerDifferenceOpForward）与 TensorFlow 中的 MLULib 层接口进行绑定，实现 MLULib 层的 CreatePowerDifferenceOp 和 ComputePowerDifferenceOp，如代码示例 5.8 所示。

代码示例 5.8 封装 MLULib 层

```
//file:tensorflow/stream_executor/mlu/mlu_api/lib_ops/mlu_lib_ops.h
tensorflow::Status CreatePowerDifferenceOp(MLUBaseOp** op, MLUTensor* input1,
    MLUTensor* input2, int input3, MLUTensor* output, int len);
tensorflow::Status ComputePowerDifferenceOp(MLUBaseOp* op, MLUCnrtQueue* queue, void*
    input1, void* input2, void* output);

//file:tensorflow/stream_executor/mlu/mlu_api/lib_ops/mlu_lib_ops.cc
tensorflow::Status CreatePowerDifferenceOp(MLUBaseOp** op, MLUTensor* input1,
    MLUTensor* input2, int input3, MLUTensor* output, int len) {
  MLUTensor* inputs_ptr[2] = {input1, input2};
  MLUTensor* outputs_ptr[1] = {output};
  CNML_RETURN_STATUS(cnmlCreatePluginPowerDifferenceOp(op, inputs_ptr, input3,
      outputs_ptr, len));
}

tensorflow::Status ComputePowerDifferenceOp(MLUBaseOp* op, MLUCnrtQueue* queue, void*
    input1, void* input2, void* output) {
  void* inputs_ptr[2] = {input1, input2};
  void* outputs_ptr[1] = {output};
  CNML_RETURN_STATUS(cnmlComputePluginPowerDifferenceOpForward(op, inputs_ptr,
      outputs_ptr, queue));
}
```

2）封装 MLUOp 层

定义 MLUOp 层接口主要是在 MLUOp 层实现算子类的 Create 和 Compute 等方法，如代码示例 5.9 所示。其中 CreateMLUOp 和 Compute 等方法将调用在 MLULib 层实现好的 CreatePowerDifferenceOp 和 ComputePowerDifferenceOp 等方法。

代码示例 5.9 封装 MLUOp 层

```
//file:tensorflow/stream_executor/mlu/mlu_api/ops/mlu_ops.h
DECLARE_OP_CLASS(MLUPowerDifference); //添加算子类的申明

//file: tensorflow/stream_executor/mlu/mlu_api/ops/power_difference.cc
Status MLUPowerDifference::CreateMLUOp(std::vector<MLUTensor *> &inputs, std::vector<
    MLUTensor *> &outputs, void *param) {
```

```
  TF_PARAMS_CHECK(inputs.size() > 1, "Missing input");
  TF_PARAMS_CHECK(outputs.size() > 0, "Missing output");
  MLUBaseOp *power_difference_op_ptr = nullptr;
  MLUTensor *input1 = inputs.at(0);
  MLUTensor *input2 = inputs.at(1);
  int power_c = *((int*)param);
  MLUTensor *output = outputs.at(0);

  //TODO: 数据准备
  ________________________________
  ________________________________
  ________________________________
  //TODO: 创建MLUTensor
  TF_STATUS_CHECK(lib::CreateMLUTensor(______________________));
  //TODO: 创建BroadcastOp
  TF_STATUS_CHECK(lib::CreateBroadcastOp(____________________));
  //TODO: 调用MLULib层实现好的CreatePowerDifferenceOp
  TF_STATUS_CHECK(lib::CreatePowerDifferenceOp(______________));
  base_ops_.push_back(power_difference_op_ptr);
  extra_ = static_cast<void*>(op_index);
  return Status::OK();
}

Status MLUPowerDifference::Compute(const std::vector<void *> &inputs, const std::
    vector<void *> &outputs, cnrtQueue_t queue) {
  //TODO: 数据准备
  ________________________________
  ________________________________
  ________________________________
  //TODO: 调用ComputeBroadCastOp
  lib::ComputeBroadCastOp(____________________________________);
  //TODO: 调用MLULib层实现好的ComputePowerDifferenceOp
  TF_STATUS_CHECK(lib::ComputePowerDifferenceOp(______________));
  TF_CNRT_CHECK(cnrtSyncQueue(queue));
  //TODO: 释放内存
  ________________________________
  ________________________________
  ________________________________
  return Status::OK();
}
```

3）封装 MLUStream 层

定义 MLUStream 层接口主要是在 MLUStream 层添加算子类声明，如代码示例 5.10 所示。其与 MLUOpKernel 类接口关联，负责 MLU 算子的实例化。在运行时这层代码会自动将算子与运行时队列进行绑定并下发执行。

代码示例 5.10 封装 MLUStream 层

```
// file: tensorflow/stream_executor/mlu/mlu_stream.h
  Status PowerDifference(OpKernelContext* ctx,
      Tensor* input1, Tensor* input2, Tensor* output, int input3) {
    return CommonOpImpl<ops::MLUPowerDifference>(ctx,
        {input1, input2}, {output}, static_cast<void*>(&input3));
  }
```

4）封装 MLUOpKernel 层

定义 MLUOpKernel 层接口主要是在 MLUOpKernel 层定义 MLUPowerDifferenceOp，在其中通过 stream 机制调用 MLUStream 层具体的 PowerDifference 函数，如代码示例 5.11 所示。

代码示例 5.11 封装 MLUOpKernel 层

```
// file: tensorflow/core/kernels/cwise_op_power_difference_mlu.h
class MLUPowerDifferenceOp : public MLUOpKernel {
 public:
  explicit MLUPowerDifferenceOp(OpKernelConstruction* ctx) :
          MLUOpKernel(ctx) {}
  void ComputeOnMLU(OpKernelContext* ctx) override {
    //TODO: 输入数据处理与条件判断
    ________________________________
    ________________________________
    ________________________________
    //TODO: 通过stream调用PowerDifference接口
    OP_REQUIRES_OK(ctx, stream->PowerDifference(________));
```

完成 MLUPowerDifferenceOp 的定义之后，需要进一步注册 DLP 算子 Kernel。参考 4.4 节中注册的 CPU 算子，在 tensorflow/core/kernels/cwise_op_power_difference.cc 文件中添加如代码示例 5.12 所示的 DLP 算子 OpKernel 的注册信息（REGISTER_KERNEL_BUILDER）。

5）算子注册

PowerDifference DLP 算子会与 CPU 算子共享 tensorflow/core/ops/math_ops.cc 中的算子注册方法（代码示例 4.25 所示的 REGISTER_OP），这样用户可以使用相同的 Python API（power_difference）调用自定义算子，在编程上无须感知底层硬件的差异。

需要说明的是，TensorFlow 规定在注册算子时必须使用“驼峰命名法（CamelCase）”，即每个单词的首字母都采用大写，例如“PowerDifference”。在算子编译之后 TensorFlow 会自动为每个算子生成 Python API。此时 Python API 的函数命名方法会自动转换为“蛇形命名法（snake_case）”，即每个单词都采用小写字母并用下划线分割单词，例如“power_difference”。

代码示例 5.12　算子注册

```
// file: tensorflow/core/kernels/cwise_op_power_difference.cc
#define REGISTER_MLU(T)                          \
  REGISTER_KERNEL_BUILDER(                       \
      Name("PowerDifference")                    \
          .Device(Device_MLU)                    \
          .TypeConstraint<T>("T"),               \
      MLUPowerDifferenceOp<T>);
TF_CALL_MLU_FLOAT_TYPES(REGISTER_MLU);
```

3. 算子测试

新增的自定义算子 PowerDifference 集成到 TensorFlow 框架之后，用户需要使用 Bazel 重新编译 TensorFlow，然后即可使用 Python 侧的 API 对新集成的算子进行功能测试。由于面向用户的 API 是一致的，用户在测试时需要通过环境变量来配置该算子的实现是调用 CPU 版本还是调用 DLP 版本。完整的 BCL 自定义算子的 Python 测试代码如代码示例 5.13 所示。

代码示例 5.13　采用 Python API 对集成的自定义算子进行测试

```
#file:power_difference_test_bcl.py
import numpy as np
import os
import time
#使用以下环境变量控制自定义算子的执行方式
os.environ['MLU_VISIBLE_DEVICES']="0"
os.environ['TF_CPP_MIN_MLU_LOG_LEVEL']="1"
import tensorflow as tf
np.set_printoptions(suppress=True)

def power_difference_op(input_x,input_y,input_pow):
    with tf.Session() as sess:
        x = tf.placeholder(tf.float32, name='x')
        y = tf.placeholder(tf.float32, name='y')
        pow_ = tf.placeholder(tf.float32, name='pow')
        z = tf.power_difference(x,y,pow_)
        return sess.run(z, feed_dict = {x: input_x, y: input_y, pow_: input_pow})

def main():
    start = time.time()
    input_x = np.loadtxt("./data/in_x.txt",delimiter=',')
    input_y = np.loadtxt("./data/in_y.txt")
    input_pow = np.loadtxt("./data/in_z.txt")
    output = np.loadtxt("./data/out.txt")
    end = time.time()
    print("load data cost "+ str((end-start)*1000) + "ms" )
```

```
        start = time.time()
        res = power_difference_op(input_x, input_y, input_pow)
        end = time.time()
        print("comput op cost "+ str((end-start)*1000) + "ms" )
        err = sum(abs(res - output))/sum(output)
        print("err rate= "+ str(err*100))

if __name__ == '__main__':
    main()
```

5.1.5.3 模型在线推断

对于完整的实时风格迁移模型推断，在框架层集成了 DLP 算子后，在创建 TensorFlow 的计算图时，TensorFlow 会自动将这些算子分配到 DLP 上计算，无须使用者显式指定。具体而言，只需在 4.4 节的实验基础上使用新编译的 TensorFlow 重复执行一次即可。实验测试表明，集成了 DLP 上的自定义算子 PowerDifference 后，整个实时风格迁移模型的推断可以完整地运行在 DLP 上，且运行速度显著快于纯 CPU 版本（4.2 节）和部分 CNML 版本（4.4 节）。

5.1.5.4 模型离线推断

通过前一小节的在线推断，可以得到所有算子都在 DLP 硬件上运行的实时风格迁移离线模型。在实际场景中，为了尽可能提高部署的效率，通常会选择离线部署的方式。离线与在线的区别在于离线方式脱离了 TensorFlow 编程框架和高性能库 CNML，仅与运行时库 CNRT 相关，减少了不必要的开销，提升了执行效率。

在编写离线推断工程时，DLP 目前仅支持 C++ 语言。与在线推断相似，离线推断主要包括输入数据预处理、离线推断及后处理。

1. main 函数

main 函数主要用于串联整体流程，如代码示例 5.14 所示。

代码示例 5.14 DLP 离线部署的 main 函数

```
//file: src/style_transfer.cpp
#include "style_transfer.h"
#include <math.h>
#include <time.h>
#include "stdio.h"
#include <stdlib.h>
#include <sys/time.h>

int main(int argc, char** argv){
    // 解析参数
    std::string file_list = "/path/to/images/" + std::string(argv[1]) + ".jpg";
```

```
    std::string offline_model = "/path/to/models/offline_models/" + std::string(argv
        [2]) + ".cambricon";

    //创建数据
    DataTransfer* DataT =(DataTransfer*) new DataTransfer();
    DataT->image_name = argv[1];
    DataT->model_name = argv[2];
    //处理图像
    DataProvider *image = new DataProvider(file_list);
    image->run(DataT);

    //运行推断
    Inference *infer = new Inference(offline_model);
    infer->run(DataT);

    //图像后处理
    PostProcessor *post_process = new PostProcessor();
    post_process->run(DataT);

    delete DataT;
    DataT = NULL;
    delete image;
    image = NULL;
    delete infer;
    infer = NULL;
    delete post_process;
    post_process = NULL;
}
```

2. 数据预处理

常见的数据预处理包括减均值、除方差、图像大小调整（Resize）、图像数据类型转换（例如 float 和 int 的转换）、RGB 转 BGR 等，如代码示例 5.15 所示。具体做哪些预处理，需要根据原神经网络模型的要求来决定。以 Resize 操作为例，可以调用 OpenCV 中的 resize 函数 cv::resize(sample, sample_resized, cv::Size(256,256))，该函数参数分别对应于输入、输出和 Resize 的目标大小等。

代码示例 5.15　DLP 离线部署的数据预处理

```
//file: src/data_provider.cpp
#include "data_provider.h"

namespace StyleTransfer{
DataProvider :: DataProvider(std::string file_list_){
    ...
```

```
    set_mean();
}
void DataProvider :: set_mean(){
    float mean_value[3] = {
        0.0,
        0.0,
        0.0,
    };
    cv::Mat mean(256, 256, CV_32FC3, cv::Scalar(mean_value[0], mean_value[1], mean_value[2]));
    mean_ = mean;
}
bool DataProvider :: get_image_file(){
    image_list.push_back(file_list);
    return true;
}
cv::Mat DataProvider :: convert_color_space(std::string file_path){
    cv::Mat sample;
    cv::Mat img = cv::imread(file_path , -1);
    ...
    return sample;
}
cv::Mat DataProvider :: resize_image(const cv::Mat& source){
    cv::Mat sample_resized;
    cv::Mat sample;
    ...
    return sample_resized;
}
cv::Mat DataProvider :: convert_float(cv::Mat img){
    cv::Mat float_img;
    ...
    return float_img;
}
cv::Mat DataProvider :: subtract_mean(cv::Mat float_image) {...}
void DataProvider :: split_image(DataTransfer* DataT) {...}
DataProvider :: ~DataProvider(){}

void DataProvider :: run(DataTransfer* DataT){
    for(int i = 0; i < batch_size; i++){
        get_image_file();
        std::string img_path= image_list[i];
        cv::Mat img_colored = convert_color_space(img_path);
        cv::Mat img_resized = resize_image(img_colored);
        cv::Mat img_floated = convert_float(img_resized);
        DataT->image_processed.push_back(img_floated);
    }
    split_image(DataT);
```

```
}
}
```

3. CNRT 离线推断

离线推断部分主要使用 CNRT API 运行离线模型，如代码示例 5.16 所示，主要包括以下步骤：

1）载入磁盘上的离线模型文件并抽取出其中的 CNRT Function（CNRT 的数据对象）。一个离线模型文件中可以存储多个 Function，但是多数情况下离线模型文件中只有一个 Function，这取决于离线模型生成时框架层的设置。由于本实验中所有算子都可以在 DLP 上运行，因此经过 CNML 算子间融合处理之后只有一个 Function。

2）准备主机端与设备端的输入输出存储空间和数据。由于 DLP 的异构计算特性，需要在主机端准备好数据后再将其拷贝到设备端，因此在此之前要先分别在设备端和主机端分配相应的内存空间。此时需要注意的是数据类型（例如 int 或 float）和存储格式（例如 NCHW 或 NHWC）在主机端和设备端之间可能会不同，所以在做数据拷贝前可能要做数据转换。

3）设置 DLP 的运行时上下文，绑定设备，将计算任务下发到队列等。

4）将计算结果拷贝回主机端并进行相应的数据转换。

5）释放所有相关资源。

代码示例 5.16 DLP 离线部署的推断

```
//file: src/inference.cpp
#include "inference.h"
#include "cnrt.h"
...
namespace StyleTransfer{
Inference :: Inference(std::string offline_model){
    offline_model_ = offline_model;
}
void Inference :: run(DataTransfer* DataT){
    // TODO: 1) 加载模型，抽取CNRT Function
    ______________________________
    ______________________________
    // TODO: 2) 准备主机端与DLP端的输入输出存储空间和数据
    ______________________________
    ______________________________
    // TODO: 3) 设置运行时上下文ctx，绑定设备，将计算任务下发到任务队列
    ______________________________
    ______________________________
    // TODO: 4) 将计算结果从DLP拷贝回主机端
    ______________________________
```

```
    ________________________________
    // TODO: 5) 释放主机端和DLP端的内存等资源
    ________________________________
    ________________________________
}
} // namespace StyleTransfer
```

4. 后处理

后处理部分将计算结果保存成 jpg 格式的图片，如代码示例 5.17 所示。

代码示例 5.17 DLP 离线部署的后处理

```
//file: src/post_processor.cpp
#include "post_processor.h"

namespace StyleTransfer{

PostProcessor :: PostProcessor(){
    std::cout << "PostProcessor constructor" << std::endl;
}

void PostProcessor :: save_image(DataTransfer* DataT){

    std::vector<cv::Mat> mRGB(3);
    for(int i = 0; i < 3; i++){
        cv::Mat img(256, 256, CV_32FC1, DataT->output_data + 256 * 256 * i);
        mRGB[i] = img;
    }
    cv::Mat im(256, 256, CV_8UC3);
    cv::merge(mRGB,im);

    std::string file_name = DataT->image_name + std::string("_") + DataT->model_name +
        ".jpg";
    cv::imwrite(file_name, im);
    std::cout << "style transfer result file: " << file_name << std::endl;
}

PostProcessor :: ~PostProcessor(){
    std::cout << "PostProcessor destructor" << std::endl;
}

void PostProcessor :: run(DataTransfer* DataT){
    save_image(DataT);
}

} // namespace StyleTransfer
```

5. TensorFlow 框架编译

本实验使用 CMake 工具来管理整个项目的编译，具体代码在 CMakeLists.txt 中，如代码示例 5.18 所示。

代码示例 5.18 DLP 离线部署代码编译的 CMakeLists.txt 示例

```
// file: CMakeLists.txt
cmake_minimum_required(VERSION 2.8)
project(style_transfer)

set(CMAKE_BUILD_TYPE "Debug")
set(CMAKE_CXX_FLAGS_DEBUG "-std=c++11 -g -Wall ${CMAKE_CXX_FLAGS_DEBUG}")
set(CMAKE_EXE_LINKER_FLAGS "-lpthread -fPIC ${CMAKE_EXE_LINKER_FLAGS}")

find_package(OpenCV REQUIRED COMPONENTS core imgproc highgui)
include_directories(${OPENCV_INCLUDE_DIR})
include_directories($ENV{NEUWARE}/include/)
include_directories(${CMAKE_CURRENT_SOURCE_DIR}/include)

#link_directories(${CMAKE_CURRENT_SOURCE_DIR}/lib)
link_directories($ENV{X86_LIB_PATH})
link_directories($ENV{NEUWARE}/lib64/)
link_libraries("libcnrt.so")
set(EXECUTABLE_OUTPUT_PATH ${CMAKE_CURRENT_SOURCE_DIR}/bin)

add_executable(style_transfer src/style_transfer.cpp
               src/data_provider.cpp
               src/inference.cpp
               src/post_processor.cpp)

target_link_libraries(style_transfer ${OpenCV_LIBS})
```

5.1.6 实验评估

本实验主要关注 BCL 自定义算子的实现与验证、与框架的集成以及完整的模型推断。模型推断的性能和精度应同时作为主要参考指标。因此，本实验的评估标准设定如下：

- 60 分标准：完成 PowerDifference BCL Kernel 函数的实现以及基于 CNRT 的测试，在测试数据上的精度误差在 1% 以内，延时在 100 ms 以内。
- 80 分标准：在 60 分基础上，完成 BCL Kernel 函数与 TensorFlow 框架的集成，在设备端测试大规模数据时，精度误差在 10% 以内，平均延时在 150 ms 以内。
- 90 分标准：在 80 分基础上，在 DLP 上实现实时风格迁移在线推断，比照 CPU 的运行结果，输出同样效果的风格迁移图片，保存相应的离线模型。

- 100 分标准：在 90 分基础上，完成 DLP 离线推断程序的编写，执行离线推断时比照 CPU 的运行结果，输出同样效果的风格迁移图片。

5.1.7 实验思考

1）有哪些方法可以提升 PowerDifference 算子的性能？

2）融合方式为何可以提升性能？

3）离线方式为何可以提升性能？

4）如何更好地利用 DLP 的多核架构来提升性能？

5.2 智能编程语言性能优化实验

5.2.1 实验目的

本实验的目的是掌握使用智能编程语言优化算法性能的原理，掌握智能编程语言的调试和调优方法，能够使用智能编程语言在 DLP 上加速矩阵乘的计算。

实验工作量：约 70 行代码，约需 6 小时。

5.2.2 背景介绍

5.2.2.1 智能编程模型

如前所述，智能计算系统的层次化抽象 [1] 如图 1.3 所示，包含服务器级（Server）、板卡级（Card）、芯片级（Chip）、处理器簇级（Cluster）和处理器核级（Core）。在服务器级，每个服务器系统包含若干个 CPU 构成的控制单元、本地 DDR 存储单元，以及通过 PCIe 总线互连的若干个 DLP 板卡构成的计算单元。在板卡级，每块 DLP 板卡包含全局内存（Global DRAM，GDRAM）、作为计算和控制单元的处理器芯片。在芯片级，每个处理器芯片包含多个多处理器（Cluster）。在处理器簇级，每个 Cluster 包含 4 个计算核以及共享的片上存储（SRAM）。每个计算核中包含处理单元（NFU）、神经元存储（NRAM）和权重存储（WRAM）等。

从服务器级到处理器核级，存储单元的数据访问延迟和存储单元的空间大小依次递减，数据访问带宽依次递增。在编程实现时，如果需要将数据从 GDRAM 拷贝到 SRAM，只需调用智能编程语言中的 memcpy 函数，同时指定拷贝方向为 GDRAM2SRAM。

在编程时可以在程序中指定运行一次任务所需调用的计算资源数量。特别地，我们称一次执行只调用一个 Core 的任务为 BLOCK 任务，一次执行只调用一个 Cluster 的任务为 UNION1 任务，调用两个或四个 Cluster 的任务分别为 UNION2 和 UNION4 任务。

关于智能编程模型更详细的介绍，请参考《智能计算系统》第 8 章。

5.2.2.2 DLP 并行编程

智能编程语言提供了与 Kernel 函数内部任务切分相关的内置变量 [1]，方便开发者有效利用 DLP 资源。

1. Core 变量

- **coreDim（核维数）**表示一个 Cluster 包含的 Core 个数，例如 MLU270 上该变量等于 4。
- **coreId（核序号）**表示每个 Core 在 Cluster 内的逻辑 ID，例如 MLU270 上该变量的取值范围为 [0, 3]。

2. Cluster 变量

- **clusterDim（簇维数）**表示启动 Kernel 时指定的 UNION 类型任务调用的 Cluster 个数，例如 UNION4 时该变量等于 4。
- **clusterId（簇序号）**表示取值小于 clusterDim 的某个 Cluster 的逻辑 ID，例如 UNION4 时其取值范围是 [0, 3]。

3. Task 变量

- **taskDimX/taskDimY/taskDimZ** 分别表示 1 个任务在 $X/Y/Z$ 方向上的任务规模，其值等于主机端所指定的任务规模。
- **taskDim（任务维数）**表示用户指定的任务总规模，taskDim = taskDimX× taskDimY× taskDimZ。
- **taskIdX/taskIdY/taskIdZ** 分别表示程序运行时所分配的逻辑规模在 $X/Y/Z$ 方向上的任务 ID。
- **taskId（任务序号）**表示程序运行时所分配的任务 ID，其值为对逻辑规模降维后的任务 ID，taskId = taskIdZ×taskDimY×taskDimX + taskIdY×taskDimX + taskIdX。

表 5.2 是一个实际的内置变量取值示例。当程序调用 8 个计算核（UNION2）时，每个核上的并行变量取值如表 5.2 所示。这里 {taskDimX, taskDimY, taskDimZ} 被设为 $\{8, 1, 1\}$。

表 5.2　DLP 并行内置变量取值示例

taskId	taskIdX	taskIdY	taskIdZ	clusterDim	coreDim	coreId	clusterId	taskDimX	taskDimY	taskDimZ	taskDim
0	0	0	0	2	4	0	0	8	1	1	8
1	1	0	0	2	4	1	0	8	1	1	8
2	2	0	0	2	4	2	0	8	1	1	8
3	3	0	0	2	4	3	0	8	1	1	8
4	4	0	0	2	4	0	1	8	1	1	8
5	5	0	0	2	4	1	1	8	1	1	8
6	6	0	0	2	4	2	1	8	1	1	8
7	7	0	0	2	4	3	1	8	1	1	8

5.2.2.3 Notifier 接口

本实验不涉及深度学习框架集成等系统开发内容，侧重使用智能编程语言进行程序优化。为了详细地统计程序在 DLP 上的运行时间，可以使用 Notifier（通知）接口。

Notifier 是一种轻量级任务，不像计算任务那样占用计算资源，而是通过驱动从硬件读取一些运行参数 [1]，只占用很少的执行时间（几乎可以忽略不计）。Notifier 可以像计算任务一样放入 Queue（队列）中执行，在队列中均遵循 FIFO（先进先出）调度原则。可以使用 Notifier 来统计 Kernel 计算任务的硬件执行时间。代码示例 5.19 是使用 Notifier 机制统计 ROIPoolingKernel 的执行时间的示例。

代码示例 5.19 Notifier 机制的使用示例

```
cnrtNotifier_t notifier_start, notifier_end;
cnrtCreateNotifier(&notifier_start);
cnrtCreateNotifier(&notifier_end);
cnrtPlaceNotifier(notifier_start, pQueue);
ret = cnrtInvokeKernel_V3(reinterpret_cast<void *>(&ROIPoolingKernel),init_param, dim,
    params, c, pQueue, NULL);
cnrtPlaceNotifier(notifier_end, pQueue);
ret = cnrtSyncQueue(pQueue);
cnrtNotifierElapsedTime(notifier_start, notifier_end, &timeTotal);
printf("Hardware Total Time: %.3f ms\n", timeTotal / 1000.0);
```

5.2.3 实验环境

硬件平台：DLP 云平台环境。

软件环境：智能编程语言及编译器、高性能库 CNML 和运行时库 CNRT。

5.2.4 实验内容

本实验是使用 BCL 在 DLP 上实现矩阵乘法计算并进行性能优化。为简化处理，本实验只处理特定规模的矩阵乘法。

在 DLP 上实现矩阵乘法计算，需要编写主机端的 C/C++ 代码和设备端的 BCL 代码，如图 5.8 所示。主机端和设备端的代码分别使用 g++ 与 CNCC 编译器进行编译，最后链接成一个可执行程序。其中，主机端调用 CNRT 接口来执行控制或串行任务，设备端执行计算或并行任务。主机端接收输入数据，对其做一定处理后，通过一个 Kernel 启动函数将处理过的数据拷贝到设备端，设备端完成计算后，再将计算结果拷贝回主机端。

本实验使用的 DLP 云平台的每个计算核的 NRAM 大小为 512 KB，每个 Cluster 对应的 SRAM 大小为 2 MB。设备端的代码可以直接使用标量操作来实现，但不能充分利用 DLP 上的计算资源，因此处理速度很低。为了提高 DLP 上矩阵乘法性能，可以从以下方面入手：

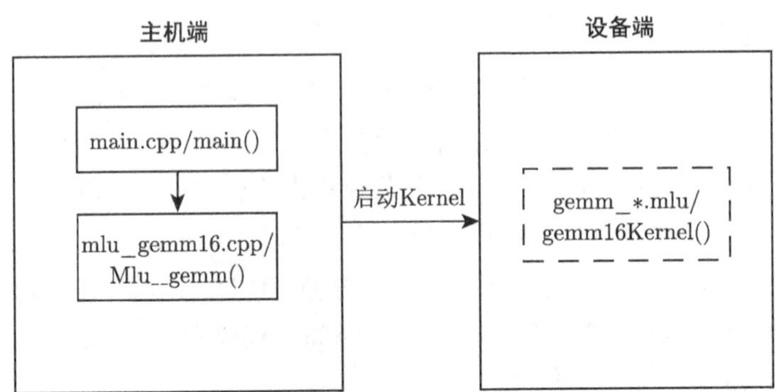

图 5.8　DLP 上矩阵乘法计算流程

1）单核向量化：在单个计算核上使用 __bang_conv 向量操作函数实现高效矩阵乘运算，同时利用 DLP 计算核的多个存储单元（包括 NRAM 和 WRAM 等）实现高效数据访问。

2）多核并行化：在单核向量化的基础上，利用 DLP 的多核架构实现任务并行。

3）基于 SRAM 的数据访问优化：在多核并行化的基础上，为了避免同一 Cluster 中的 4 个计算核抢占 GDRAM 的读带宽，将 GDRAM 上的数据先拷贝到 Cluster 的共享存储 SRAM，再分发到计算核内的 NRAM。

4）访存和计算流水优化：在基于 SRAM 的数据访问优化的基础上，通过乒乓操作对核外访存（GDRAM 到 SRAM 的拷贝）与核内访存及计算做流水处理，隐藏核外访存开销。

本实验需要完成图 5.8中的主机端和设备端的程序。结合上述优化技术，本实验包括以下实验步骤：

1）主机端程序实现。

2）设备端程序的标量操作实现。

3）在上一步基础上，实现设备端程序的单核向量化。

4）在上一步基础上，实现设备端程序的多核并行化。

5）在上一步基础上，实现设备端程序基于 SRAM 的数据访问优化。

6）在上一步基础上，实现设备端程序的访存和计算的流水优化。

5.2.5　实验步骤

5.2.5.1　主机端程序

实现 $M\times K$ 矩阵与 $K\times N$ 矩阵的乘法运算，主机端代码包括 main.cpp 和 mlu_gemm-16.cpp。其中，main.cpp 接收用户输入的矩阵规模参数 M、K、N，然后对这两个矩阵进行随机赋值。mlu_gemm16.cpp 如代码示例 5.20 所示，调用 CNRT 接口依次进行如下操作：对设备端的 GDRAM 存储空间进行分配，将输入矩阵及规模参数传入设备端，调用设备端的矩阵乘计算核函数做矩阵运算，将运算结果拷贝回主机端，打印矩阵乘法在 DLP 硬件上的执行时间。

在优化过程中，主机端的代码基本不变，我们重点关注设备端代码的优化过程。

代码示例 5.20 矩阵乘主机端代码示例

```
// file: mlu_gemm16.cpp
#include <float.h>
#include <math.h>
#include <memory.h>
#include <stdio.h>
#include <stdlib.h>
#include <sys/time.h>
#include <vector>
#include "cnrt.h"
#include "gemm16Kernel.h"

#define PAD_UP(x, m) ((x + m - 1) / m * m)
#define MP_SELECT 16
#define MP1 ((MP_SELECT & 1))
#define MP4 ((MP_SELECT & 4))
#define MP8 ((MP_SELECT & 8))
#define MP16 ((MP_SELECT & 16))
#define MP32 ((MP_SELECT & 32))
int Mlu_gemm(int8_t *A, int8_t *B, float *C, int32_t M, int32_t N, int32_t K,
    int16_t pos1, int16_t pos2, float scale1, float scale2,float &return_time) {
  struct timeval start;
  struct timeval end;
  float time_use;
  int N_align = N;
  cnrtRet_t ret;
  gettimeofday(&start, NULL);

  cnrtQueue_t pQueue;
  CNRT_CHECK(cnrtCreateQueue(&pQueue));

  cnrtDim3_t dim;
  cnrtFunctionType_t func_type = CNRT_FUNC_TYPE_BLOCK;    // CNRT_FUNC_TYPE_BLOCK=1
  dim.x = 1;
  dim.y = 1;
  dim.z = 1;

  if (MP1) {
    dim.x = 1;
```

```
    func_type = CNRT_FUNC_TYPE_BLOCK;
  } else if (MP4) {
    dim.x = 4;
    func_type = CNRT_FUNC_TYPE_UNION1;
    //printf("UNION1!\n");
  } else if (MP8) {
    dim.x = 8;
    func_type = CNRT_FUNC_TYPE_UNION2;
  } else if (MP16) {
    dim.x = 16;
    func_type = CNRT_FUNC_TYPE_UNION4;
    //printf("16\n");
  } else if (MP32) {
    dim.x = 32;
    func_type = CNRT_FUNC_TYPE_UNION8;
  } else {
    printf("MP select is wrong! val = %d, use default setting ,mp=1\n",
           MP_SELECT);
     return -1;
  }

  gettimeofday(&end, NULL);
  time_use =
      ((end.tv_sec - start.tv_sec) * 1000000 + (end.tv_usec - start.tv_usec)) /
      1000.0;
  //printf("cnrt init time use %f ms\n", time_use);

  float *h_f32b = (float *)malloc(K * sizeof(float));
  half *h_c = (half *)malloc(M * N_align * sizeof(half));

  half *d_c = NULL;
  int8_t *d_a = NULL;
  int8_t *d_w = NULL;
  int16_t pos = pos1 + pos2;

  gettimeofday(&start, NULL);

  // 分配存储空间
  CNRT_CHECK(cnrtMalloc((void **)&d_c, sizeof(half) * M * N_align));
  CNRT_CHECK(cnrtMalloc((void **)&d_a, sizeof(int8_t) * M * K));
  CNRT_CHECK(cnrtMalloc((void **)&d_w, sizeof(int8_t) * K * N_align));

  // 将矩阵A和B的内容赋值给新分配的空间
  CNRT_CHECK(cnrtMemcpy(d_a, A, sizeof(int8_t) * M * K, CNRT_MEM_TRANS_DIR_HOST2DEV));
  CNRT_CHECK(cnrtMemcpy(d_w, B, sizeof(int8_t) * K * N_align,
         CNRT_MEM_TRANS_DIR_HOST2DEV));

```

```
    gettimeofday(&end, NULL);
    time_use =
        ((end.tv_sec - start.tv_sec) * 1000000 + (end.tv_usec - start.tv_usec)) /
        1000.0;
    //printf("malloc &copyin time use %f ms\n", time_use);

    cnrtKernelParamsBuffer_t params;
    CNRT_CHECK(cnrtGetKernelParamsBuffer(&params));        // 为cnrtInvokeKernel_V2 或 cnrtInvokeKernel_V3获取一个参数buffer
    CNRT_CHECK(cnrtKernelParamsBufferAddParam(params, &d_c, sizeof(half *)));   // 增加一个参数到特定的参数buffer
    CNRT_CHECK(cnrtKernelParamsBufferAddParam(params, &d_a, sizeof(int8_t *)));
    CNRT_CHECK(cnrtKernelParamsBufferAddParam(params, &d_w, sizeof(int8_t *)));
    CNRT_CHECK(cnrtKernelParamsBufferAddParam(params, &M, sizeof(uint32_t)));
    CNRT_CHECK(cnrtKernelParamsBufferAddParam(params, &K, sizeof(uint32_t)));
    CNRT_CHECK(cnrtKernelParamsBufferAddParam(params, &N_align, sizeof(uint32_t)));
    CNRT_CHECK(cnrtKernelParamsBufferAddParam(params, &pos, sizeof(uint16_t)));

    cnrtKernelInitParam_t init_param;
    CNRT_CHECK(cnrtCreateKernelInitParam(&init_param));
    CNRT_CHECK(cnrtInitKernelMemory((const void *)gemm16Kernel, init_param));

    cnrtNotifier_t notifier_start;    // 指向notifier结构体的指针
    cnrtNotifier_t notifier_end;
    CNRT_CHECK(cnrtCreateNotifier(&notifier_start));
    CNRT_CHECK(cnrtCreateNotifier(&notifier_end));
    float timeTotal = 0.0;

    //printf("start invoke  : \n");
    gettimeofday(&start, NULL);

    CNRT_CHECK(cnrtPlaceNotifier(notifier_start, pQueue));    // 将一个notifier放到指定队列中
    // 调用一个给定参数的BCL Kernel
    CNRT_CHECK(
        cnrtInvokeKernel_V3((void *)&gemm16Kernel, init_param, dim, params, func_type, pQueue, NULL));
    CNRT_CHECK(cnrtPlaceNotifier(notifier_end, pQueue));        // 将一个notifier放到指定队列中

    CNRT_CHECK(cnrtSyncQueue(pQueue));    // 同步队列中任务，等待所有任务执行完成
    gettimeofday(&end, NULL);
    time_use = ((end.tv_sec - start.tv_sec) * 1000000 + (end.tv_usec - start.tv_usec)) / 1000.0;
//  //printf("invoke  time use %f ms\n", time_use);
// 获取notifer_start 和 notifer_end间的时长
    CNRT_CHECK(cnrtNotifierDuration(notifier_start, notifier_end, &timeTotal));
```

```
  return_time = timeTotal / 1000.0;
  //printf("hardware total Time: %.3f ms\n", return_time);
  gettimeofday(&start, NULL);

  CNRT_CHECK(cnrtMemcpy(h_c, d_c, sizeof(half) * M * N_align,
                        CNRT_MEM_TRANS_DIR_DEV2HOST));
  for (int j = 0; j < M; j++) {
    for (int i = 0; i < N; i++) {
      CNRT_CHECK(cnrtConvertHalfToFloat(&C[j * N + i], h_c[j * N_align + i]));
      C[j * N + i] = C[j * N + i]/(scale1 * scale2);
    }
  }
  gettimeofday(&end, NULL);
  time_use =
      ((end.tv_sec - start.tv_sec) * 1000000 + (end.tv_usec - start.tv_usec)) /
      1000.0;
  //printf("copyout &convert time use %f ms\n", time_use);

  // 释放相关资源
  CNRT_CHECK(cnrtFree(d_c));
  CNRT_CHECK(cnrtFree(d_a));
  CNRT_CHECK(cnrtFree(d_w));

  CNRT_CHECK(cnrtDestroyQueue(pQueue));
  CNRT_CHECK(cnrtDestroyKernelParamsBuffer(params));
  CNRT_CHECK(cnrtDestroyNotifier(&notifier_start));
  CNRT_CHECK(cnrtDestroyNotifier(&notifier_end));
  free(h_f32b);
  free(h_c);
  return 0;
}
```

5.2.5.2 标量操作实现

标量操作实现将 GDRAM 中的矩阵数据拷贝到 NRAM 中，然后循环访问 NRAM 数据执行标量操作，如代码示例 5.21 所示。每个 DLP 计算核都有自己的 NRAM，虽然相对于 GDRAM，NRAM 空间较小，但是其具有更高的读写带宽和更低的访问延迟。因此，该步骤中将输入的两个矩阵全部从 GDRAM 拷入 NRAM 中，在 NRAM 中进行计算，然后再将结果拷贝回 GDRAM。由于 NRAM 空间有限，当输入矩阵规模过大时，需要多次读写 NRAM。假设两个输入矩阵的规模均为 256×256，数据可以全部拷入 NRAM 中，然后可以直接做矩阵乘法计算。为简单起见，本示例仅考虑了矩阵可以全部存放在 NRAM 中的情况，读者可以考虑当输入矩阵规模过大时如何实现。

代码示例 5.21　用标量操作实现矩阵乘法的示例代码

```
//file: gemm_GDRAM.mlu
#include "mlu.h"
__mlu_entry__ void gemm16Kernel(half *outputDDR, half *input1DDR, half *input2DDR,
                                uint32_t m, uint32_t k, uint32_t n) {
    half ret;
    __nram__ half input1NRAM[256*256];
    __nram__ half input2NRAM[256*256];
    __nram__ half outputNRAM[256*256];
    __memcpy(input1NRAM, input1DDR, m * k * sizeof(half), GDRAM2NRAM);  //从GDRAM拷入NRAM
    __memcpy(input2NRAM, input2DDR, k * n * sizeof(half), GDRAM2NRAM);

    for (uint32_t i = 0; i < m; i++) {
        for (uint32_t j = 0; j < n; j++) {
            ret = 0;
            for (uint32_t t = 0; t < k; t++) {
                ret += input1NRAM[i*k+t] * input2NRAM[t*n+j];
            }
            outputNRAM[i*n+j] = ret;
        }
    }
    __memcpy(outputDDR, outputNRAM, m * n * sizeof(half), NRAM2GDRAM);  //将计算结果拷回GDRAM
}
```

5.2.5.3　单核向量化实现

为了发挥 DLP 的硬件向量化优势，本小节使用 BCL 的向量计算指令来完成矩阵乘法计算。

假设矩阵乘法计算的规模如图 5.9 所示，其中矩阵 $\boldsymbol{A}$ 的规模为 256×256，矩阵 $\boldsymbol{B}$ 的规模为 $256\times N$。考虑到 DLP 上的对齐限制，这里的 N 为 256 的整数倍，如 327 680。针对该问题，可以将输入矩阵 $\boldsymbol{A}$ 和 $\boldsymbol{B}$ 分别存放在 DLP 计算核的两个存储单元 NRAM 与 WRAM 中，然后使用 DLP 的卷积指令做矩阵乘法计算。当输入矩阵 $\boldsymbol{B}$ 的规模较大时，需要将其分批次（$N/256$ 次）拷贝，每次拷贝 256×256 大小的子矩阵。具体的切分方向如图 5.9 中不同颜色所示。此外，实验平台上的 DLP 的每个计算核上有 64 个卷积计算单元，因此需要将读入的矩阵 $\boldsymbol{B}$ 的子矩阵以 64 列为一组间隔摆放，最后拷贝到 WRAM 中。具体的间隔方法为将数据按照顺序均匀切分为 64 组，首先依次摆放每组的第一列数据，然后依次摆放每组的第二列数据，依此类推。在具体实现上，可以使用带有步长（stride）的拷贝函数完成任务。

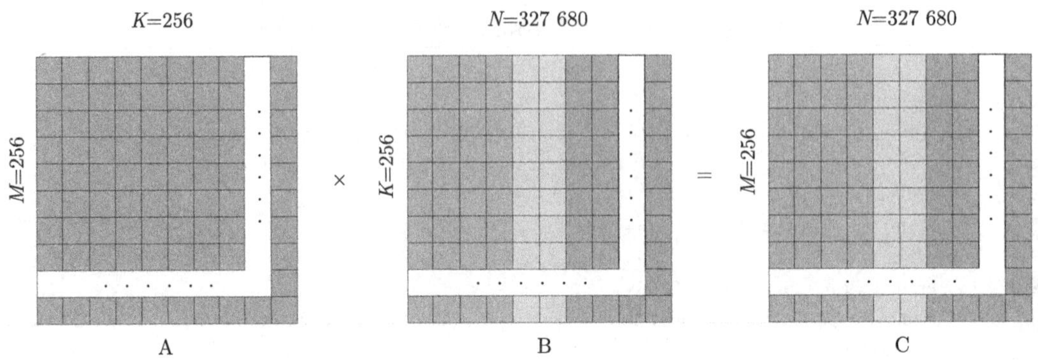

图 5.9 矩阵乘法规模示例。图中不同颜色表示对数据切分的示意。在计算过程中每次计算一个切块的数据

设备端的具体实现如代码示例 5.22 所示。首先将输入矩阵 $\boldsymbol{A}$ 一次性从 GDRAM 拷贝到 NRAM 中，然后循环 all_round = $N/256$ 次。在每次循环中，先从 GDRAM 拷贝输入矩阵 $\boldsymbol{B}$ 中 256×256 大小的子矩阵到 NRAM 中，随后对 NRAM 中的数据分 total_times = 256/64 次使用 __memcpy 指令做对齐处理。每次循环分别处理 64 组数据中每一组的某一列数据；其次将处理后的数据从 NRAM 中拷入 WRAM 中；然后使用 __bang_conv 对 NRAM 和 WRAM 中的数据做计算；最后将计算结果拷贝回 GDRAM。

代码示例 5.22 矩阵乘法的单核向量化实现

```
// file: gemm_CONV.mlu
#include "mlu.h"
#define ROUND 256
__mlu_entry__ void gemm16Kernel(half *outputDDR, int8_t *input1DDR, int8_t *input2DDR,
                                uint32_t m, uint32_t k, uint32_t n, int16_t pos) {
    __nram__ int8_t input1NRAM[256*256];
    __nram__ int8_t input2NRAM[256*256];
    __nram__ int8_t input2NRAM_tmp[256*256];
    __wram__ int8_t input2WRAM[256*256];
    __nram__ half outputNRAM[256*256];
    __memcpy(input1NRAM, input1DDR, m * k * sizeof(int8_t), GDRAM2NRAM);  //将矩阵A从GDRAM一次性拷入NRAM

    int all_round = n / ROUND;
    int32_t dst_stride = (ROUND * k / 64) * sizeof(int8_t);
    int32_t src_stride = k * sizeof(int8_t);
    int32_t size = k * sizeof(int8_t);
    int32_t total_times = ROUND / 64;
    //__bang_printf("taskDim=%d,clusterId=%d,coreId=%d\n",taskDim,clusterId,coreId);
```

```
    for(int i = 0; i < all_round; i++) {
        //TODO: 将矩阵B的子矩阵拷入NRAM中
        __memcpy(________________________________________);
        for (int j = 0; j < total_times; j++) {
            //TODO: 将数据摆放成__bang_conv可以使用的格式
            __memcpy(input2NRAM + j * k, input2NRAM_tmp + j * 64 * k,
                                    size,NRAM2NRAM, dst_stride, src_stride, 64);
        }
        //TODO: 将NRAM中矩阵B的数据拷贝到WRAM中
        __memcpy(________________________________________);
        __bang_conv(outputNRAM, input1NRAM, input2WRAM, k, m, 1, 1, 1, 1, 1, ROUND,
            pos);
        for (int j = 0; j < m; j++) {
            //TODO: 将每轮计算结果进行拼接, 拷贝到GDRAM中
            __memcpy(________________________________________);
        }
    }
}
```

5.2.5.4 多核并行化实现

上述步骤中只调用了 DLP 的一个计算核进行计算，考虑到所使用的 DLP 有 16 个计算核，可以进一步使用 16 个计算核来并行运算。其基本思想是根据输入矩阵的规模，将输入矩阵拆分成多份并将每份分配给不同的计算核进行计算，最后再对计算结果进行合并。通过将原本由一个计算核承担的计算任务分配给 16 个计算核，可以大大提升计算速度。

本实验仍对 N 做分块处理，以 256 作为分块单位。具体实现如代码示例 5.23 所示。每个计算核每次从 GDRAM 中拷贝数据的时候，都根据自己的 coreId 来确定目标数据的 GDRAM 地址，并且只将自己负责的数据块拷入 NRAM。其他处理与单核向量化一致。

代码示例 5.23 矩阵乘法的多核并行化实现

```
// file: gemm_PARALL.mlu
#include "mlu.h"
#define ROUND 256
__mlu_entry__ void gemm16Kernel(half *outputDDR, int8_t *input1DDR, int8_t *input2DDR,
    uint32_t m, uint32_t k, uint32_t n, int16_t pos) {
    __nram__ int8_t input1NRAM[256*256];
    __nram__ int8_t input2NRAM[256*256];
    __nram__ int8_t input2NRAM_tmp[256*256];
    __wram__ int8_t input2WRAM[256*256];
    __nram__ half outputNRAM[256*256];
    __memcpy(input1NRAM, input1DDR, m * k * sizeof(int8_t), GDRAM2NRAM); //将矩阵A从
        GDRAM一次性拷入NRAM

```

```
    int all_round = n / ( taskDim * ROUND);     //因为使用16个核同时运算，所以每个核循
        环的次数相应减少
    int32_t dst_stride = (ROUND * k / 64) * sizeof(int8_t);
    int32_t src_stride = k * sizeof(int8_t);
    int32_t size = k * sizeof(int8_t);
    int32_t total_times = ROUND / 64;

    //__bang_printf("taskDim=%d,taskId=%d\n",taskDim, taskId);
    for(int i = 0; i < all_round; i++) {
        //TODO：将当前核所需的矩阵B的数据从GDRAM拷贝到NRAM
        __memcpy(________________________________);

        for (int j = 0; j < total_times; j++) {
            __memcpy(input2NRAM + j * k, input2NRAM_tmp + j * 64 * k,
                     size, NRAM2NRAM, dst_stride, src_stride, 64);
        }
        //TODO：将NRAM中矩阵B的数据拷贝到WRAM
        __memcpy(________________________________);
        //TODO：计算
        __bang_conv(______________________________);
        for (int j = 0; j < m; j++) {
            //TODO：将计算结果从NRAM拷贝到GDRAM，需要注意每个核的位置不同
            __memcpy(____________________________);
        }
    }
}
```

5.2.5.5　基于 SRAM 的数据访问优化实现

多核并行化实现中使用了 4 个 Cluster 的 16 个计算核进行并行计算，而相同 Cluster 上的 4 个计算核在从 GDRAM 中拷贝数据到各自的 NRAM 时，会争抢 GDRAM 到 Cluster 的带宽，导致数据读取速度降低。由于每个 Cluster 有一个共享的 SRAM，我们可以将输入矩阵 $\boldsymbol{B}$ 先从 GDRAM 拷贝到 SRAM，再从 SRAM 分发到 NRAM 中，如图 5.10 所示。通过该方式可以避免 GDRAM 到 Cluster 的带宽竞争问题。此外由于 SRAM 访问速度高于 GDRAM，从 SRAM 中反复读取数据做乘累加可以有效降低访问延迟，提高数据提取速度。

基于 SRAM 的矩阵乘法的实现如代码示例 5.24 所示。其数据访问和计算时序如图 5.11 所示。相对于上一步骤的多核并行化实现，本实现打破了各个计算核之间在时序上的独立性，因此需要在每次将数据从 GDRAM 拷贝到 SRAM 之后，从 SRAM 拷贝到 NRAM 之前，执行同步操作（即 BCL 内置的 __sync_cluster() 函数），来保证时序上的数据一致性。

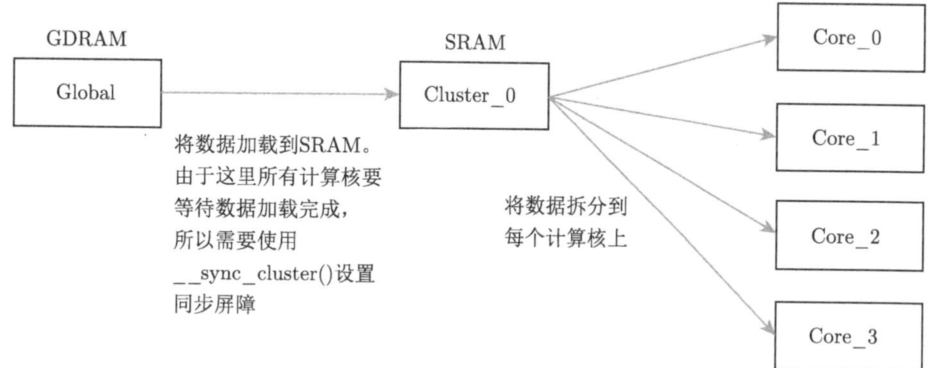

图 5.10 SRAM 的数据同步

代码示例 5.24 基于 SRAM 的数据访问优化实现

```
// file: gemm_SRAM.mlu
#include "mlu.h"
#define ROUND 256
__mlu_entry__ void gemm16Kernel(half *outputDDR, int8_t *input1DDR, int8_t *input2DDR,
    uint32_t m, uint32_t k, uint32_t n, int16_t pos) {
    __nram__ int8_t input1NRAM[256*256];
    __nram__ int8_t input2NRAM[256*256];
    __nram__ int8_t input2NRAM_tmp[256*256];
    __wram__ int8_t input2WRAM[256*256];
    __nram__ half outputNRAM[256*256];
    __memcpy(input1NRAM, input1DDR, m * k * sizeof(int8_t), GDRAM2NRAM);  //将矩阵A从GDRAM一次性拷入NRAM
    int all_round = n / (taskDim * ROUND);  //因为使用16个核同时运算，所以每个核循环的次数相应减少
    int32_t dst_stride = (ROUND * k / 64) * sizeof(int8_t);
    int32_t src_stride = k * sizeof(int8_t);
    int32_t size = k * sizeof(int8_t);
    int32_t total_times = ROUND / 64;
    __mlu_shared__ int8_t input2SRAM[256*1024];
    //_bang_printf("taskDim=%d,clusterId=%d,coreId=%d\n",taskDim,clusterId,coreId);
    for(int i = 0; i < all_round; i++)
    {
        //TODO: 将矩阵B从GDRAM拷入SRAM
        __memcpy(________________________);
        __sync_cluster();  //设置同步屏障
        //TODO: 将矩阵B数据从SRAM拷入NRAM
        __memcpy(________________________);

        // 数据按使用格式摆放
        for (int j = 0; j < total_times; j++) {
            __memcpy(input2NRAM + j * k, input2NRAM_tmp + j * 64 * k,
```

```
                                          size , NRAM2NRAM, dst_stride , src_stride , 64);
        }
        //TODO: 将矩阵B数据从NRAM拷入WRAM
        __memcpy(__________________________);
        //TODO: 计算
        __bang_conv(_______________________);
        //TODO: 将计算结果从NRAM拷贝到GDRAM, 需要注意每个核的位置不同
        for (int j = 0; j < m; j++) {
            __memcpy(______________________);
        }
        __sync_cluster();    //设置同步屏障
    }
}
```

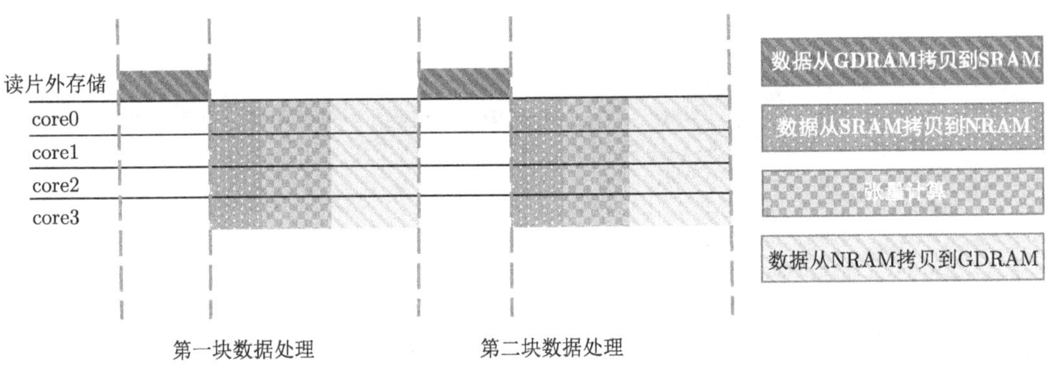

图 5.11 基于 SRAM 的矩阵乘法实现的数据访问及计算时序

5.2.5.6 访存和计算流水优化实现

从图 5.11 可以看出，从 GDRAM 到 SRAM 的数据拷贝时间较长，且该拷贝操作与 Cluster 内的计算核的数据拷贝和计算是串行的，因此 DLP 的利用率不高。针对该问题，可以将 GDRAM 到 SRAM 的数据访问与 4 个计算核做流水处理，从而隐藏 GDRAM 到 SRAM 的拷贝时间。

具体而言，将 SRAM 划分出 2 个区域（$S1$、$S2$），轮流存放 GDRAM 中的数据，即“乒乓操作”，如图 5.12 所示。当 GDRAM 往区域 $S1$ 拷贝完数据之后，计算核开始处理 $S1$ 中的数据，同时 GDRAM 开始往区域 $S2$ 拷贝数据；当计算核完成 SRAM 区域 $S1$ 中的数据处理之后，且 GDRAM 往区域 $S2$ 拷贝完数据之后，计算核开始处理 $S2$ 中的数据，同时 GDRAM 开始往区域 $S1$ 拷贝数据。通过上述操作，可以隐藏 GDRAM 到 SRAM 的访问延时。

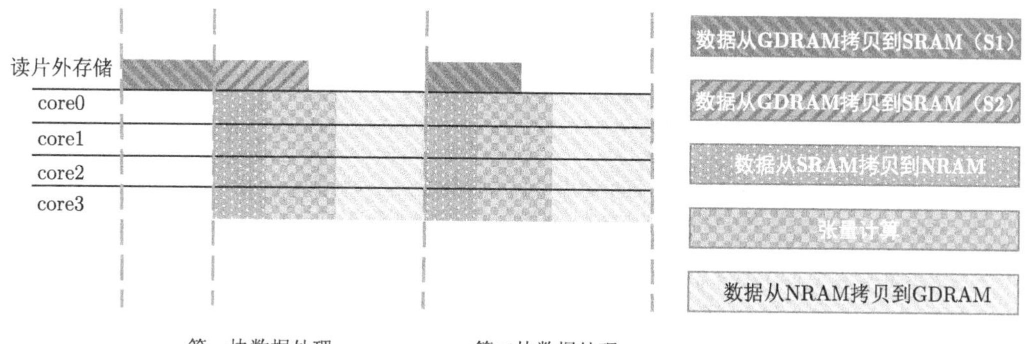

图 5.12　访存和计算流水

设备端对矩阵乘法的访存和计算流水优化实现如代码示例 5.25 所示。其中，我们设置了 SRAM 上的两个变量 input2SRAM1、input2SRAM2。初始时，SRAM 核从 GDRAM 中拷贝数据到 input2SRAM1，当数据拷贝完成后，4 个计算核开始工作，它们从 input2SRAM1 拷入自己需要的数据进行计算。在计算核工作的同时，SRAM 核不会停止工作，它会将下一次需要计算的数据从 GDRAM 拷入 input2SRAM2，供 4 个计算核在下一次使用，从而减少了计算核下一次的等待时间。使用 input2SRAM1 和 input2SRAM2 进行交替读写，直至所有数据计算完成。

代码示例 5.25　访存和计算流水优化的实现

```
// file: gemm_PIPELINE.mlu
#include "mlu.h"
#define ROUND 256
__mlu_entry__ void gemm16Kernel(half *outputDDR, int8_t *input1DDR, int8_t *input2DDR,
    uint32_t m, uint32_t k, uint32_t n, int16_t pos) {
    __nram__ int8_t input1NRAM[256*256];
    __nram__ int8_t input2NRAM[256*256];
    __nram__ int8_t input2NRAM_tmp[256*256];
    __wram__ int8_t input2WRAM[256*256];
    __nram__ half outputNRAM[256*256];
    __memcpy(input1NRAM, input1DDR, m * k * sizeof(int8_t), GDRAM2NRAM); //将矩阵A从GDRAM一次性拷入NRAM
    int all_round = n / ( taskDim * ROUND);    //因为使用16个核同时运算，所以每个核循环的次数相应减少
    int32_t dst_stride = (ROUND * k / 64) * sizeof(int8_t);
    int32_t src_stride = k * sizeof(int8_t);
    int32_t size = k * sizeof(int8_t);
    int32_t total_times = ROUND / 64;
    __mlu_shared__ int8_t input2SRAM1[256*1024];
```

```
    __mlu_shared__ int8_t input2SRAM2[256*1024];
    __mlu_shared__ int8_t * input2SRAM_read;
    __mlu_shared__ int8_t * input2SRAM_write;
    input2SRAM_write=input2SRAM1;
    // 将矩阵B从GDRAM拷入SRAM
    __memcpy(input2SRAM_write, input2DDR + ROUND * (clusterId * 4) * k,
             k * ROUND * 4 * sizeof(int8_t), GDRAM2SRAM);
    __sync_cluster();   //设置同步屏障
    //_bang_printf("taskDim=%d,clusterId=%d,coreId=%d\n",taskDim,clusterId,coreId);
    for(int i = 0; i < all_round-1; i++)
    {
        if (i % 2 == 0)
        {
            input2SRAM_read=input2SRAM1;
            input2SRAM_write=input2SRAM2;
        } else
        {
            input2SRAM_read=input2SRAM2;
            input2SRAM_write=input2SRAM1;
        }
        //TODO: 将矩阵B从GDRAM拷入SRAM
        __memcpy(____________________________________);
        //TODO: 将矩阵B数据从SRAM拷入NRAM
        __memcpy(____________________________________);

        // 将数据按对应的格式摆放
        for (int j = 0; j < total_times; j++) {
            __memcpy(input2NRAM + j * k, input2NRAM_tmp + j * 64 * k,
                                    size, NRAM2NRAM, dst_stride, src_stride, 64);
        }
        //TODO: 将矩阵B数据从NRAM拷入WRAM
        __memcpy(input2WRAM, input2NRAM, ROUND*k*sizeof(int8_t), NRAM2WRAM);
        //TODO: 计算
        __bang_conv(________________________________);
        //TODO: NRAM2GDRAM
        for (int j = 0; j < m; j++) { //向GDRAM回写的时候也要注意每个核的位置不同
            __memcpy(________________________________);
        }
        __sync_cluster();   //设置同步屏障
    }
    __memcpy(__________________________________________);

    // TODO: 将数据按对应的格式摆放
    for (int j = 0; j < total_times; j++) {
        __memcpy(________________________________);
    }
    // TODO: 将数据从NRAM拷贝到WRAM
```

```
    __memcpy(______________________________________);
    //TODO: 计算
    __bang_conv(___________________________________);
    //TODO: 将计算结果从NRAM拷贝到GDRAM, 需要注意每个核的位置不同
    for (int j = 0; j < m; j++) {
        __memcpy(__________________________________);
    }
}
```

5.2.6　实验评估

本实验设定的评估标准如下：

- 60 分标准：在 $M = 256$、$K = 256$、$N = 327\,680$ 的情况下，DLP 计算结果相对于 CPU 计算结果的误差在 10% 以内。
- 80 分标准：在 $M = 256$、$K = 256$、$N = 327\,680$ 的情况下，DLP 计算结果相对于 CPU 计算结果的误差在 1% 以内。
- 90 分标准：在 $M = 256$、$K = 256$、$N = 327\,680$ 的情况下，DLP 计算结果相对于 CPU 计算结果的误差在 0.1% 以内，耗时小于 20 ms。
- 100 分标准：在 $M = 256$、$K = 256$、$N = 327\,680$ 的情况下，DLP 计算结果相对于 CPU 计算结果的误差在 0.06% 以内，耗时小于 15 ms。

5.2.7　实验思考

1）__bang_conv 指令为什么对数据摆放有特殊要求？

2）在代码示例 5.24 中，执行了两次同步操作。这是为什么？

3）上述程序还有哪些瓶颈？有什么方法可以验证？

4）访存和计算流水的设计是否还有其他方案？是否有可能从整个软硬件系统的角度进一步提升性能？

5）如果输入数据长度不是 256 的整数倍，应该如何修改程序？

5.3　智能编程语言算子开发实验（BPL 开发实验）

5.3.1　实验目的

本实验的目的是：掌握使用基于 Python 的智能编程语言 BPL 进行算子开发，扩展高性能库算子，并将算子集成到 TensorFlow 框架中的方法和流程；能够用 BPL 实现自定义算子 PowerDifference，使风格迁移网络的推断过程可以高效地运行在 DLP 硬件上，能够简化算子开发流程，提升开发效率。

实验工作量：约 100 行代码，约需 10 小时。

5.3.2 背景介绍

本小节重点介绍基于 Python 的智能编程语言 BPL，包括 BPL 的简介、编程模型及开发调试等。

5.3.2.1 BPL 简介

智能编程语言 BCL（BANG C Language）是一种类 C/C++ 的编程语言，学习成本较高。为了降低用户学习成本，方便用户快速上手智能计算系统的开发，我们在 BCL 的基础上设计了基于 Python 的智能编程语言 BPL（BANG Python Language），用于神经网络算子开发与网络搭建。BPL 为 DLP 硬件上的算子开发提供便捷的软件接口，相比于 BCL 的 C++ 编程模式更加快速简单。

BPL 具有许多优点，例如：面向向量编程，代码可读性高；输出形式广泛，便于二次开发；编程语法简单，用户易于上手；具有运行时支持，方便算子开发验证等。BPL 提供了一系列的 Python API，方便用户操控 DLP 硬件的运行。BPL 在这些接口中添加了大量的数据类型与数据对齐检查，为用户提供编程指导与建议，提高用户的开发效率。相比于 BCL，用户在使用 BPL 时不需要考虑语言的语法特性，只需要专注于内存的操作与计算信息的描述，极大降低了开发难度。并且，BPL 特有的运行时（runtime）模块可以自动生成 DLP 硬件的主机端代码，用户可以快速地进行算子开发调试。与 BCL 相比，BPL 的平均开发代码量减少了约 40%，用户开发效率可以得到极大提高。

BPL 的软件栈结构如图 5.13 所示，开发者使用 BPL 接口描述的算子实现，经过编译优化之后，可以生成可执行模块（Python 文件中的变量）。可执行模块（module）可以保存为主机端的动态链接库文件（以 .so 为后缀的文件）和设备端的 BCL 代码（以 .mlu 为后缀的文件）。可以根据用户具体需求对得到的 BCL 代码进行二次开发，并将其集成到 BCL 算子库（CNPlugin）中或使其直接在 DLP 系统上运行。BPL 生成的可执行模块（module）可以结合 BPL 的运行时支持直接运行，以验证算子的正确性。

5.3.2.2 BPL 编程模型

BPL 是面向张量编程的，其提供一系列用于算子开发的 API，这些 API 被称为张量计算原语（Tensor Compute Primitive），简称 TCP。

张量是神经网络中的基本数据单元，在数学上表示为多维数组。TCP 扩展了张量的概念，将一维数组（向量）、二维数组（矩阵）也称为张量。在 TCP 中，一个张量由它的形状（shape）、数值类型（dtype）、名称（name）和地址空间（scope）确定。可以用以下方式定义一个张量：

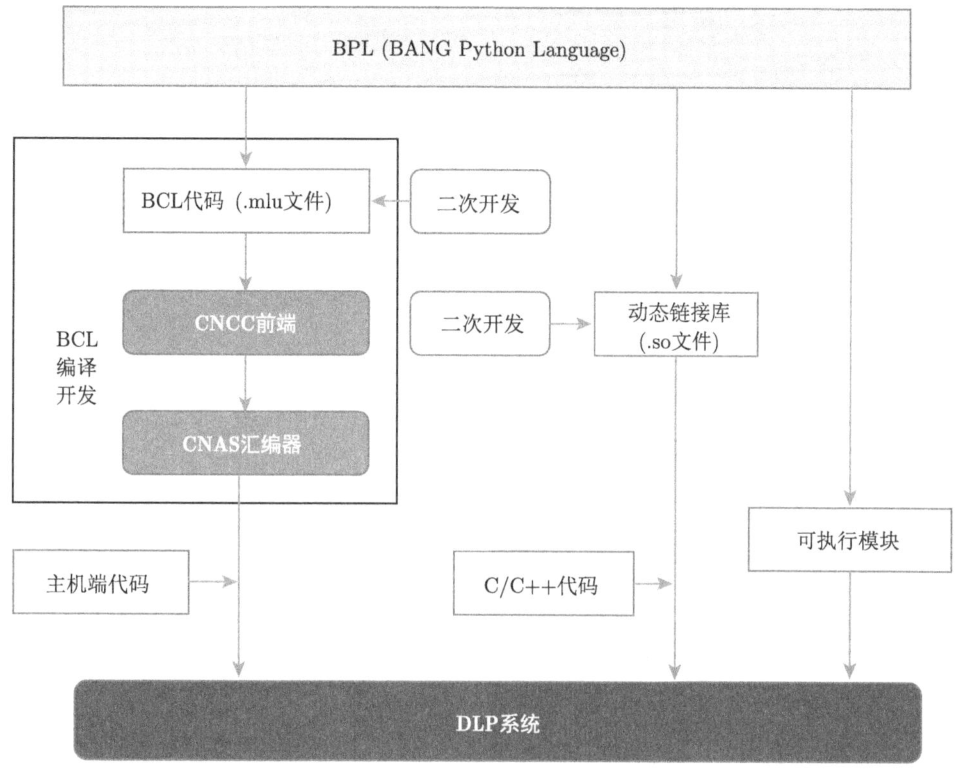

图 5.13 BPL 软件栈示意图

```
tensor=TCP.Tensor(shape, dtype, name, scope)
```

除了张量，标量也同样是神经网络的一种数据单元。在 TCP 中，标量表示为一个单独的数值。它对应的是存储在芯片寄存器里的数值。在 TCP 中，一个标量由它的数据类型（dtype）、名称（name）和初始值（value）确定，可以用以下方式定义一个标量：

```
scalar=TCP.Scalar(dtype, name, value)
```

使用 TCP 开发算子的大致流程如图 5.14 所示。用户需要首先创建 TCP 容器，接着在 TCP 容器中使用 TCP 接口描述计算，主要包括张量定义、张量搬运、张量计算、并行编程以及条件和循环控制等。完成计算描述后，用户通过编译接口生成可执行模块，该可执行模块可以保存成主机端的动态库文件和设备端的 BCL 代码。用户可以选择将输入、初始化的输出数据传入可执行模块中运行，检查算子的正确性，并根据运行结果进行调试分析。在完成调试分析后，可以将设备端的 BCL 代码集成到 BCL 自定义算子库（CNPlugin）中。代码示例 5.26 展示了一个 TCP 算子的简要开发流程。

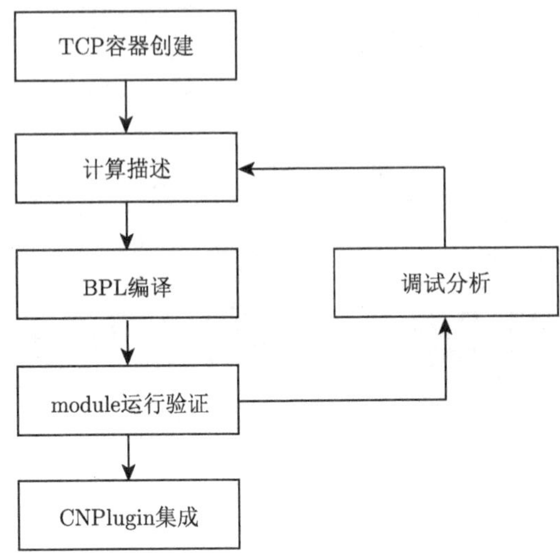

图 5.14 TCP 算子开发流程示意图

代码示例 5.26 TCP 算子开发流程示例

```
# file: tcp_sample.py
# 获取NumPy的输入输出数据
data_in0 = np.random.uniform(low=-10, high=10, size=SHAPE)
data_in1 = np.random.uniform(low=-10, high=10, size=SHAPE)
data_out = data_in0 + data_in1

length = np.prod(data_in0.shape)

# 创建TCP容器
bp = tcp.TCP()

# 计算分块次数
assert length % task_num == 0
core_wl = 3 * length // task_num
loop_num = np.ceil(core_wl * dtype_sz / NRAM_SIZE)
core_wl //= 3
while core_wl % loop_num != 0:
loop_num += 1
loop_wl = int(core_wl // loop_num)

# 定义输入输出张量
tensor_in0 = bp.Tensor(shape=data_in0.shape,name="INPUT0",dtype=dtype,scope="global")
tensor_in1 = bp.Tensor(shape=data_in1.shape,name="INPUT1",dtype=dtype,scope="global")
tensor_out = bp.Tensor(shape=data_out.shape,name="OUTPUT",dtype=dtype,scope="global")

# 描述多核并行逻辑和分块计算逻辑
```

```
task_type = TaskType.get_task_type(task_num)
with bp.for_range(0, task_num, task_num=task_num, task_type=task_type) as task_id:
    # 定义NRAM上的中间张量
    tensor_in0_n = bp.Tensor(shape=(loop_wl,), name="INPUT0_N", dtype=dtype, scope="nram")
    tensor_in1_n = bp.Tensor(shape=(loop_wl,), name="INPUT1_N", dtype=dtype, scope="nram")
    tensor_out_n = bp.Tensor(shape=(loop_wl,), name="OUTPUT_N", dtype=dtype, scope="nram")

# 描述分块逻辑
with bp.for_range(0, loop_num) as i:
    start = task_id * core_wl + i * loop_wl
    stop = start + loop_wl
    # 调用TCP接口进行张量搬运与计算
    bp.memcpy(tensor_in0_n, tensor_in0[start:stop])
    bp.memcpy(tensor_in1_n, tensor_in1[start:stop])
    bp.add(tensor_out_n, tensor_in0_n, tensor_in1_n)
    bp.memcpy(tensor_out[start:stop], tensor_out_n)


# 编译生成可执行模块
fvec_add = bp.BuildBANG(inputs=[tensor_in0, tensor_in1], outputs=[tensor_out], kernel_name="fvec_add")

# 设备端空间申请与张量搬运
ctx = BPL.context(0)
data_in0_dev = BPL.Array(data_in0.astype(dtype), ctx)
data_in1_dev = BPL.Array(data_in1.astype(dtype), ctx)
data_out_dev = BPL.Array(np.zeros(data_out.shape, dtype), ctx)

# 准备一个空目录dirname，保存mlu代码和.so文件
fvec_add.save(dirname)

# 直接启用设备运行，验证结果
fvec_add(data_in0_dev, data_in1_dev, data_out_dev)
BPL.assert_allclose(data_out_dev.asnumpy(), data_out.astype(dtype), rtol=1e-2, atol=1e-2)

# 载入可执行模块，启用设备运行，验证结果
fadd = load_mod(dirname)
fadd(data_in0_dev, data_in1_dev, data_out_dev)
BPL.assert_allclose(data_out_dev.asnumpy(), data_out.astype(dtype), rtol=1e-2, atol=1e-2)
```

5.3.2.3 BPL 开发调试

BPL 提供了多种调试方法及接口来简化用户的学习与开发。在算子开发的计算描述阶段，用户可以使用 Python 的 print 方法直接打印代码中的标量与张量，获取其具体信息以便进行调试：

```
Input:
    tensor = tcp.Tensor(shape=(256,), name="INPUT0", dtype=BPL.float16, scope=
        "global")
    print(tensor)
Output:
    <BPL.Tensor 'INPUT0' shape=(256,) dtype=info(dtype=float16) scope=global buffer=
        buffer(INPUT0, 0x18f3990)>
```

在编译阶段，BPL 有对计算原语的检查机制。该机制会检查计算原语中使用的标量与张量是否符合计算原语的各种限制，包括对齐限制与类型限制等。对不满足限制的代码，会抛出报错信息，给出出错原因与修改建议：

```
Input:
    tensor_g = tcp.Tensor(shape=(255,), name="INPUT_G", dtype=BPL.float16,scope=
        "global")
    tensor_n = tcp.Tensor(shape=(256,), name="INPUT_N", dtype=BPL.float16,scope=
        "global")
    tcp.memcpy(tensor_n, tensor_g)
Output:
    ValueError: Error: src_data must have same length with dst_data! Current length
        is 256, dst_data length is 255.
```

使用 BPL 的运行时支持，用户可以直接运行可执行模块进行算子正确性验证。并且用户可以使用 TCP 的 print 接口，插入 BCL 的 printf 接口到生成的 BCL 代码之中，从而在模块运行验证阶段打印 DLP 上的中间运算结果进行调试验证。关于模块运行验证方法的介绍，详见《BPL 用户手册》中的 6.1 节㊀。

5.3.3 实验环境

硬件平台：DLP 云平台环境。

软件环境：编程框架 TensorFlow、高性能库 CNML、运行时库 CNRT、智能编程语言及编译器。

㊀ 《BPL 用户手册》可以从课程网站 http://novel.ict.ac.cn/aics/的下载专区获得。

5.3.4 实验内容

基于 5.1 节中的智能编程语言算子开发与集成实验，本实验用 BPL 实现自定义算子 PowerDifference 的计算逻辑并进行正确性验证，通过高性能库 PluginOp 接口扩展算子，并将其和高性能库原有算子一起集成到编程框架 TensorFlow 中，然后将风格迁移模型在扩展后的 TensorFlow 上运行，最后将其性能结果和 4.4 节中的性能结果进行对比。实验流程如图 5.15 所示，主要包括：

1）**BPL 自定义算子逻辑实现**：采用智能编程语言 BPL 实现自定义算子 PowerDifference 的计算逻辑，并进行正确性验证。首先，使用 BPL 的张量计算原语实现 PowerDifference 的计算逻辑，生成可执行模块，并将其保存为设备端的 BCL 代码（得到 BCL Kernel 函数），然后在 Python 中运行可执行模块以验证算子正确性。

2）**框架算子集成**：通过高性能库 PluginOp 的接口对自定义算子 PowerDifference 的 BCL Kernel 函数进行封装，使其调用方式和高性能库原有算子一致，将封装后的算子集成到 TensorFlow 框架中并进行测试，需要保证其精度和性能。

3）**模型在线推断**：通过 TensorFlow 框架的接口，在内部高性能库 CNML 和运行时库 CNRT 的配合下，完成对风格迁移模型的在线推断，并生成离线模型。

4）**模型离线推断**：采用运行时库 CNRT 的接口编写应用程序，完成离线推断，并将其和第 3 步中的在线推断以及 4.4 节中的模推断进行性能对比。

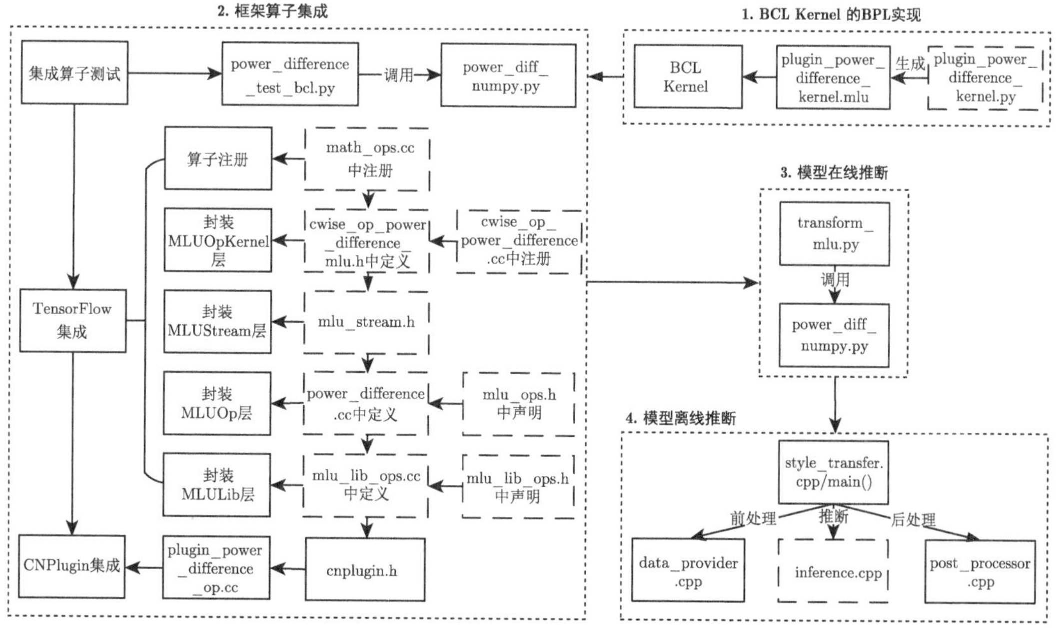

图 5.15 开发与集成 BPL 算子的实验流程

图 5.15 中虚线框的部分是需要读者补充完善的实验文件。每一步实验操作需要修改的具体对应文件内容请参考下一小节。

5.3.5 实验步骤

5.3.5.1 BPL 自定义算子逻辑实现

使用 BPL 实现自定义算子 PowerDifference 的计算逻辑，如代码示例 5.27 所示。需要完成 PowerDifference 的计算描述代码，包括张量定义、张量搬运、张量计算、条件和循环控制等。

代码示例 5.27 基于智能编程语言 BPL 的 PowerDifference 实现

```
# file: plugin_power_difference_kernel.py
# 定义常量
SHAPE = 256

def  power_diff( ):
#TCP容器定义
bp = tcp.TCP()

#可变参数声明
len = bp.Var("len")
pow = bp.Var("pow")

#TODO: 计算分片
quotient = ____________________________

#多任务并行
with bp.for_range(0, 1) as task_id:
    #TODO: 张量定义
    input1 = bp.Tensor(shape=(___________), name="input1",dtype=dtype,scope="global")
    input2 = bp.Tensor(shape=(___________), name="input2",dtype=dtype,scope="global")
    output = bp.Tensor(shape=(___________), name="output",dtype=dtype,scope="global")
    input1_nram = bp.Tensor(shape=(___________), name="input1_nram", dtype=dtype,
        scope="nram")
    input2_nram = bp.Tensor(shape=(___________), name="input2_nram",dtype=dtype, scope
        ="nram")

    #条件与循环控制
    with bp.for_range(0, quotient) as i:
        #TODO: 张量搬运
        bp.memcpy(____________________________)
        ____________________________
        ____________________________
        ____________________________
        #TODO: 计算描述
```

```
        ____________________________
        ____________________________
        ____________________________

#BPL编译
f = bp.BuildBANG(inputs=[input1, input2, len, pow], outputs=[output], kernel_name=
    "PowerDifferenceKernel")
```

BPL 的张量计算原语都是针对 NRAM 地址空间上的张量，使用这些原语前需要使用数据拷贝原语 memcpy 将 GDRAM 上定义的张量拷贝到 NRAM 上，并且相关的张量计算原语也有一定的对齐约束，具体可以参考《BPL 用户手册》。

由于 NRAM 大小的限制，不能一次性将所有数据拷贝到 NRAM 上执行，因此需要对原输入数据进行分块。这里分块的规模在满足 NRAM 大小和函数对齐要求的前提下由用户指定，这里设置为 256（ONELINE）。分块的重点在于余数段的处理。由于通常情况下输入长度不一定是 256 的倍数，因此最后会有一部分长度小于 256、大于 0 的余数段。读者在完成实验时需注意该部分数据的处理逻辑。

在完成计算描述后，可以直接运行生成的可执行模块进行算子正确性验证，如代码示例 5.28 所示。BPL 的可执行模块可以接收 BPL 的 Array 类型数据作为输入输出。读者可以使用 BPL 的 Array 接口将 NumPy 的 ndarray 类型数据转换为 Array 类型。模块运行结束后，使用 Array 的 asnumpy 接口将输出数据转换为 NumPy 的 ndarray 类型，然后将其与期望的正确结果进行误差比较。

代码示例 5.28 基于智能编程语言 BPL 的 PowerDifference 算子的正确性验证

```
#TODO：NumPy变量定义
data_in0=np.random.uniform(low=-10, high=10, size=SHAPE)
data_in1=np.random.uniform(low=-10, high=10, size=SHAPE)
data_out=____________________________

#Array类型转换
ctx=BPL.context(0)
data_in0_dev=BPL.Array(data_in0.astype(dtype), ctx)
data_in1_dev=BPL.Array(data_in1.astype(dtype), ctx)
data_out_dev=BPL.Array(np.zeros(data_out.shape, dtype), ctx)

#TODO：模块运行
f(___________________________)

#数据类型转换与误差比较
BPL.assert_allclose(data_out_dev.asnumpy(), data_out.astype(dtype),rtol=1e-2, atol=1e
    -2)
```

将可执行模块存为设备端的 BCL 代码文件，得到自定义算子 PowerDifference 的 BCL Kernel 函数，然后在下一实验步骤中，对 BCL Kernel 函数进行封装并将其集成到 TensorFlow 框架中。

5.3.5.2 框架算子集成

该步骤内容与 5.1.5.2 节相同，请参考 5.1.5.2 节的实现步骤。

5.3.5.3 模型在线推断

该步骤内容与 5.1.5.3 节相同，请参考 5.1.5.3 节的实现步骤。

5.3.5.4 模型离线推断

该步骤内容与 5.1.5.4 节相同，请参考 5.1.5.4 节的实现步骤。

5.3.6 实验评估

模型推断的性能和精度在 5.1 节已作为主要的参考指标，本实验的主要参考指标在于 BPL 的算子实现与验证、与框架的集成以及完整的模型推断。因此，本实验的评估标准设定如下：

- 60 分标准：使用 BPL 实现自定义算子 PowerDifference 的计算逻辑，正确生成可执行模块，并保存为 BCL 代码文件。
- 80 分标准：在 60 分基础上，使用 BPL 的运行时支持验证 PowerDifference 算子实现的正确性，精度误差在 1% 以内。
- 100 分标准：在 80 分基础上，将 BPL 算子编译后得到的 BCL Kernel 集成到 TensorFlow 框架中；在 DLP 上实现实时风格迁移的在线推断，比照 CPU 的运行结果，输出同样效果的风格迁移图片，保存相应的离线模型；完成 DLP 离线推断程序的编写，执行离线推断时比照 CPU 的运行结果，输出同样效果的风格迁移图片。

5.3.7 实验思考

1）尝试使用 BPL 来完成 5.2 节的实验。使用 BPL 是否会简化代码开发？

2）使用 BPL 与使用原生 BCL 有何不同？

3）BPL 相比于原生 BCL 的优点与缺陷分别是什么？

4）BPL 最适合的使用场景有哪些？

CHAPTER 6

*第 6 章 深度学习处理器运算器设计实验

随着深度学习的应用场景越来越丰富，深度学习算法的运算形式日益多样化，网络结构也愈加复杂，例如相继出现了 AlexNet、GoogleNet、ResNet 等。为了更高效、更灵活地支持深度学习算法，需要设计加速深度学习算法的处理器，以及支持越来越多样化的编程需求。深度学习处理器就是一类高效支持深度学习算法的处理器。其针对深度学习的通用计算（包括卷积运算、池化运算等）进行加速，同时考虑了深度学习算法的多样性，提供灵活的指令集，便于程序员高效地实现算法。

在深度学习算法中，卷积运算是最核心的。卷积层包含大量的输入/输出数据和权重参数，其运算量占深度学习算法总运算量的 90% 以上。处理器执行卷积运算的性能决定了深度学习算法在处理器上的性能。在智能计算系统中，设计出能高效支持卷积运算的运算器，是深度学习处理器设计的关键之一。

本章首先分析卷积层的算法特征，介绍面向卷积运算的 DLP 架构及其处理矩阵/卷积的过程；其次介绍实验环境；然后介绍面向矩阵和卷积处理的 DLP 运算器（包括串行内积运算器、并行内积运算器、矩阵运算子单元）的设计方法，以及如何使用 EDA 工具进行仿真调试。需要说明的是，本章的实验设计仅仅是一个教学模型，从物理实现上来看结构设计不一定合理，主要是为了从原理上说明深度学习处理器是如何加速卷积计算的。

6.1 实验目的

本实验的目的是掌握深度学习处理器中运算器的设计原理，能够使用 Verilog 语言实现内积运算器及矩阵运算子单元的设计并进行功能仿真。具体包括：

1）理解深度学习处理器加速卷积运算的原理，理解本实验和深度学习处理器基本模块间的关系。

2）利用 Verilog 语言实现串行内积运算器，理解内积运算器的基本组成单元。

3）在串行内积运算器的基础上，利用 Verilog 语言实现并行内积运算器，加深对深度学习处理器加速卷积计算的原理的理解。

4）在并行内积运算器的基础上，利用 Verilog 语言实现矩阵运算子单元，加深对矩阵运算子单元的理解。

实验工作量：约 300 行代码，约需 4 小时。

6.2 背景介绍

本节首先分析深度学习算法中卷积层的算法特征，然后介绍面向卷积运算的深度学习处理器架构，接下来介绍矩阵运算以及卷积层在深度学习处理器上的处理过程，最后介绍本实验环境，包括工具安装和验证环境。

6.2.1 卷积层算法特征

卷积层由输入 $\boldsymbol{X}$、输出 $\boldsymbol{Y}$ 和权重 $\boldsymbol{W}$（即卷积核）组成。假设输入 $\boldsymbol{X}$ 包含 C_{i} 个特征图，输出 $\boldsymbol{Y}$ 包含 C_{o} 个特征图，卷积核张量的形状为 $[C_{\mathrm{i}}, K_{\mathrm{h}}, K_{\mathrm{w}}, C_{\mathrm{o}}]$，其中 K_{w} 和 K_{h} 分别是卷积核的宽和高。卷积计算时，通常用所有输入特征图与 $C_{\mathrm{i}} \times K_{\mathrm{h}} \times K_{\mathrm{w}}$ 的卷积核做卷积，得到一个输出特征图[⊖]，然后将输入特征图依次与其余的卷积核做卷积运算来得到所有的输出特征图。

为了提高卷积计算过程中数据的重用性，可以采用下述实现：将输入特征图上 $K_{\mathrm{w}} \times K_{\mathrm{h}}$ 区域内的神经元和所有卷积核做卷积运算，得到所有输出特征图上同一位置的神经元，然后沿着输入特征图的水平与垂直方向分别以步长 s_{w} 和 s_{h} 滑动并做卷积，得到所有输出特征图的所有神经元。其中，第 c_{o} 个输出特征图上 (w, h) 位置的神经元的计算公式为

$$\boldsymbol{Y}(h, w, c_{\mathrm{o}}) = G\left(\left(\sum_{k_{\mathrm{w}}=0}^{K_{\mathrm{w}}-1} \sum_{k_{\mathrm{h}}=0}^{K_{\mathrm{h}}-1} \sum_{c_{\mathrm{i}}=0}^{C_{\mathrm{i}}-1} \boldsymbol{X}(c_{\mathrm{i}}, h \times s_{\mathrm{h}} + k_{\mathrm{h}}, w \times s_{\mathrm{w}} + k_{\mathrm{w}}) \times \boldsymbol{W}(c_{\mathrm{i}}, k_{\mathrm{h}}, k_{\mathrm{w}}, c_{\mathrm{o}})\right) + \boldsymbol{b}(c_{\mathrm{o}})\right) \tag{6.1}$$

其中，$\boldsymbol{b}$ 表示偏置，G 表示激活函数。

公式(6.1)可等效为

$$\boldsymbol{Y}(h, w, c_{\mathrm{o}}) = G\left(\sum_{p=0}^{C_{\mathrm{i}} \times K_{\mathrm{w}} \times K_{\mathrm{h}}-1} \overline{\boldsymbol{X}}(h, w, p) \times \overline{\boldsymbol{W}}(p, c_{\mathrm{o}}) + \boldsymbol{b}(c_{\mathrm{o}})\right) \tag{6.2}$$

⊖ 为便于说明，本小节仅考虑对所有输入特征图做卷积得到一个输出特征图的情况，实际中可能会用部分输入特征图做卷积来得到一个输出特征图。

其中：$\overline{\boldsymbol{X}}(h,w,:)$ 是一个 $(C_{\mathrm{i}}\times K_{\mathrm{h}}\times K_{\mathrm{w}})$ 维的行向量，由计算输出特征图 (w,h) 位置所需的所有输入特征图中 $K_{\mathrm{h}}\times K_{\mathrm{w}}$ 区域内的神经元组成；$\overline{\boldsymbol{W}}$ 为 $(C_{\mathrm{i}}\times K_{\mathrm{h}}\times K_{\mathrm{w}})\times C_{\mathrm{o}}$ 的卷积系数矩阵，由 $C_{\mathrm{i}}\times K_{\mathrm{h}}\times K_{\mathrm{w}}\times C_{\mathrm{o}}$ 的卷积核张量做维度转换得到。

由公式(6.2)可知，卷积计算可以看成先将 $(C_{\mathrm{i}}\times K_{\mathrm{h}}\times K_{\mathrm{w}})$ 维的输入神经元行向量和 $(C_{\mathrm{i}}\times K_{\mathrm{h}}\times K_{\mathrm{w}})\times C_{\mathrm{o}}$ 的权重矩阵相乘，然后进行向量加法和向量激活运算。

另外，当 M 维的行向量 $\boldsymbol{a}$ 和 $M\times N$ 的矩阵 $\boldsymbol{B}$ 相乘时，得到的乘积向量 $\boldsymbol{c}$ 的第 i 个元素可表示为

$$\boldsymbol{c}(i)=\sum_{j=0}^{M-1}\boldsymbol{a}(j)\times\boldsymbol{B}(j,i) \tag{6.3}$$

公式(6.3)可表示为

$$\boldsymbol{c}(i)=\boldsymbol{a}\cdot\boldsymbol{B}(:,i) \tag{6.4}$$

即结果向量 $\boldsymbol{c}$ 的第 i 个元素为向量 $\boldsymbol{a}$ 和矩阵 $\boldsymbol{B}$ 的第 i 个列向量 $\boldsymbol{B}(:,i)$ 的内积。

结合公式(6.2)和公式(6.4)可知，卷积运算由一系列向量内积运算、向量加法和向量激活组成，尤其以向量内积运算为主。

6.2.2 面向卷积运算的 DLP 架构

深度学习处理器主要由控制模块、存储模块和运算模块三大部分组成，如图 6.1 所示。其中，控制模块负责协调与控制运算模块和存储模块来完成深度学习任务，包括取指单元（Instruction Fetch Unit，IFU）和指令译码单元（Instruction Decode Unit，IDU）。存储模块包含神经元存储单元（Neuron RAM，NRAM）和权重存储单元（Weight RAM，WRAM）以及直接内存存取单元（Direct Memory Access，DMA），其中神经元存储单元用于存储输入/输出神经元，权重存储单元用于存储权重。运算模块包括矩阵运算单元（Matrix Function Unit，MFU）和向量运算单元（Vector Function Unit，VFU），其中矩阵运算单元完成矩阵乘运算，向量运算单元用于完成其他向量运算。

MFU 通过图 6.2 所示的 H 树的互连方式将 M 个矩阵运算子单元（Processing Element，PE）组织为一个完整的矩阵运算单元。不同 PE 位于 H 树的叶节点。H 树将预处理后的输入神经元和控制信号广播到所有 PE，并收集不同 PE 计算的结果返回给 VFU。PE 负责进行向量的内积运算，主要由 N 个乘法器和一个 N 输入的加法树组成。

与 MFU 类似，WRAM 也采用 H 树互连的方式将 M 个分布式的片上存储（Distributed Weight RAM，DWRAM）单元组织在一起。在深度学习处理器中，每个 DWRAM 对应一个 PE。矩阵运算时，每个 DWRAM 根据控制信号读取权重给 PE 进行计算。

更多关于 DLP 架构的介绍详见《智能计算系统》教材的 7.1 节。

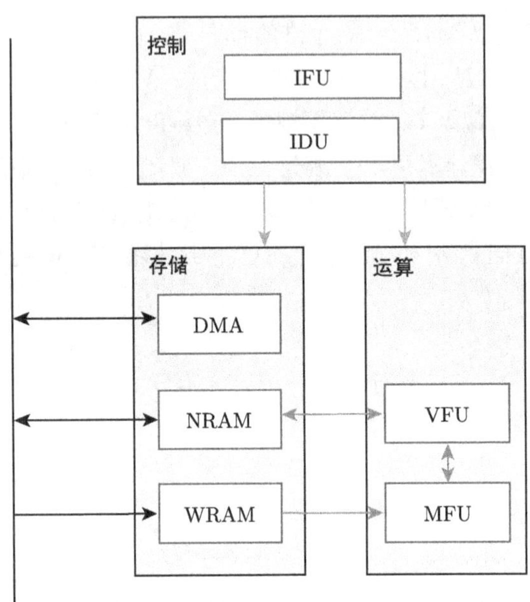

图 6.1　深度学习处理器总体架构

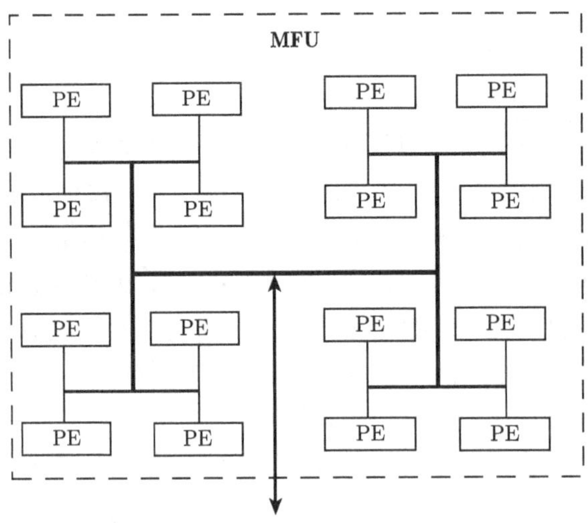

图 6.2　矩阵运算单元结构

6.2.3　DLP 上矩阵及卷积处理过程

深度学习处理器将 M 维的向量 $\boldsymbol{a}$ 和 $M \times N$ 的矩阵 $\boldsymbol{B}$ 相乘求得 N 维的向量 $\boldsymbol{C}$ 时，首先将矩阵 $\boldsymbol{B}$ 按列均分为 n 个子矩阵。每个子矩阵的大小为 $M \times \dfrac{N}{n}$，分别存储在 n 个

DWRAM 中。MFU 进行计算时，MFU 的 n 个 PE 接收 H 树广播的向量 $\boldsymbol{a}$ 的 m 个分量，并分别从 n 个 DWRAM 读取各自子矩阵的第 i 个列向量的 m 个分量进行内积运算，得到输出向量 $\boldsymbol{c}$ 的 n 个分量的部分和。处理器控制 NRAM 将向量 $\boldsymbol{a}$ 的所有分量都发送给 MFU，则可完成输出向量 $\boldsymbol{c}$ 的 n 个分量的计算。然后，处理器将上述步骤重复 $\frac{N}{n}$ 次，便可完成输出向量 $\boldsymbol{c}$ 所有分量的计算。

假设矩阵运算单元（MFU）包含 4 个矩阵运算子单元（PE），输入神经元矩阵 $\boldsymbol{A}$ 的大小为 2×8，权重矩阵 $\boldsymbol{B}$ 的大小为 8×4，输出神经元矩阵 $\boldsymbol{C}$ 的大小为 2×4。矩阵运算单元进行 $\boldsymbol{C}=\boldsymbol{A}\times\boldsymbol{B}$ 运算时，每个矩阵运算子单元计算 $\boldsymbol{C}$ 的列子矩阵。如图 6.3 所示，矩阵运算单元需 4 拍完成矩阵运算：

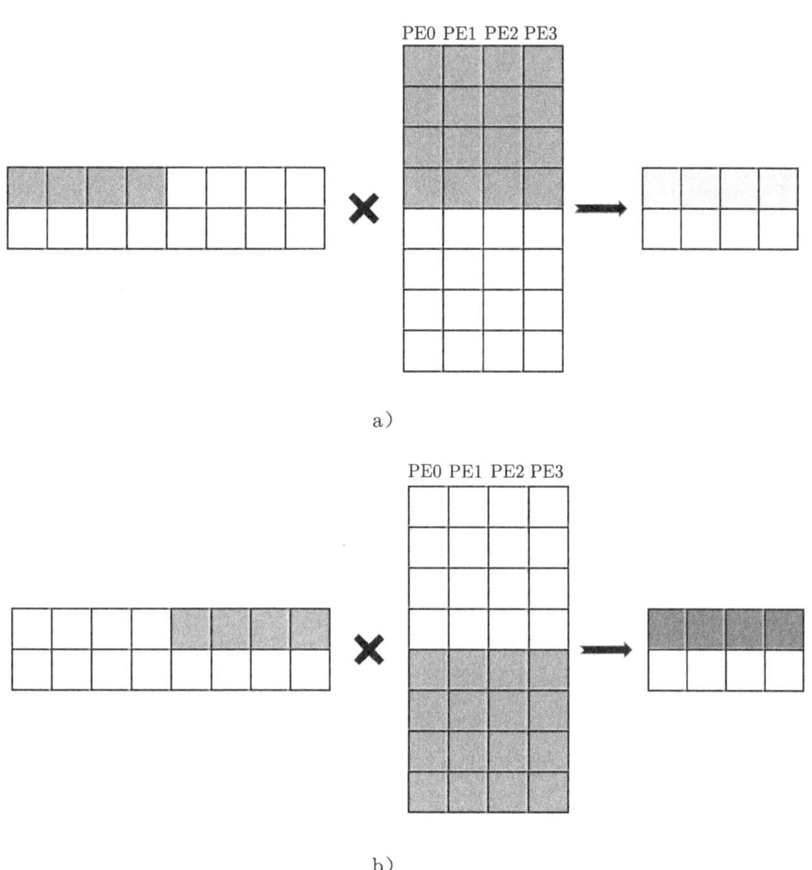

图 6.3 包含 4 个 PE 的矩阵运算单元完成矩阵乘运算的示意图

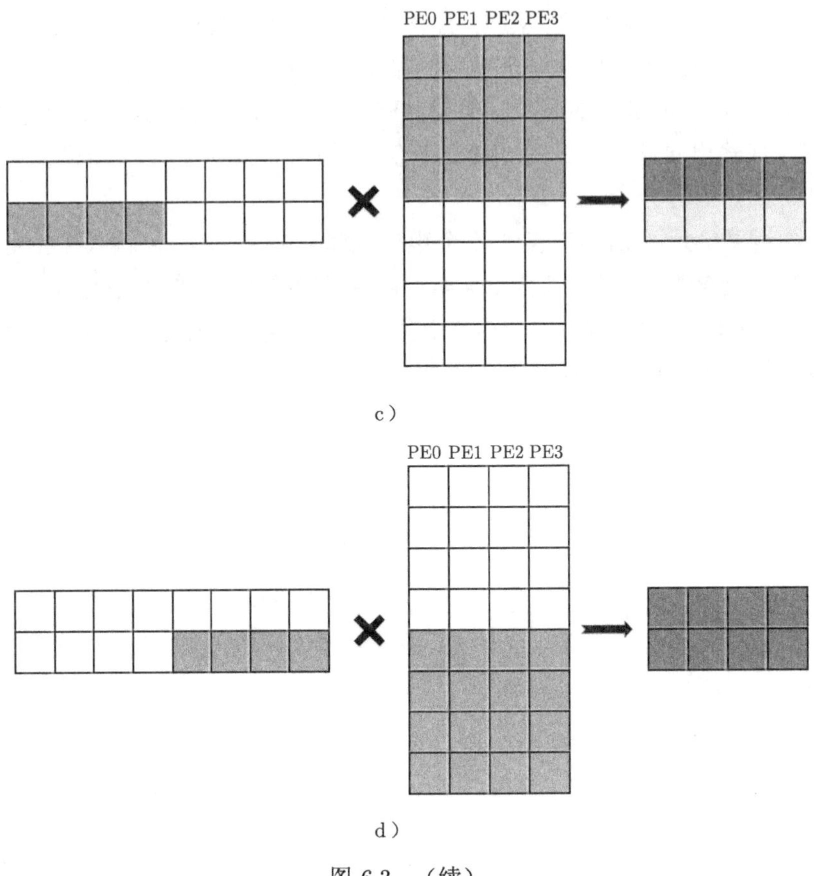

c）

d）

图 6.3 （续）

- 第 1 拍：输入神经元矩阵 $\boldsymbol{A}$ 的第一行的前 4 个神经元分量被广播给所有 PE，每个 PE 接收权重矩阵 $\boldsymbol{B}$ 中对应列的前 4 个分量，分别进行内积运算，得到输出神经元矩阵 $\boldsymbol{C}$ 第一行 4 个输出神经元的部分和。
- 第 2 拍：输入神经元矩阵 $\boldsymbol{A}$ 的第一行的后 4 个神经元分量被广播给所有 PE，每个 PE 接收权重矩阵 $\boldsymbol{B}$ 中对应列的后 4 个分量，分别进行内积运算，然后累加第 1 拍计算的部分和结果，得到输出神经元矩阵 $\boldsymbol{C}$ 第一行 4 个输出神经元。
- 第 3 拍：输入神经元矩阵 $\boldsymbol{A}$ 的第二行的前 4 个神经元分量被广播给所有 PE，每个 PE 接收权重矩阵 $\boldsymbol{B}$ 中对应列的前 4 个分量，分别进行内积运算，得到输出神经元矩阵 $\boldsymbol{C}$ 第二行 4 个输出神经元的部分和。
- 第 4 拍：输入神经元矩阵 $\boldsymbol{A}$ 的第二行的后 4 个神经元分量被广播给所有 PE，每个 PE 接收权重矩阵 $\boldsymbol{B}$ 中对应列的后 4 个分量，分别进行内积运算，然后累加第 3 拍计算的部分和结果，得到输出神经元矩阵 $\boldsymbol{C}$ 第二行 4 个输出神经元。

卷积计算时，DLP 将卷积层的所有输出特征图以 n 个特征图为一组。如图 6.4 所示，DLP 每次使用输入特征图中 $C_{\mathrm{i}} \times K_{\mathrm{h}} \times K_{\mathrm{w}}$ 大小的数据子块计算一组输出特征图中不同输出特征图上相同位置的神经元。MFU 的 n 个 PE 分别计算不同输出特征图的神经元。然后，DLP 沿特征图的水平、垂直方向循环地顺序计算输出特征图上的神经元，得到一组完整的输出特征图。

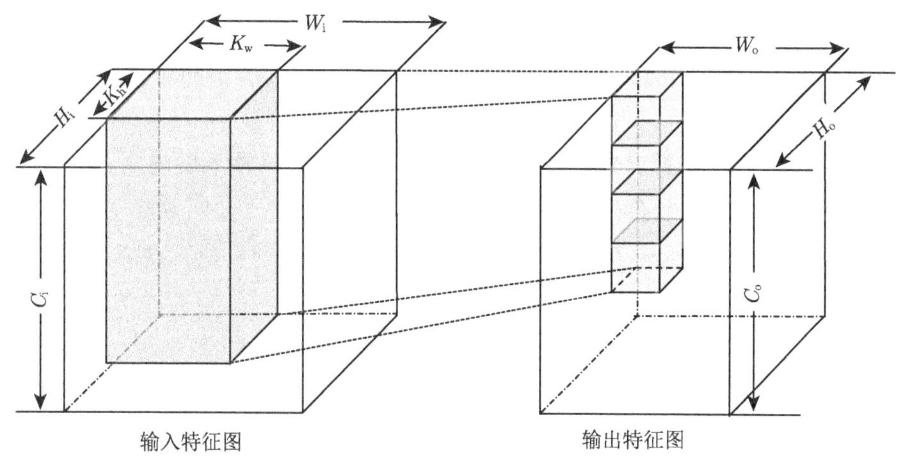

图 6.4 卷积层计算示意图

DLP 计算一组输出特征图中不同输出特征图上相同位置的神经元的过程类似于矩阵运算。该运算过程可拆分为四个步骤：

- 步骤一：VFU 依次从 NRAM 读出 $C_{\mathrm{i}} \times K_{\mathrm{h}} \times K_{\mathrm{w}}$ 大小的数据子块，进行数据预处理后将其发送给 MFU。
- 步骤二：MFU 将接收到的预处理后的输入神经元广播给 n 个 PE。
- 步骤三：PE 接收 H 树广播的输入神经元，将其与从 WRAM 读取的权重数据做内积运算，并将内积结果保存（或累加）至部分和寄存器。
- 步骤四：PE 收到 $C_{\mathrm{i}} \times K_{\mathrm{h}} \times K_{\mathrm{w}}$ 大小的数据子块的所有数据后将计算的部分和输出。

通过矩阵运算和卷积运算的过程可知，矩阵运算子单元的内积运算是矩阵运算单元的核心。因此，本实验将详细介绍内积运算器的设计。

6.3 实验环境

使用 Verilog 语言实现的模块需要使用 HDL 仿真工具进行编译和调试。本节以 Mentor 公司的 ModelSim 仿真工具为例，介绍实验环境的工具安装和代码文件组织。

6.3.1 工具安装

本节以 Mentor 公司的 ModelSim 10.4a（学生版）为例，介绍工具的安装。软件安装包可从 Mentor 官网下载页面（https://www.mentor.com/company/higher_ed/modelsim-student-edition）获得。下载安装包后，按照如下步骤安装程序：

1）运行安装包，进入如图 6.5a 所示的初始界面，确认是否继续安装程序。

2）点击“Next”确认继续安装，进入如图 6.5b 所示的许可证（license）说明界面。

3）点击“Yes”同意 license 说明内容，进入如图 6.5c 所示的选择软件安装路径的界面。

4）点击“Browse”选择自定义安装路径，进入如图 6.5d 所示的界面。

5）在“Path”栏填写软件安装路径，并点击“OK”，进入如图 6.5e 所示的界面。

6）第一次安装时，软件将在指定路径下创建 ModelSim 文件夹，点击“是”确认创建文件夹，进入如图 6.5f 所示的界面。

7）点击“Next”确认继续安装，进入如图 6.5g 所示的界面。

8）点击“是”确认在桌面创建软件快捷方式，进入如图 6.5h 所示的界面。

9）点击“是”确认将软件安装路径加入系统环境变量中，便于在 DOS 下运行批量处理脚本。安装程序进入如图 6.5i 所示的界面。

10）点击“Finish”后弹出申请 license 的网页，按照提示设置 license 后，软件即安装完毕。

6.3.2 代码文件组织

实验环境文件夹组织如下：

- 目录 src：包含编写的实验 Verilog 源代码。
- 目录 sim：包含仿真脚本文件和顶层文件。
  - 文件 tb_top.v：测试顶层文件，生成激励信号，实例化矩阵运算子单元模块。
  - 文件 build.do：编译脚本，用于编译顶层文件和实验 Verilog 源代码。
  - 文件 compile.f：编译文件列表，用于指定编译脚本需要编译的文件。
  - 文件 sim_run.do：仿真执行脚本，用于执行仿真。
- 目录 data：包含仿真输入输出数据文件。
  - 向量规模描述文件 inst：描述需进行内积计算的向量规模。
  - 输入神经元文件 neuron：存储输入的神经元数据。
  - 输入权重文件 weight：存储输入的权重数据。
  - 输出结果文件 result：存储运算结果。

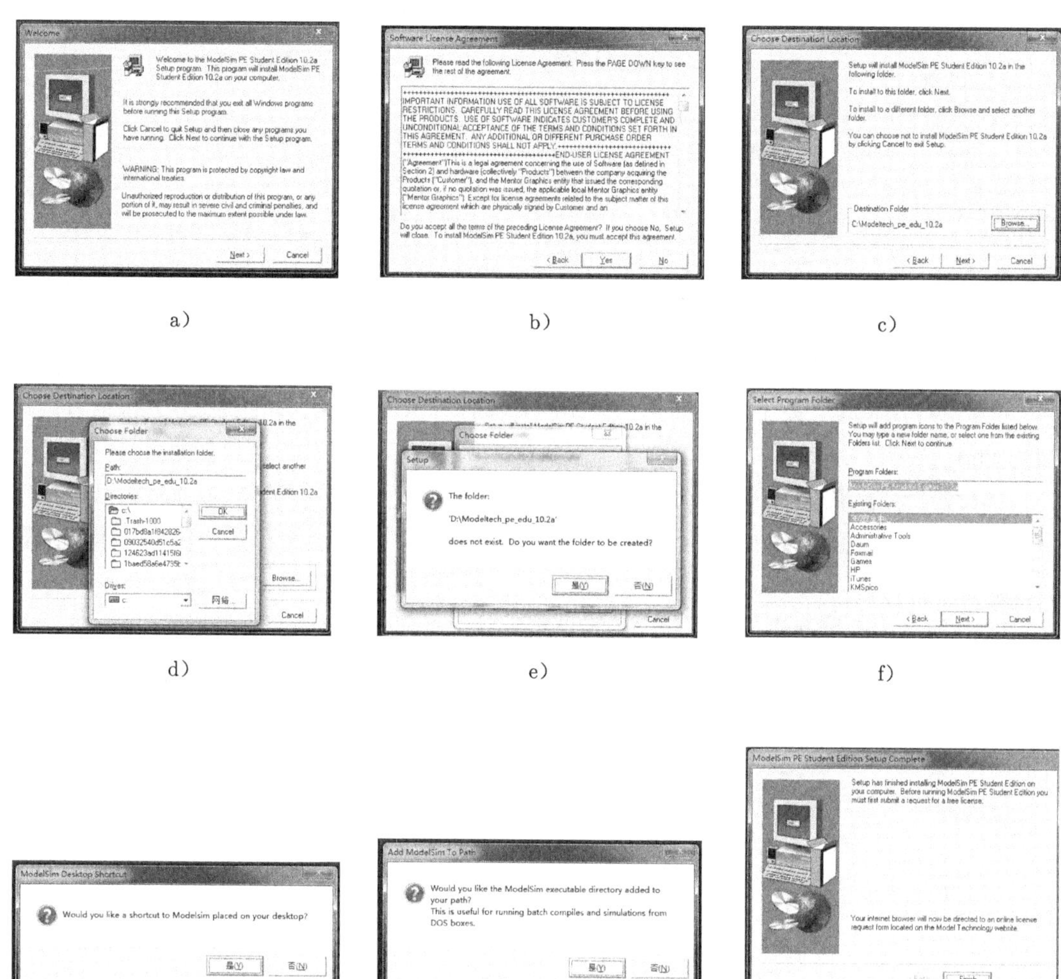

图 6.5　ModelSim 安装步骤

6.4　实验内容

本实验将实现矩阵运算子单元的内积运算器的设计。矩阵运算子单元的内积运算器的功能是对长度可变的神经元向量（neuron）和权重向量（weight）做内积运算，然后将结果输出。其功能伪代码如代码示例 6.1 所示。

代码示例 6.1　内积运算器功能代码

```
psum = 0;
for(i = 0; i < element_num; i++){
    psum = neuron[i] * weight[i];
}
output = psum;
```

在通用 CPU 中，神经元数据和权重数据一般采用单精度浮点数据表示，相应的运算单元也采用浮点运算器。然而在深度学习处理器中，为了节省功耗、面积开销，一般使用低精度运算器代替浮点运算器。根据文献 [3] 所述，int16 或者 int8 类型已经能够满足深度学习算法的应用需求。为了简化实验，本实验实现的内积运算器的所有神经元/权重数据都采用 int16 类型表示。

为了便于理解深度学习矩阵运算子单元的设计和迭代开发，本实验分为三个步骤：

1）串行内积运算器设计：串行内积运算器每拍处理一个神经元和一个权重分量的乘累加运算。

2）并行内积运算器设计：并行内积运算器每拍并行处理多个神经元和权重分量的乘累加运算。该运算器是矩阵运算子单元的基本运算单元。

3）矩阵运算子单元设计：矩阵运算子单元（PE）可根据控制信号接收神经元数据和权重数据，然后进行内积运算。可以通过在并行内积运算器基础上增加控制逻辑来实现 PE。

最后介绍如何使用仿真工具对实现的代码进行编译和调试。

6.5　实验步骤

6.5.1　串行内积运算器

串行内积运算器的结构如图 6.6 所示，主要包括一个乘法器、一个加法器、一个部分和寄存器（psum）和一个数据选择器（mux）。串行内积运算器每拍最多接收一个神经元（neuron）和一个权重分量（weight）进行乘法运算，然后将乘法运算结果累加到部分和寄存器。当串行内积运算器处理的神经元/权重数据是一组神经元/权重向量的第一个元素时，将乘法运算结果直接写入部分和寄存器，不需要进行累加；当处理的神经元/权重数据是一组神经元/权重向量的最后一个元素时，将乘法运算结果累加到部分和寄存器，然后将部分和寄存器的值输出到 result 端口。数据选择器用于选择写入部分和寄存器的源数据。

串行内积运算器的输入输出接口信号如表 6.1 所示。输入神经元和权重均是 1 个 int16 类型的数据，输出神经元是 1 个 32 位宽的数据。输入控制信号 ctl 的位宽为 2，其中 ctl[0] 表示输入神经元/权重数据是一组神经元/权重向量的第一个元素，ctl[1] 表示输入神经元/权重数据是一组神经元/权重向量的最后一个元素。

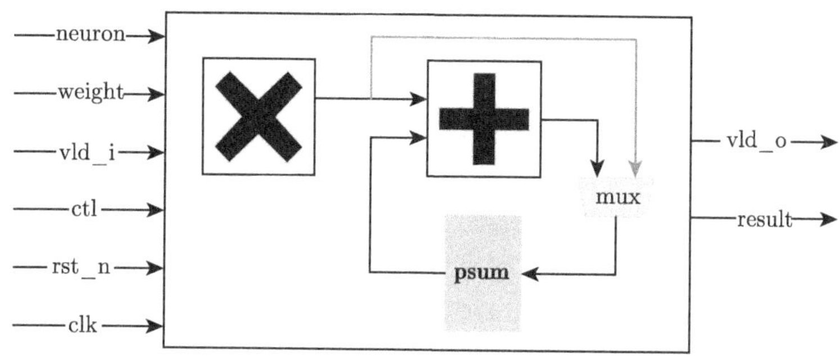

图 6.6 串行内积运算器

表 6.1 串行内积运算器输入输出接口信号

域	位宽	功能描述
neuron	16	输入的 int16 神经元分量
weight	16	输入的 int16 权重分量
vld_i	1	输入数据和控制信号有效标志，高电平有效
ctl	2	输入控制信号 ctl[0]：输入神经元/权重数据是一组神经元/权重向量的第一个元素，高电平有效 ctl[1]：输入神经元/权重数据是一组神经元/权重向量的最后一个元素，高电平有效
rst_n	1	输入复位信号，低电平有效
clk	1	输入时钟信号
result	32	输出内积结果
vld_o	1	输出内积结果有效标志，高电平有效

串行内积运算器的 Verilog 实现如代码示例 6.2 所示。串行内积运算器采用异步复位方式，复位信号 rst_n 低电平有效。复位时，部分和寄存器被清零。输入信号 vld_i 为输入神经元/权重数据和控制信号有效标志，当 vld_i 为高电平时，串行内积运算器接收输入的神经元和权重分量进行乘法运算，然后再用乘法运算结果更新部分和寄存器。当输入控制信号最低位 ctl[0] 为高电平时，将乘法运算结果直接写入部分和寄存器；否则，将乘法运算结果先与部分和寄存器累加，再将累加结果写入部分和寄存器。当输入控制信号最高位 ctl[1] 为高电平时，串行内积运算器在下一个时钟周期将部分和寄存器的值输出到 result 端口，并将输出内积结果有效标志 vld_o 置起一拍。

代码示例 6.2 串行内积运算器代码

```
/*file: serial_pe.v*/
module serial_pe(
  input                  clk,
  input                  rst_n,
  input   signed [15:0]  neuron,
  input   signed [15:0]  weight,
```

```
  input          [ 1:0] ctl,
  input                 vld_i,
  output         [31:0] result,
  output reg            vld_o
);
/*乘法器*/ /*TODO*/
wire signed [31:0] mult_res = ____________________________;
reg [31:0] psum_r;

/*加法器*/ /*TODO*/
wire [31:0] psum_d = ____________________________;

/*部分和寄存器*/
always@(posedge clk or negedge rst_n)
if(!rst_n) begin
  psum_r <= 32'h0;
end else if(vld_i) begin
  psum_r <= psum_d;
end

always@(posedge clk or negedge rst_n)
if(!rst_n) begin
  vld_o <= 1'b0;
end else if(____________________________) begin
  vld_o <= 1'b1;
end else begin
  vld_o <= 1'b0;
end

assign result = psum_r;

endmodule
```

输入神经元向量和权重向量中的每个神经元和权重数据都是有符号数据，乘法运算得到的部分和也是有符号数据，且部分和数据的位宽为对应神经元的位宽与权重位宽之和。Verilog 语法中乘法运算符默认进行无符号乘法运算，有符号数据运算需进行显式说明。

6.5.2　并行内积运算器

不同于串行内积运算器每拍最多接收一个神经元和一个权重分量进行乘法运算，并行内积运算器每拍接收多个神经元和权重分量。并行内积运算器的结构如图 6.7 所示，包含一组（32 个）并行乘法器、一个累加单元、一个加法器、一个部分和寄存器（psum）和一个数据选择器（mux）。并行内积运算器每次接收一个神经元向量（包含 32 个 int16 分量）和一个权重向量（包含 32 个 int16 分量）进行向量内积运算，然后通过对连续 32 个 int16 分量的内积结果的累加来支持更长神经元向量和权重向量的内积运算。

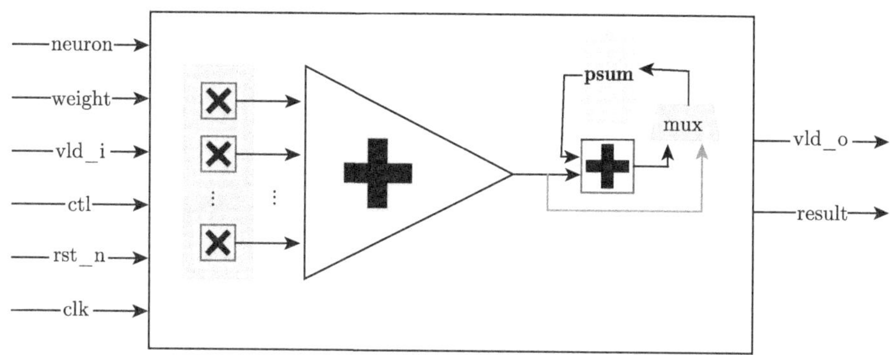

图 6.7 并行内积运算器

并行内积运算器的输入输出接口信号如表 6.2 所示，与串行内积运算器的接口信号类似。不同之处在于，并行内积运算器输入的神经元数据和权重数据都是 32 维的 int16 向量，而串行内积运算器输入的神经元数据和权重数据都是 1 个 int16 类型的数据。输入控制信号 ctl 的定义与串行内积运算器类似，ctl[0] 表示输入神经元/权重数据是一组神经元/权重向量的第一个子向量，ctl[1] 表示输入神经元/权重数据是一组神经元/权重向量的最后一个子向量。

表 6.2 并行内积运算器的输入输出接口信号

域	位宽	功能描述
neuron	512	输入神经元数据，包括 32 个 int16 分量
weight	512	输入权重数据，包括 32 个 int16 分量
vld_i	1	输入数据和控制信号有效标志，高电平有效
ctl	2	输入控制信号 ctl[0]：输入神经元/权重数据是一组神经元/权重向量的第一个子向量，高电平有效 ctl[1]：输入神经元/权重数据是一组神经元/权重向量的最后一个子向量，高电平有效
rst_n	1	输入复位信号，低电平有效
clk	1	输入时钟信号
result	32	输出内积结果
vld_o	1	输出内积结果有效标志，高电平有效

下面依次介绍并行内积运算器中的并行乘法器、累加单元和顶层模块的实现。

32 个并行乘法器的 Verilog 实现如代码示例 6.3 所示。对于输入的 int16 神经元向量和 int16 权重向量，将不同的神经元分量和权重分量输入对应的乘法器进行乘法运算得到部分积，然后将部分积输出。

代码示例 6.3 并行乘法器代码

```
/*file: pe_mult.v*/
module pe_mult(
```

```
  input   [ 511:0] mult_neuron,
  input   [ 511:0] mult_weight,
  output  [1023:0] mult_result
);

/* int16 乘法器 */
genvar i;
wire signed [15:0] int16_neuron[31:0];
wire signed [15:0] int16_weight[31:0];
wire signed [31:0] int16_mult_result[31:0];
generate
  for(i=0; i<32; i=i+1)
  begin:int16_mult      /* TODO */
    ______________________________
    ______________________________
    ______________________________
    ______________________________
  end
endgenerate

endmodule
```

累加单元的 Verilog 实现如代码示例 6.4 所示，将 32 个输入部分积累加成一个部分和。

代码示例 6.4 累加单元代码

```
/*file: pe_acc.v*/
module pe_acc(
  input  [1023:0] mult_result,
  output [  31:0] acc_result
);
genvar i;
genvar j;

/* int16 加法树 */
wire [31:0] int16_result[5:0][31:0];
for(i=0; i<=5; i=i+1)
begin:int16_add_tree
  for(j=0; j<(32/(2**i)); j=j+1)
  begin:int16_adder
    if(i==0) begin /* TODO */
      assign int16_result[0][j] = ______________________________;
    end else begin /* TODO */
      assign int16_result[i][j] = ______________________________;
    end
  end
end
```

```
assign acc_result = int16_result[5][0];
endmodule
```

并行内积运算器的顶层模块实现如代码示例 6.5 所示。当输入信号 vld_i 为高电平时，并行内积运算器接收输入的 int16 神经元向量和 int16 权重向量，通过并行乘法器将权重分量和神经元分量相乘得到多个部分积，然后通过累加单元将多个部分积累加为一个部分和，最后通过控制信号将累加单元输出的结果与部分和寄存器进行累加，并生成输出结果有效信号。当控制信号最低位 ctl[0] 有效时，将累加单元的结果直接写入部分和寄存器；否则，将累加单元的结果先通过加法器与部分和寄存器累加，然后将累加结果写入部分和寄存器。当控制信号最高位 ctl[1] 有效时，并行内积运算器在下一个时钟周期将部分和寄存器的值输出到 result 端口，并将输出内积结果有效标志 vld_o 置起一拍。

代码示例 6.5 并行内积运算器代码

```
/*file: parallel_pe.v*/
module parallel_pe(
  input                  clk,
  input                  rst_n,
  input         [511:0]  neuron,
  input         [511:0]  weight,
  input         [  1:0]  ctl,
  input                  vld_i,
  output        [ 31:0]  result,
  output reg             vld_o
);
wire [1023:0] mult_result;
pe_mult u_pe_mult(
  .mult_neuron (neuron),
  .mult_weight (weight),
  .mult_result (mult_result)
);

wire [31:0] acc_result;
pe_acc u_pe_acc(
  .mult_result (mult_result),
  .acc_result  (acc_result)
);

reg [31:0] psum_r;
wire [31:0] psum_d = ___________________________; /*TODO*/

always@(posedge clk or negedge rst_n)
if(!rst_n) begin
  psum_r <= 32'h0;
```

```
end else if(vld_i) begin
  psum_r <= psum_d;
end

always@(posedge clk or negedge rst_n)
if(!rst_n) begin
  vld_o <= 1'b0;
end else if(____________________________) begin
  vld_o <= 1'b1;
end else begin
  vld_o <= 1'b0;
end

assign result = acc_result;
endmodule
```

6.5.3 矩阵运算子单元

矩阵运算子单元的结构如图 6.8 所示，在并行内积运算器的基础上增加了用于控制神经元/权重数据、控制信号输入并行内积运算器以及部分和输出的控制单元（CTL）。根据 6.2.2 节的描述，矩阵运算子单元根据控制信号来接收 H 树广播的神经元向量和从 WRAM 读取的权重向量数据进行内积运算。由于矩阵运算子单元和 H 树总线、WRAM 相连接，对应神经元、权重、输出结果的接口信号使用 valid-ready 握手机制的总线信号。

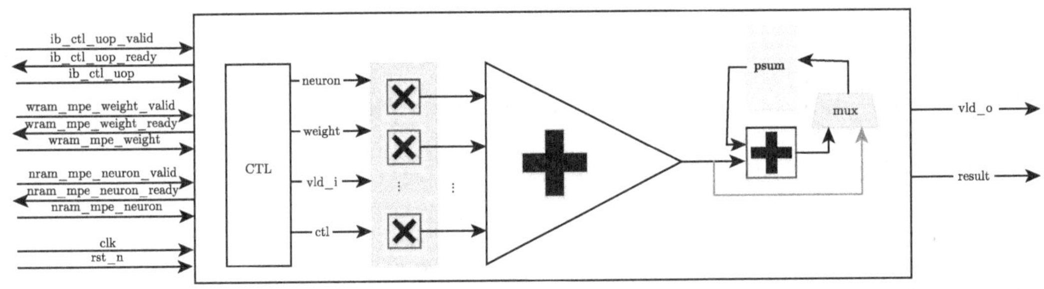

图 6.8 矩阵运算子单元

矩阵运算子单元的输入输出接口信号如表 6.3 所示。输入神经元、权重、控制信号都包含各自的输入数据/信号、输入有效标志（valid），以及控制单元可接收神经元/权重/控制信号的标志（ready）。当且仅当输入有效标志（valid）和控制单元可接收标志（ready）都有效时，控制单元才能成功接收输入数据/控制信号。输入控制信号（ib_ctl_uop）表示计算一个输出神经元所需的输入神经元/权重的长度（长度单位为 64 字节），该信号的位宽为 8。与串行/并行内积运算器的输出一样，输出神经元是 1 个 32 位宽的数据。

表 6.3 矩阵运算子单元的输入输出接口信号

域	位宽	功能描述
ib_ctl_uop_valid	1	输入控制信号有效标志，高电平有效
ib_ctl_uop_ready	1	控制单元可接收控制信号的标志，高电平有效
ib_ctl_uop	8	输入控制信号，计算的神经元/权重数据的长度（单位：64 B）
wram_mpe_weight_valid	1	输入权重有效标志，高电平有效
wram_mpe_weight_ready	1	控制单元可接收权重的标志，高电平有效
wram_mpe_weight	512	输入的权重数据，包括 32 个 int16 分量
nram_mpe_neuron_valid	1	输入神经元有效标志，高电平有效
nram_mpe_neuron_ready	1	控制单元可接收神经元的标志，高电平有效
nram_mpe_neuron	512	输入的神经元数据，包括 32 个 int16 分量
rst_n	1	输入复位信号，低电平有效
clk	1	输入时钟信号
result	32	输出内积结果
vld_o	1	输出内积结果有效标志，高电平有效

矩阵运算子单元的 Verilog 实现如代码示例 6.6 所示。控制单元接收输入控制信号 ib_ctl_uop，译码生成输出给并行内积运算器的控制信号 pe_ctl。假设 ib_ctl_uop 的值为 k，则计算一个输出神经元需要循环输入 k 个输入神经元/权重向量，并做 k 次乘累加，因此控制单元将生成 k 条给并行内积运算器的控制信号 pe_ctl。生成的第一条控制信号中 pe_ctl[0] 为 1，表示对应的神经元和权重的内积结果直接保存至部分和寄存器，不需要累加部分和寄存器；生成的最后一条控制信号中 pe_ctl[1] 为 1，表示最后一组部分和计算完成，可以将部分和结果输出。当前输入控制信号 ib_ctl_uop 译码生成所有控制信号 pe_ctl 之后，控制单元可以接收下一条输入控制信号进行译码，输出信号 ib_ctl_uop_ready 变为高电平。仅当输入的神经元数据、权重数据和控制信号都有效时，控制单元才会将这三组数据发送给并行内积运算器，并完成输入神经元/权重数据的握手。

代码示例 6.6 矩阵运算子单元代码

```
/*file: matrix_pe.v*/
module matrix_pe(
  input                    clk,
  input                    rst_n,
  input          [511:0]   nram_mpe_neuron,
  input                    nram_mpe_neuron_valid,
  output                   nram_mpe_neuron_ready,
  input          [511:0]   wram_mpe_weight,
  input                    wram_mpe_weight_valid,
```

```
  output                  wram_mpe_weight_ready,
  input          [  7:0] ib_ctl_uop,
  input                  ib_ctl_uop_valid,
  output reg             ib_ctl_uop_ready,
  output         [ 31:0] result,
  output                 vld_o
);
reg inst_vld;
reg [7:0] inst, iter; /*inst存放输入控制信号ib_ctl_uop的值*/
always@(posedge clk or negedge rst_n) begin
  /*TODO: inst_vld & inst*/
  ____________________________
  ____________________________
end
always@(posedge clk or negedge rst_n) begin
  /*TODO: iter*/
  ____________________________
  ____________________________
end
always@(posedge clk or negedge rst_n) begin
  /*TODO: ib_ctl_uop_ready*/
  ____________________________
  ____________________________
end

wire [1:0] pe_ctl;
assign pe_ctl[0]   = ____________________________; /*TODO*/
assign pe_ctl[1]   = ____________________________; /*TODO*/
wire pe_vld_i      = ____________________________; /*TODO*/
wire [31:0] pe_result;
wire pe_vld_o;
parallel_pe u_parallel_pe (
/*TODO*/
  ____________________________
  ____________________________
);

assign nram_mpe_neuron_ready = ____________________________; /*TODO*/
assign wram_mpe_weight_ready = ____________________________; /*TODO*/
assign result = pe_result;
assign vld_o = pe_vld_o;
endmodule
```

6.5.4 编译调试

6.5.4.1 编写仿真顶层文件

仿真顶层文件 tb_top.v 将读取控制信号文件（inst），输入矩阵运算子单元的控制信号端口；读取神经元数据文件（neuron）和权重数据文件（weight），分别输入矩阵运算子单元的神经元端口和权重端口。

在 Verilog 语法中，系统任务 $readmemb 和 $readmemh 用来从文件中读取数据到存储器中。对于 $readmemb 系统任务，每个数字必须使用二进制表示；对于 $readmemh 系统任务，每个数字必须使用十六进制表示。这两个系统函数可以在仿真的任何时刻被执行，使用格式共六种：

- `$readmemb("数据文件名", 存储器名);`
- `$readmemb("数据文件名", 存储器名, 起始地址);`
- `$readmemb("数据文件名", 存储器名, 起始地址, 结束地址);`
- `$readmemh("数据文件名", 存储器名);`
- `$readmemh("数据文件名", 存储器名, 起始地址);`
- `$readmemh("数据文件名", 存储器名, 起始地址, 结束地址);`

其中，“数据文件名”表示被读取的数据文件，包含输入文件的路径和文件名，如代码示例 6.7 所示。

代码示例 6.7 设置仿真数据路径

```
initial
begin
  $readmemb("D:/pe_exp/data/inst", inst);
  $readmemh("D:/pe_exp/data/neuron", neuron);
  $readmemh("D:/pe_exp/data/weight", weight);
  $readmemh("D:/pe_exp/data/result", result);
 end
```

6.5.4.2 编译代码

仿真顶层文件编写完成后，可通过 ModelSim 工具编译实验源代码和对应的顶层文件。编译代码前，首先需通过代码示例 6.8 所示的编译列表指定需编译的顶层文件和源代码文件。

代码示例 6.8 编译列表

```
//源代码文件
path/to/src dir/module_0.v
path/to/src dir/module_1.v
```

```

//顶层测试文件
path/to/sim dir/tb_top.v
```

然后，在 ModelSim 软件的命令行窗口输入“do path to build/build.do”命令，工具开始执行代码示例 6.9 中的编译脚本来编译顶层测试文件和源代码。

代码示例 6.9　编译脚本

```
# 设置仿真环境路径
# TODO
set sim_home Path/to/simulation/Dir

# 在当前目录下创建一个叫作work的目录，在里面存放仿真数据文件
vlib ${sim_home}/work

#将work目录下的数据文件映射为一个叫作work的仿真库
vmap work ${sim_home}/work

#编译compile.f文件中指定的代码
vlog -f ${sim_home}/compile.f
```

ModelSim 编译代码时，命令行窗口中将显示编译的文件、顶层文件以及编译错误和警告数量，如图 6.9 所示。

```
# -- Compiling module tb_top
# -- Compiling module fifo
# -- Compiling module mcpu_mult
# -- Compiling module mcpu_acc
# -- Compiling module int45_to_fp_stg1
# -- Compiling module int45_to_fp_stg2
# -- Compiling module int45_to_int16
# -- Compiling module mcpu_cvt
# -- Compiling module mcpu
#
# Top level modules:
#       tb_top
# End time: 20:13:52 on Feb 14,2020, Elapsed time: 0:00:00
# Errors: 0, Warnings: 0
```

图 6.9　编译日志

6.5.4.3　启动仿真

在 ModelSim 命令行窗口输入“do path to build/sim_run.do”命令，运行代码示例 6.10 所示的执行脚本来启动仿真。

代码示例 6.10 执行脚本

```
vsim +nowarnTSCALE -lib work -c -novopt tb_top
```

执行脚本中关键参数的含义为：

- +nowarnTSCALE 表示忽略没有 timescale 定义的文件，用前面的 timescale 替代。
- -lib work 表示被仿真的库（lib）为 work。
- -c 表示从命令行启动仿真。
- -novopt 表示仿真时不优化中间变量，保持最大的信号可观测性。
- tb_top 表示仿真顶层模块名为 tb_top。

ModelSim 运行执行脚本后将显示如图 6.10 所示的 sim instance 面板，以及仿真模块的层次关系和模块的信号名称。

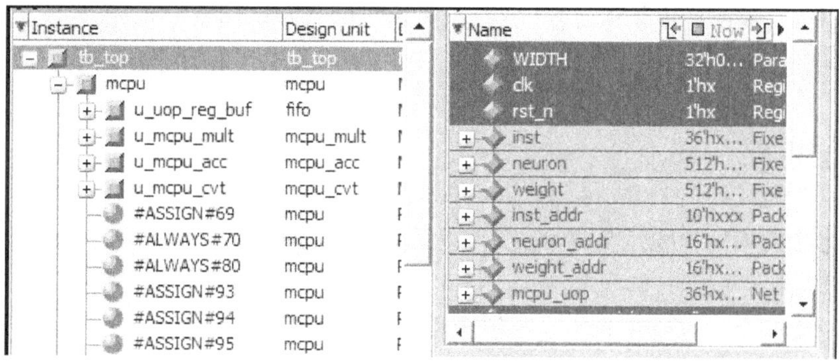

图 6.10 sim instance 面板

6.5.4.4 添加观测信号

先在 sim instance 面板中选择要调试的模块，然后在 Object 面板中选择要观测的信号，单击右键选择“Add to -> Wave -> Selected Signals”将选中的信号添加到 Wave 窗口。

6.5.4.5 运行仿真

在命令行窗口输入“run all”命令进行仿真，仿真完成后可通过波形窗口检查观测信号仿真的波形结果。

6.5.4.6 迭代调试

当发现仿真结果错误后，重新修改代码，执行以下步骤：

1）运行“do path to build/build.do”重新进行编译。

2）运行“restart”命令重新启动仿真。

3）运行“run -all”命令执行仿真，观测结果。

4）仿真完成后，使用“quit -sim”退出仿真。

6.6 实验评估

实现串行内积运算器、并行内积运算器、矩阵运算子单元，然后通过 ModelSim 分别仿真 4 组不同规模的向量进行内积运算。如果内积运算结果和 result 文件中的结果都能比对正确，则说明实现的串行内积运算器、并行内积运算器和矩阵运算子单元功能正确。

本次实验的评估标准设定如下：

- 60 分：实现串行内积运算器，输出结果和 result 文件比对正确。
- 80 分：实现串行和并行内积运算器，输出结果和 result 文件比对正确。
- 100 分：实现串行内积运算器、并行内积运算器和矩阵运算子单元，输出结果和 result 文件比对正确。

6.7 实验思考

1）对比分析串行内积运算器和并行内积运算器完成 neuron 文件与 weight 文件内积运算所需的时钟周期数。

2）请说明深度学习处理器加速卷积计算的原理是什么。

C H A P T E R 7

第 7 章

综合实验

前述章节实验完成了图像风格迁移应用在深度学习处理器上的迁移、开发和优化。本章实验将涉及多个不同领域（如目标检测、文本检测、自然语言处理等）的人工智能应用在深度学习处理器上的开发和优化。

7.1 节介绍基于 YOLOv3 网络模型[22] 实现目标检测应用在 DLP 上的部署。主要实验内容为采用智能编程语言实现 YOLOv3 网格模型中的非极大值抑制（Non-Maximal Suppression，NMS），并完成 YOLOv3 网络在 DLP 上的运行。

7.2 节介绍基于 EAST 网络模型[23] 实现文本检测应用在 DLP 上的部署。主要实验内容为采用智能编程语言实现 EAST 网络模型中的 SBC（Split+Sub+Concat）自定义算子，并完成 EAST 网络在 DLP 上的运行。

7.3 介绍基于 BERT 网络模型[24] 实现典型自然语言处理任务——问答系统在 DLP 上的部署。主要实验内容为采用智能编程语言实现 BERT 网络模型中的批量矩阵乘算子，并完成 BERT 网络在 DLP 上的运行。

7.1 基于 YOLOv3 实现目标检测

7.1.1 实验目的

本实验的目的是熟悉目标检测算法原理，掌握在 DLP 上移植和优化代表性目标检测算法（YOLOv3）的方法和流程，能够使用智能编程语言进行 YOLOv3 中 NMS 的开发和优化，并在 DLP 上运行 YOLOv3 网络推断。具体包括：

1） 掌握使用智能编程语言进行自定义算子开发和优化的方法。

2） 掌握在 TensorFlow 框架中添加算子的方法。

3） 掌握使用 TensorFlow 编写目标检测应用并在 DLP 上进行移植和优化的方法。

实验工作量：约 500 行代码，约需 15 小时。

7.1.2 背景介绍

7.1.2.1 目标检测

目标检测是对图像中特定类别的目标（例如人、动物、车等）进行定位并分类。图 7.1是对一张图片做目标检测的结果示例。目标检测是实例分割、图像描述、目标跟踪等计算机视觉任务的基础，目前已广泛应用于自动驾驶、机器人视觉、视频分析等领域[25]。

图 7.1 目标检测结果示例

基于深度学习的目标检测算法主要包括两阶段算法和一阶段算法。其中，两阶段算法基于候选区域提取方法，首先产生候选框将所有可能的潜在目标框出来，然后用基于卷积神经网络的图像分类算法对候选框进行分类和进一步的回归，获得最终的边界框（bounding box）；一阶段算法仅用卷积神经网络直接输出目标的位置和分类。两阶段算法的代表性算法包括 R-CNN 系列，一阶段算法的代表性算法包括 YOLO、SSD 等。本实验选用经典的一阶段检测算法 YOLOv3 网络做目标检测。

7.1.2.2 YOLOv3

使用 YOLOv3 做目标检测时，首先用卷积神经网络提取特征并预测边界框的类别和位置，然后用非极大值抑制（NMS）来筛选边界框。在本实验中将采用智能编程语言来实现 NMS 算法。下面将介绍 YOLOv3 中的特征提取网络结构及 NMS 算法原理。

1. 特征提取网络结构

YOLOv3[22] 特征提取部分的网络结构如图 7.2 所示。YOLOv3 使用 Darknet-53 作为骨干网络来提取图片的特征信息，然后通过特征金字塔网络得到 3 个不同尺度上的预测输出。

Darknet-53 网络借鉴了 ResNet 的思想，引入了残差结构，从而可以在网络深度加深的情况下仍能收敛，并可以在一定程度上减少计算量。Darknet-53 的网络结构参数在输入图像尺寸为 256×256 的情况下如表 7.1 所示。该网络包含 5 个 Res_n 残差结构，其中 Res_n 由一个步长为 2 的卷积层和 n 个残差单元 Res_unit 组成。而每个残差单元包含一个 1×1 卷积层、一个 3×3 卷积层，以及输入与输出的直连。Darknet-53 共包含 52 个卷积层和 1 个全连接层，其中有 5 个卷积层的步长为 2，因此最终的输出特征图的高度/宽度为输入图像的高度/宽度的 1/32。值得注意的是 Darknet-53 网络支持不同尺寸的输入，输出特征图的尺寸与输入尺寸有关。

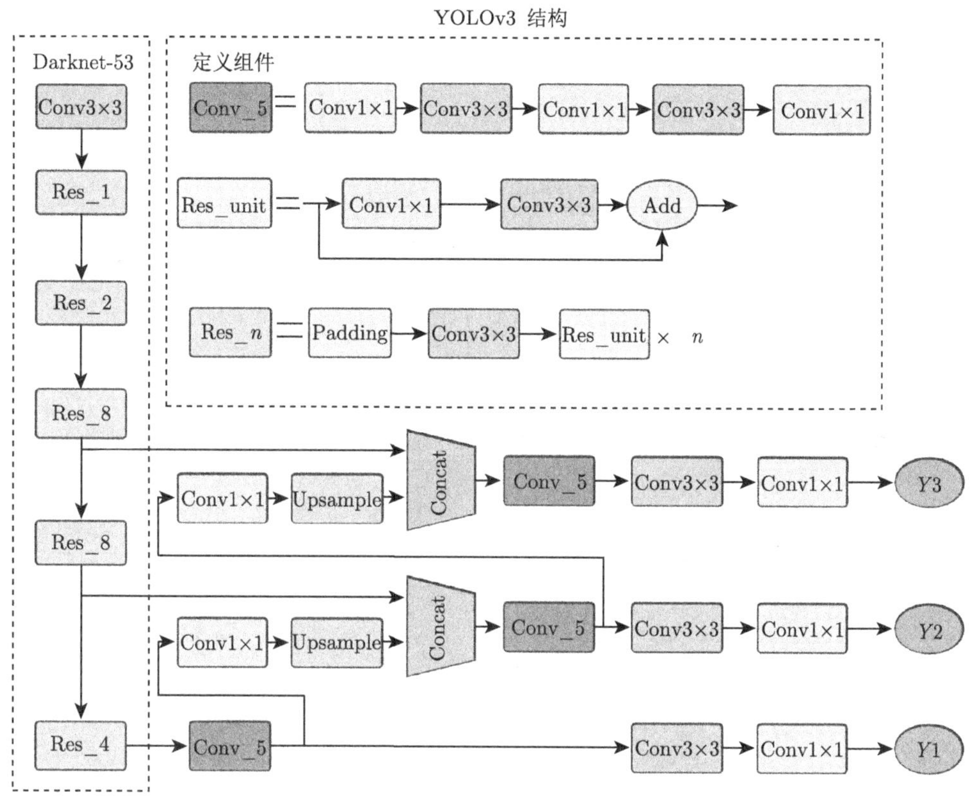

图 7.2 YOLOv3 特征提取网络结构图

特征金字塔网络对 Darknet-53 网络的输出及中间层做卷积、上采样、拼接等处理，分别得到 3 个不同尺度上的输出 $Y1$、$Y2$、$Y3$，如图 7.2 所示。在每个尺度的每个特征位置上，YOLOv3 预测 3 个锚框（anchor box）。YOLOv3 预测 anchor box 的方法沿用了 YOLOv2 的聚类法，首先对训练集中的标注数据利用聚类法获得最有代表性的 9 个不同的 anchor box，再将其按照大小均匀分到 3 个尺度上。

当输入图像的大小为 256×256 时，3 个尺度上的输出特征图 $Y1$、$Y2$、$Y3$ 的大小分别为 8×8、16×16、32×32，如表 7.2 所示，对应图 7.2中的 3 个输出（$Y1$、$Y2$ 和 $Y3$）。在推断过程中，每个尺度上特征提取后的每个特征位置都包含 3 个不同的边界框，每个边界框包含 4 个坐标位置（边界框的中心坐标、宽度、高度）、边界框的置信度、数据集每个类别的概率（COCO 数据集共有 80 个类别），因此每个尺度上的输出大小为 $N \times N \times 3 \times (4+1+80) = N \times N \times 255$。例如表 7.2中的输出 $Y1$ 的大小为 $8 \times 8 \times 255$。

2. 非极大值抑制（NMS）

通过特征提取网络得到的边界框在同一物体位置可能会有多个边界框，而且这些边界框可能会有重叠，如图 7.3 所示。因此需要采用 NMS 来去除冗余的边界框，从而提高检测精度。NMS 是目标检测算法中的重要环节之一，在一般情况下对每个类别做 NMS 处理的过程如下。

表 7.1 Darknet-53 的网络结构[22]

残差结构 Res_n	残差单元重复次数	残差单元 Res_unit	类型	输出通道数	卷积核大小/步长	输出特征图大小
			Conv	32	3 × 3	256 × 256
Res_1			Conv	64	3 × 3 / 2	128 × 128
	1	Res_unit	Conv	32	1 × 1	
			Conv	64	3 × 3	
			Residual			128 × 128
Res_2			Conv	128	3 × 3 / 2	64 × 64
	2	Res_unit	Conv	64	1 × 1	
			Conv	128	3 × 3	
			Residual			64 × 64
Res_8			Conv	256	3 × 3 / 2	32 × 32
	8	Res_unit	Conv	128	1 × 1	
			Conv	256	3 × 3	
			Residual			32 × 32
Res_8			Conv	512	3 × 3 / 2	16 × 16
	8	Res_unit	Conv	256	1 × 1	
			Conv	512	3 × 3	
			Residual			16 × 16
Res_4			Conv	1024	3 × 3 / 2	8 × 8
	4	Res_unit	Conv	512	1 × 1	
			Conv	1024	3 × 3	
			Residual			8 × 8
			平均池化			
			全连接	1000		
			Softmax			

表 7.2 当输入图像大小为 256 × 256 时，YOLOv3 特征金字塔网络的 3 个输出尺度

尺度	检测类型	实现方式
8 × 8	大型目标	Darknet-53 网络中最后一个卷积层的输出为 8 × 8 × 1024。经过 Conv_5 卷积将通道数调整为 512，再经过两个卷积层，输出 $Y1$
16 × 16	中型目标	8 × 8 尺度分支中经过 Conv_5 后得到的特征图（8 × 8 × 512）。经过 Conv1x1 卷积将通道数调整为 256，再经过上采样 Upsample 将特征图尺寸缩放为 16 × 16，然后与 Darknet-53 中第 2 个 Res_8 的输出特征图进行拼接，接着经过 Conv_5 将通道数调整为 256，再经过两个卷积层，输出 $Y2$
32 × 32	小型目标	16 × 16 尺度分支中经过 Conv_5 后得到的特征图（16 × 16 × 256）。经过 Conv1x1 卷积将通道数调整为 128，再经过上采样 Upsample 将特征图尺寸缩放为 32 × 32，然后与 Darknet-53 中第 1 个 Res_8 的输出特征图进行拼接，接着经过 Conv_5 将通道数调整为 128，再经过两个卷积层，输出 $Y3$

图 7.3 NMS 示意图

1）将所有边界框按照置信度 score 进行排序得到候选框列表。

2）根据排序结果处理候选框列表中置信度最高的边界框，将其作为正确预测框输出，同时将其从候选框列表中移除。

3）计算上一步中的边界框与其他边界框的交并比 IoU，从候选框列表中移除重叠度高于或等于阈值 t_{iou} 的框，即移除 $\mathrm{IoU} \geqslant t_{\mathrm{iou}}$ 的边界框。

4）重复上述两个步骤，直到没有置信度大于 t_{score} 的候选框为止。

其中，交并比（Intersection over Union，IoU）就是用两个框 A 和 B 相交的面积除以 A 和 B 相并的面积：

$$\mathrm{IoU} = \frac{A \cap B}{A \cup B} \tag{7.1}$$

更多关于 IoU 的介绍，可以参考《智能计算系统》教材[1] 的 3.3.1.1 节。

NMS 广泛应用于多种目标检测算法，因此在 DLP 实现时有必要单独封装出一个通用的 NMS 模块。该通用的 NMS 模块不仅适用于任意目标检测算法，还可以缩短其他检测算法的开发周期。因此，本实验设计了一个 NMS 通用模块，在头文件中将 NMS 计算过程封装成 nms_detection 函数，并通过头文件提供调用接口，供 YOLOv3 后处理直接调用。

7.1.3 实验环境

硬件平台：DLP 云平台环境。

软件环境：编程框架 TensorFlow、高性能库 CNML、运行时库 CNRT、智能编程语言及编译器等。

数据集：微软的 COCO 数据集[26]。该数据集支持目标检测、目标分割等任务，本实验使用其中的目标检测部分。该数据集包括训练集、测试集和验证集，包含超过 20 万张已标注的图片和 80 个目标分类。本实验中的数据来自 COCO 2017 的验证集。数据集的图片尺寸不一，需要在使用时做预处理操作。该数据集的下载地址为 https://cocodataset.org/。

7.1.4 实验内容

本实验主要完成目标检测算法 YOLOv3 在 DLP 平台上的移植及性能优化。首先对 YOLOv3 模型进行模型量化，然后使用 DLP 上定制的 TensorFlow 加载模型并运行模型推断。为了充分发挥 DLP 的计算能力，需要采用智能编程语言实现 YOLOv3 的后处理算子 Yolov3DetectionOutput，并将其集成到 TensorFlow 框架中。为了简化实验，本实验只需要完成后处理算子中的 NMS 部分。

实验流程如图 7.4 所示，主要包括：

1）模型运行与量化：完成 YOLOv3 在 CPU 平台上的推断，进行网络模型量化，通过定制的 TensorFlow 在 DLP 平台上运行量化后的模型。

2）BCL 自定义算子的 Kernel 实现：采用 BCL 实现后处理算子 Yolov3DetectionOutput 中 NMS 部分的运算（也可选用 BPL 实现）。

3）框架算子集成：将用 BCL/BPL 实现的后处理自定义算子 Yolov3DetectionOutput 的 Kernel 集成到 CNPlugin 和 TensorFlow 框架中。

4）模型在线推断：使用集成了自定义算子的 TensorFlow 完成 YOLOv3 网络模型在 DLP 上的在线推断。

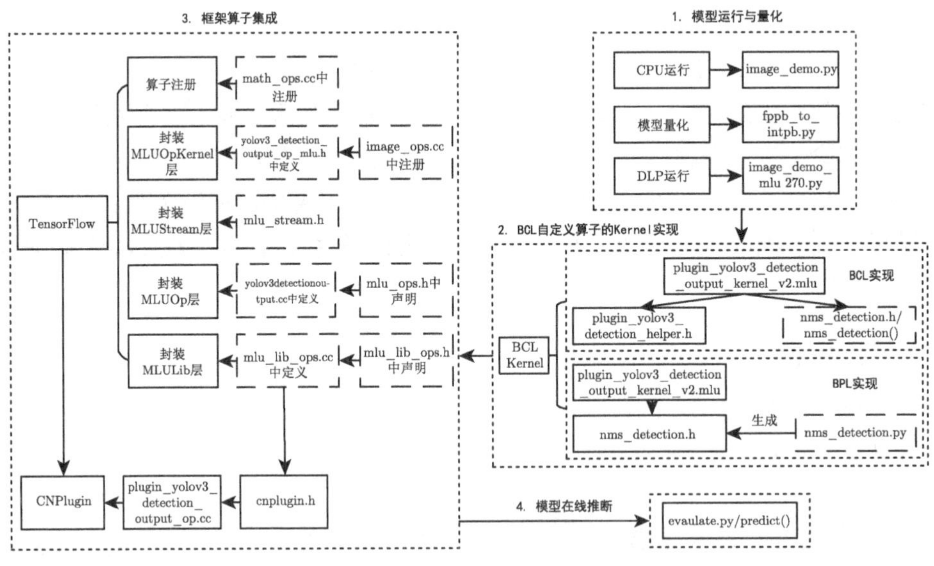

图 7.4 基于 YOLOv3 的目标检测实验流程

图 7.4 中虚线框的部分是本实验需要补充完善的代码文件。每一步实验需要修改的具体内容请参考下一小节。

7.1.5 实验步骤

7.1.5.1 模型运行与量化

为了在 DLP 平台上运行 YOLOv3 网络模型，需要：首先利用开源的预训练 ckpt 模型，在 CPU 上运行 YOLOv3 模型推断，以确保相关依赖安装完整且模型正确；接着将 ckpt 模型转换为 pb 格式，做模型格式转换是因为目前云平台软件环境提供的量化工具仅支持 pb 格式的模型文件；然后将模型量化为 int8 类型的模型；最后在 DLP 上运行量化后的 YOLOv3 模型进行推断。具体步骤如下。

1. 在 CPU 平台上运行 YOLOv3 模型

在 CPU 平台上运行 YOLOv3 网络模型，以检查相关实验环境的依赖软件是否安装完整，并检验模型和数据预处理过程的正确性。详细过程如下：

1）获取开源的 YOLOv3 工程：git clone https://github.com/YunYang1994/tensorflow-yolov3.git。

2）安装推断所需的软件包：一些必备的 Python 安装包在 DLP 云平台软件环境中已经安装完成，但每个综合实验的特有依赖软件还需单独安装，使用下面的命令完成依赖软件的安装与升级。

```
$ cd tensorflow-yolov3
$ pip install -r ./docs/requirements.txt
```

3）模型下载与转换：执行代码示例 7.1中的命令，完成模型的下载与转换。下载的开源 ckpt 文件中保存的张量数据对应的张量名称与代码实现的 YOLOv3 网络结构中的张量名称有些差异，因此需要做模型张量数据载入，完成模型结构和张量数据的绑定。此外，还需要将 ckpt 模型转换为 pb 格式，以便于后续模型量化处理。

代码示例 7.1 YOLOv3 模型下载与转换

```
$ cd checkpoint
$ wget https://github.com/YunYang1994/tensorflow-yolov3/releases/download/v1.0/
    yolov3_coco.tar.gz
$ tar -xvf yolov3_coco.tar.gz
$ cd ..
$ python convert_weight.py
$ python freeze_graph.py
```

4）模型推断与验证：执行下面的命令，在 CPU 上运行 YOLOv3 的推断。

```
$ python image_demo.py
```

2. 模型量化

要在 DLP 平台上运行 YOLOv3 的推断，需要将 YOLOv3 模型量化为 int8 类型并保存为 pb 格式的模型文件，具体量化过程可以参考 4.1.2.2 节的介绍。对 YOLOv3 模型进行量化时，首先参照代码示例 7.2编写参数配置文件，然后运行如下命令，使用量化工具 fppb_to_intpb 对模型进行量化并生成新的模型文件 yolov3_int8.pb。

```
python fppb_to_intpb.py config/yolov3_naive_int8.ini
```

代码示例 7.2　YOLOv3 量化配置文件

```
; file: yolov3_naive_int8.ini
[preprocess]
mean = 0, 0, 0                       ; 输入图像的均值，顺序依次为 mean_r、 mean_g、mean_b
std = 255.0                          ; 输入图像的方差
color_mode = rgb                     ; 输入图像的色彩模式，包括rgb、bgr、grey
crop = 416, 416                      ; 将图片裁剪为 416 × 416 大小
calibration = yolov3_preprocess_cali ; 读取及预处理校准数据的方式，可以根据需求进行自定义，[preprocess] 和 [data] 中定义的参数均为 calibration 的输入参数

[config]
activation_quantization_alg = naive  ; 输入量化模式，包括naive和threshold_search。其中，naive 为基础模式，threshold_search 为阈值搜索模式
device_mode = clean                  ; 可选 clean、mlu 和 origin。其中，使用 clean 生成的模型在运行时会自动选择可运行的设备，建议使用 clean
use_convfirst = False                ; 是否使用 convfirst
quantization_type = int8             ; 量化位宽，目前可选 int8和int16
debug = False                        ; 是否为调试模式
weight_quantization_alg = naive      ; 权重量化模式，包括naive和threshold_search。其中，naive 为基础模式，threshold_search 为阈值搜索模式
int_op_list = Conv, FC, LRN         ; 要量化的层的类型，目前可量化 Conv、FC 和 LRN
channel_quantization = False        ; 是否使用分通道量化

[model]
output_tensor_names = pred_sbbox/concat_2:0, pred_mbbox/concat_2:0, pred_lbbox/concat_2:0    ; 输出张量的名称，可以是多个，以逗号隔开
original_models_path = ./realpath-of-yolov3_coco.pb       ; 输入的pb文件
save_model_path = ./pbs/yolov3/yolov3_int8.pb             ; 输出的pb文件
input_tensor_names = input/input_data:0                  ; 输入张量的名称，可以是多个，以逗号隔开

[data]
num_runs = 2                     ; 运行次数
data_path = ./image_list_coco    ; 数据文件存放路径
batch_size = 10                  ; 每次运行的批量大小
```

3. 在 DLP 平台上运行量化后的模型

量化得到 int8 类型的模型文件后，参照 4.2.5.3 节，通过 session config 设置 DLP 的核数、数据精度等运行参数，就可以在 DLP 上运行量化后的模型，以加快运行速度。

具体运行参数的设置如代码示例 7.3 所示。修改完代码之后，直接运行 Python 程序即可将模型运行在 DLP 上。这种方式下 DLP 不支持的部分算子（如后处理中的 NMS）会自动分配到 CPU 上运行。为了将整个模型运行到 DLP 上以进一步提高处理性能，本实验后续步骤将用智能编程语言实现后处理算子中 NMS 的计算逻辑，并将后处理算子集成到 TensorFlow 框架中。

代码示例 7.3　设置 YOLOv3 的 DLP 运行环境

```
# file: image_demo_mlu270.py
pb_file = "./realpath-to-int8-pb"
......
config = tf.ConfigProto(allow_soft_placement=True,
              inter_op_parallelism_threads=1,
                     intra_op_parallelism_threads=1)
config.mlu_options.data_parallelism = 1
config.mlu_options.model_parallelism = 1
config.mlu_options.core_num = 4
config.mlu_options.core_version = "MLU270"
config.mlu_options.precision = "int8"
config.mlu_options.save_offline_model = False
config.mlu_options.offline_model_name = "yolov3_int8.cambricon"
with tf.Session(config = config, graph=graph) as sess:
    ......
```

7.1.5.2　BCL 自定义算子的 Kernel 实现

使用 BCL 实现 NMS 模块时，如果按照 7.1.2.2 节介绍的 NMS 算法流程直接实现，效率比较低。为了利用 DLP 的向量计算及存储特点，在 DLP 上 NMS 的实现流程如图 7.5 所示。相对于 7.1.2.1 节介绍的 NMS 算法流程，主要做两方面的修改。首先，对 IoU 大于或等于阈值的边界框的移除处理，采用将被移除框的置信度 score 置为零的方式来实现。该方式不需要实际删除数据，并且被移除的边界框不会影响下一轮的筛选，而原算法实现需要来回拷贝数据，实现效率低。其次，不做 NMS 原算法中第一步的边界框排序处理，而是在每次循环中利用向量计算函数来搜索 score 最大的边界框，输出该边界框，将其 score 置为 0，并计算其与其他边界框的 IoU。

考虑到 NMS 模块的通用性以及 DLP 的硬件特性，在使用 BCL 实现 NMS 模块时，还需要满足以下条件：

1）　该模块能够支持不同规模的数据。

2） 输入数据来源为 GDRAM、NRAM、SRAM 中的一种。

3） 输出数据存放到 GDRAM、NRAM、SRAM 中的一种。

4） 能够以不同的存储格式存放数据。

5） 能够在 BLOCK 和 UNION1 的模式下工作。

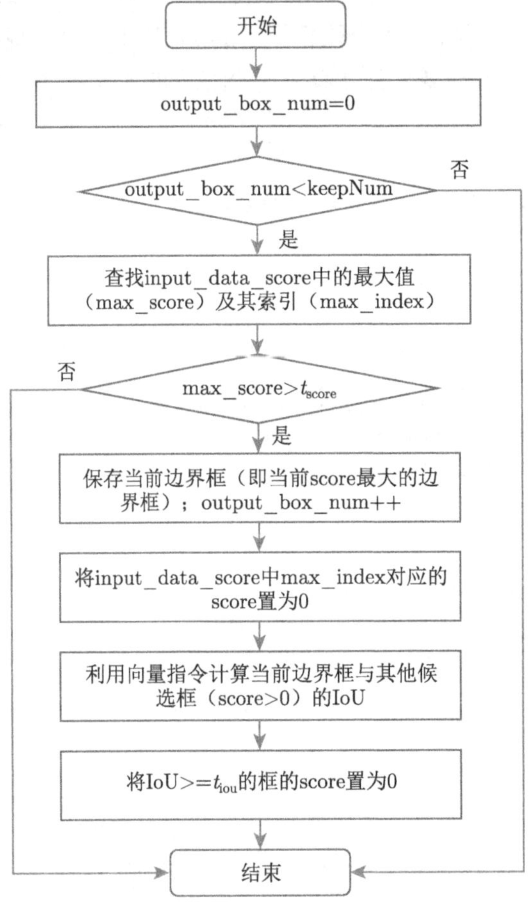

图 7.5 DLP 上 NMS 的实现流程

由于实验所用的 DLP 平台的每个计算核的 NRAM 大小为 512 KB，每个 Cluster 对应的 SRAM 大小为 2 MB。为了提高性能，针对不同的问题规模，每一步计算的中间结果可以放入不同的存储空间。对于 NRAM 可以放下整个问题规模的情况应该让所有数据都驻留在 NRAM 中，随着问题规模的扩大则需要使用 SRAM 或 GDRAM 作为存放中间结果的缓存。在 UNION1 模式下，BCL Kernel 可以使用 Cluster 中的 SRAM 空间，通过设计数据调度算法可以提高程序运行速度。关于 BLOCK 和 UNION1 的更多介绍请参考

5.2.2 节。

根据 NMS 算法特点及上述限制，NMS 通用模块的接口设计如代码示例 7.4 所示。

代码示例 7.4 BCL 实现的 NMS 通用模块的接口设计

```
// file: nms_detection.h
#define NMS_DT_FLAG 0 // 0: half 1: float
#if NMS_DT_FLAG == 0
  #define NMS_DT half
#else
  #define NMS_DT float
#endif
/*!
 * 该函数实现目标检测中的NMS功能，支持输入和输出地址空间的多样化选择，包括GDRAM/SRAM/NRAM。
 *
 * NMS_DT 程序的输入、输出和中间计算结果的数据类型有half和float两种，在编译时根据编译选项确定。
 *
 * @param[out] output_box_num    NMS筛选出的边界框的总个数
 * @param[out] output_data       NMS计算结果存放的地址
 * @param[in] dst                NMS计算结果存放的地址类型，包括GDRAM、SRAM、NRAM
 * @param[in] input_data_score   输入的待筛选边界框的score的地址
 * @param[in] input_data_box     待筛选边界框的坐标的地址，存储顺序是[x1, y1, x2, y2]，同一类型的数据存放在一起。其中(x1, y1)为框的左上角坐标，(x2, y2)为框的右下角坐标
 * @param[in] src                NMS输入数据存放的地址类型，包括GDRAM、SRAM、NRAM
 * @param[in] buffer             NMS计算使用的NRAM空间首地址
 * @param[in] buffer_size        NMS计算使用的NRAM空间大小，单位为字节
 *    当dst为GDRAM或SRAM时，buffer_size至少为(64 * 9 + 64 + 256 * 5) * sizeof(NMS_DT)
 *    当dst为NRAM时，buffer_size至少为(64 * 9 + 64) * sizeof(NMS_DT)
 *    需要特别说明的是，如果src == NRAM并且input_box_num是对齐的，则可以省去数据搬运的开销，NMS的计算会更加高效
 * @param[in] sram               在函数外部声明的SRAM的地址空间，在UNION1模式下通过对SRAM的读写完成核间通信，找到score的最大值
 *    大小至少为30 * sizeof(NMS_DT)
 * @param[in] split_mode         拆分模式，包括NMS_BLOCK和NMS_U1，分别表示以BLOCK和UNION1模式运行
 * @param[in] input_box_num      输入的待筛选边界框的数量
 * @param[in] input_stride       输入数据的步长，即x1、y1、x2、y2之间的步长
 * @param[in] output_stride      输出数据的步长，即x1、y1、x2、y2之间的步长
 * @param[in] keepNum            根据概率排序选择保留概率最高的边界框个数
 * @param[in] thresh_iou         交并比阈值
 * @param[in] thresh_score       score阈值
 * @param[in] save_method        存储模式，包括0、1两种模式：
 *    0: 按以下方式存储筛选后的边界框的score和坐标
 *    score,x1,y1,x2,y2|score,x1,y1,x2,y2|...
 *    1: 按以下方式存储筛选后的框的score和坐标
```

```
 *    |------output_stride-----|
 *    score,score,......00000000
 *    x1,x1,x1,x1,......00000000
 *    y1,y1,y1,y1,......00000000
 *    x2,x2,x2,x2,......00000000
 *    y2,y2,y2,y2,......00000000
 */
__mlu_func__ void nms_detection(int& output_box_num,
                                NMS_DT* output_data,
                                Addr dst,
                                NMS_DT* input_data_score,
                                NMS_DT* input_data_box,
                                Addr src,
                                NMS_DT *buffer,
                                int buffer_size,
                                NMS_DT* sram,
                                SplitMode split_mode,
                                int input box_num,
                                int input_stride,
                                int output_stride,
                                int keepNum,
                                NMS_DT thresh_iou,
                                NMS_DT thresh_score,
                                int save_method);
```

NMS 模块的实现主要包括准备阶段和执行阶段。

1. 准备阶段

准备阶段主要完成所需变量的声明、空间划分和多核拆分等。

1）变量声明

声明代码示例 7.5中的变量，用于后续的 NMS 计算过程。

代码示例 7.5 BCL 实现的 NMS 模块的变量声明

```
// file: nms_detection.h

int core_limit = split_mode;     // 启用的核数，BLOCK模式对应1，UNION1模式对应4
int32_t* loop_end_flag;          // UNION1模式结束标识
int nram_save_limit_count;       // NRAM上临时存储的待筛选边界框的数量。由于NRAM空间有
                                    限，需要根据NRAM空间分配情况与框的数量动态决定

int MODE;                        // 数据调度模式。对于不同的问题规模使用不同的数据调度策
                                    略。
                                 // MODE=0表示数据需要先加载到指定的NRAM上再进行计算。
                                 // MODE=1表示数据在NRAM上可以直接运算，但此时需要满足两
                                    个条件：
```

```
                                      // buffer空间足够，input_box_num是对齐到64的

// 输入数据指针
NMS_DT* input_score_ptr;              // 输入的待筛选边界框的score的数据指针
NMS_DT* input_x1_ptr;                 // 输入的待筛选边界框box的x1坐标数据指针
NMS_DT* input_y1_ptr;                 // 输入的待筛选边界框box的y1坐标数据指针
NMS_DT* input_x2_ptr;                 // 输入的待筛选边界框box的x2坐标数据指针
NMS_DT* input_y2_ptr;                 // 输入的待筛选边界框box的y2坐标数据指针
input_score_ptr = input_data_score;
input_x1_ptr = input_data_box;
input_y1_ptr = input_x1_ptr + input_stride;
input_x2_ptr = input_y1_ptr + input_stride;
input_y2_ptr = input_x2_ptr + input_stride;

// NRAM 数据指针
NMS_DT* x1;                           // buffer空间，存放x1
NMS_DT* y1;                           // buffer空间，存放y1
NMS_DT* x2;                           // buffer空间，存放x2
NMS_DT* y2;                           // buffer空间，存放y2
NMS_DT* score;                        // buffer空间，存放score
NMS_DT* inter_x1;                     // buffer空间，IoU筛选临时空间，用于存放边界框的所有x1坐
                                        标
NMS_DT* inter_y1;                     // buffer空间，IoU筛选临时空间，用于存放边界框的所有y1坐
                                        标
NMS_DT* inter_x2;                     // buffer空间，IoU筛选临时空间，用于存放边界框的所有x2坐
                                        标
NMS_DT* inter_y2;                     // buffer空间，IoU筛选临时空间，用于存放边界框的所有y2坐
                                        标
NMS_DT* max_box;                      // buffer空间，存放置信度最高的边界框信息，顺序为最大
                                        score、x1、y1、x2、y2
NMS_DT* nram_save;                    // buffer空间，待筛选边界框的临时存储空间

int limit = 0;                        // 根据片上buffer的空间计算一次最多能处理的输入框的个数
int len_core = 0;                     // 每个核需要处理的框的个数
int max_seg_pad = 0;                  // 每次处理输入框的个数，根据limit进行下补齐
int repeat = 0;                       // 整数段，需要处理几次max_seg_pad
int remain = 0;                       // 余数段，剩下需要处理的框的个数
int remain_pad = 0;                   // 余数段进行补齐后的框个数，满足向量计算函数的对齐限制
int input_offset = 0;                 // 当前核处理的输入数据的起始地址偏移
int nram_save_count = 0;              // NRAM临时空间存储的框个数，当NRAM中的框达到该数量时，
                                        再将其整体拷贝
                                      // 到实际目标地址。采用这种类似缓存的机制，通过批量拷贝
                                        提高处理速度
```

2）片上空间划分

由于片上存储空间有限，需要对存储空间进行划分，通过分时复用来提高不同规模数

据下 NRAM 的使用效率，提高处理速度。

当输入数据存放在 GDRAM 或 SRAM 上时，需要先拷贝数据到 NRAM 上才能执行计算；当输入数据存放在 NRAM 上时，则无须拷贝，可以直接执行计算操作。

变量 MODE 用来表示目前输入的候选边界框数据是否可直接供计算使用，方便后续程序做分支判断。MODE 为 1 表示不需要加载数据，可以直接计算。此时输入数据要满足三个条件，首先输入数据必须存放在 NRAM 上，其次输入数据满足向量计算的对齐要求，最后输入计算规模满足计算过程中的中间变量空间大小限制。当输入数据无法同时满足这三个条件时，MODE 为 0。此时数据尚未完成调度准备，需要在后续的代码中完成数据拷贝、对齐等操作。

为了节省 buffer 空间，考虑空间复用后，NMS 计算过程中至少需要 4 块 NRAM 上的临时空间来保存中间变量，包括 inter_x1、inter_y1、inter_x2、inter_y2。需要说明的是，这些变量在程序的不同阶段含义不同，在开发的过程中要清晰地理解变量的上下文含义，避免使用冲突。

3）多核拆分

多核拆分将任务拆分到 DLP 内部的多个计算核上并行执行。NMS 模块需要根据输入数据存放的位置（src）来进行多核拆分。

当 src=NRAM 时，NMS 模块只支持单核模式，即每个计算核负责计算分类任务中一个类别的 NMS 过程，用户可根据需求在模块外按类进行拆分。

当 src=GDRAM/SRAM 时，NMS 模块支持按数据块进行多核拆分，即一个类别的 NMS 过程可拆分到多个核上进行计算。

多核拆分的基本思想是，每个计算核上分到的边界框的数量相差不超过 1，即尽可能地将数据平均分配到各个计算核上。数据平均分配到计算核上之后，需要做数据对齐，具体的对齐方法是在数据后补 0 将其对齐到目标长度。片上空间划分以及多核拆分的实现如代码示例 7.6 所示。

代码示例 7.6　片上空间划分以及多核拆分

```
// file: nms_detection.h
#define NMS_SIZE 64
#define NMS_UP(x, y) (x / y + (int)(x % y > 0)) * y
#define NMS_DOWN(x, y) (x / y) * y
// 片上空间划分
if (src == NRAM) {
  if (MODE != 0) {
    repeat = 0;
    remain = input_box_num;
    remain_pad = remain;
  } else {
```

```
    limit = (buffer_size - 64 * sizeof(NMS_DT) - nram_save_limit_count * 5 * sizeof(
        NMS_DT)) / (nms_buffer_count1 * sizeof(NMS_DT)); // 根据片上buffer的空间计算
                                                         一次最多能处理的输入框的个
                                                         数。其中64*sizeof(NMS_DT)
                                                         是为了存储当前score最大的
                                                         框而预留的空间
    len_core = input_box_num;
    input_offset = 0;
    max_seg_pad = NMS_DOWN(limit, NMS_SIZE);      // 向下对齐长度
    repeat = len_core / max_seg_pad;              // 循环次数
    remain = len_core % max_seg_pad;              // 最后一次向量计算的长度
    remain_pad = NMS_UP(remain, NMS_SIZE);        // 向上对齐长度
  }
} else { // src为SRAM或者GDRAM的情况
  limit = (buffer_size - 64 * sizeof(NMS_DT) - nram_save_limit_count * 5 * sizeof(
      NMS_DT)) / (nms_buffer_count1*sizeof(NMS_DT));
  if (core_limit == 1) {
    len_core = input_box_num;
    input_offset = 0;
  } else {
    if (input_box_num % core_limit == 0) {
      len_core = input_box_num / core_limit;
      input_offset = coreId * len_core;
    }
    else {
      // 多核拆分
      int avg_core = input_box_num / core_limit;
      int tmp = input_box_num % core_limit;
      coreId < tmp ? len_core = avg_core + 1 : len_core = avg_core;
      input_offset = avg_core * coreId + (coreId <= tmp? coreId: tmp);
    }
  }
  max_seg_pad = NMS_DOWN(limit, NMS_SIZE);
  repeat = len_core / max_seg_pad;
  remain = len_core % max_seg_pad;
  remain_pad = NMS_UP(remain, NMS_SIZE);
}
```

2. 执行阶段

执行阶段包括搜索最大值、保存边界框和 IoU 筛选三部分，如代码示例 7.7 所示。每次循环，首先找到一个当前 score 最大的候选边界框，其次保存该边界框，并将该边界框的 score 置为 0，然后计算该边界框与其他候选边界框（score>0）的 IoU，并将 IoU $\geqslant t_{\text{iou}}$ 的边界框的 score 置为 0。该循环的退出条件为，找到的框的个数达到 keepNum，或者搜索到的最大 score 小于 t_{score}。

代码示例 7.7 执行阶段流程代码

```
// file: nms_detection.h
for (int keep = 0; keep < keepNum; keep++) {
    // 搜索最大值
    ......
    __bang_max(________________);
    ......

    // 最大的score小于或等于thresh_score时退出
    if (max_box[0] <= thresh_score)
        break;
    ......

    // 保存模块
    memcpy(______________________);
    ......

    //交并比筛选模块
    ......
}
```

1）搜索最大值

搜索 score 最大的候选边界框，可以通过_ _bang_max 指令来找到 score 数据中的最大值及其对应索引。如果是 BLOCK 模式，则可以直接找到 score 的最大值及其对应索引。如果是 UNION1 模式，则需要在每个计算核上计算核内 score 数据的最大值及其索引，然后通过共享存储 SRAM 进一步找到 4 个核上的 score 最大值及其索引。

2）保存边界框

将搜索出来的当前 score 最大的候选边界框拷贝到指定的输出位置，并将当前位置上该边界框的 score 置为 0。为了提高处理效率，不需要逐次将搜索出的 score 最大的边界框保存到指定的输出位置，而是将每次搜索到的 score 最大的边界框先保存到 nram_save 空间，当保存了一定数量的边界框之后再将其批量拷贝到指定的输出位置。

边界框数据的存储格式主要有两种，用参数 save_method 来区分，如图 7.6所示。当 save_method 为 1 时，边界框数据按 [score, x1, y1, x2, y2] 的顺序一组一组进行存放，相同类型的数据放在一起。当 save_method 为 0 时，依次存放每个边界框的数据，其中每个框的数据按 [score, x1, y1, x2, y2] 的顺序进行存放。

3）IoU 筛选

计算当前 score 最大的边界框与其余边界框的交并比 IoU，然后将 IoU 大于或等于阈值的边界框的 score 置为 0，这相当于移除该边界框。具体实现如代码示例 7.8 所示。其中，为了避免 IoU 计算中的除法，将阈值判断条件 $\text{IoU} \geqslant t_{\text{iou}}$ 转换为

$$(A \cap B) \geqslant (A \cup B) \times t_{\text{iou}}, \quad \text{即 } area\_I \geqslant area\_U \times t_{\text{iou}} \tag{7.2}$$

即两个框 A 和 B 相交的面积 ($area\_I = A \cap B$) 大于或等于两个框相并的面积（$area\_U = area\_A + area\_B - area\_I$ ）乘以阈值。

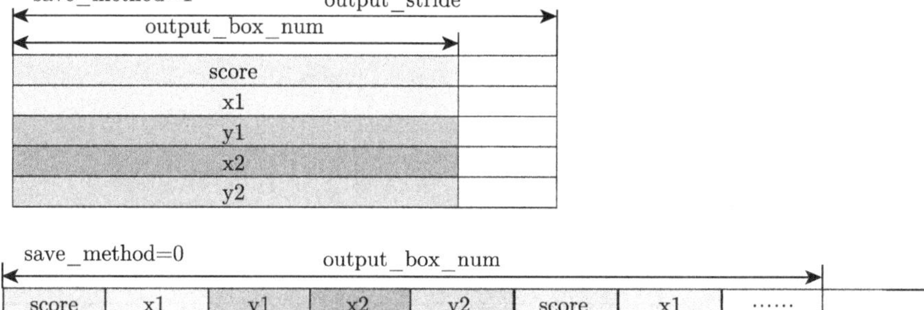

图 7.6 BCL NMS 边界框的两种存储格式

代码示例 7.8 BCL 实现的 NMS 模块中的 IoU 筛选

```
// file: nms_detection.h
/*IoU计算部分*/
// TODO: 计算得到相交部分的面积: area_I=(inter_x2 - inter_x1) * (inter_y2 - inter_y1)
// seg_len : 参与nms计算的边界框的个数
__nramset(inter_y1, seg_len, ________);                // 将当前最大score的边界框A的x1赋给inter_y1
__svmax_relu(inter_x1, ______, inter_y1, seg_len);     // 获取边界框A与其他候选框相交部分的左上角横坐标inter_x1
__nramset(inter_y2, seg_len, ________);                // 将边界框A的x2赋给inter_y2
__svmin_relu(inter_x2, ______, inter_y2, seg_len);     // 获取边界框A与其他候选框相交部分的右下角横坐标inter_x2
__bang_sub(inter_x1, _______, _______, seg_len);       // inter_x2 - inter_x1
__bang_active_relu(inter_x1, inter_x1, seg_len);       // 相交部分的宽度inter_w = (inter_x2 - inter_x1) > 0 ? (inter_x2 - inter_x1) : 0
__nramset(inter_x2, seg_len, ________);                // 将边界框A的y1赋给inter_x2
__svmax_relu(inter_y1, ______, inter_x2, seg_len);     // 获取边界框A与其他候选框相交部分的左上角纵坐标inter_y1
__nramset(inter_x2, seg_len, ________);                // 将边界框A的y2赋给inter_x2
__svmin_relu(inter_y2, ______, inter_x2, seg_len);     // 获取边界框A与其他候选框相交部分的右下角纵坐标inter_y2
__bang_sub(inter_y1, _______, _______, seg_len);       // inter_y2 - inter_y1
__bang_active_relu(inter_y1, inter_y1, seg_len);       // 相交部分的高度inter_h = (inter_y2 - inter_y1) > 0 ? (inter_y2 - inter_y1) : 0
```

```
__bang_mul(inter_x1, inter_x1, inter_y1, seg_len);      // area_I = inter_w * inter_h

// TODO: 计算得到每个候选框的面积: area = (x2 - x1) * (y2 - y1)
__bang_sub(inter_y1, _____, _____, seg_len);
__bang_sub(inter_y2, _____, _____, seg_len);
__bang_mul(inter_x2, inter_y1, inter_y2, seg_len); // area

// TODO: 得到相并部分的面积: area_U = area + max_area - area_I
// max_area: 边界框A的面积    area_I:相交部分面积
__nramset(inter_y1, seg_len, max_area);
__bang_add(inter_x2, ______, ______, seg_len);
__bang_sub(inter_x2, ______, ______, seg_len);     //area_U

/*筛选*/
// TODO: 如果IoU大于或等于阈值(即area_U*t_iou > area_I),则将相应候选框的score置为0
__bang_mul_const(inter_x2, ______, ______, seg_len);
__bang_gt(inter_x1, ______, ______, seg_len);
__bang_mul(score, ______, _____, seg_len);
```

此外，在实现过程中利用 BCL 函数和 DLP 硬件特征做了一些优化，包括：

- 坐标向量化：为了使用向量指令计算候选框与其他框的面积，将 score 最大的边界框的标量坐标使用 nramset 函数转换为向量。
- 比较向量化：IoU 阈值判断，使用__bang_gt 函数进行向量间的对位比较。当__bang_gt 函数的输入 i_0 大于输入 i_1 时，结果为 1，否则结果为 0。考虑到后续处理，这里将 IoU 判断条件——公式(7.2)改为 $area\_U \times t_{\text{iou}} > area\_I$，即 IoU 小于阈值时，比较结果为 1，否则结果为 0。
- score 置零向量化：边界框 score 置零，用__bang_gt 函数的比较结果与边界框的 score 相乘，从而将 IoU 大于或等于阈值 t_{iou} 的边界框的 score 置为 0。
- 复用中间变量：为了最大化 NRAM 空间利用率，对中间变量进行复用。代码示例7.8中变量 inter_x1、inter_y1、inter_x2、inter_y2 在不同地方的含义不同。在开发的过程中请注意变量复用时要避免冲突，保证结果正确。

7.1.5.3 BPL 自定义算子的逻辑实现

本节介绍如何使用 BPL 实现 7.1.5.2 节中的自定义算子逻辑。为便于理解，本实验实现的 NMS 模块仅支持输入数据来源为 NRAM、输出数据到 GDRAM 以及工作模式为 BLOCK 的情况，同时支持不同规模的数据，并能够以不同的存储格式存放数据。读者可以考虑如何设计更通用的 NMS 模块。

为了提高实现效率，使用 BPL 实现 NMS 模块时，也采用 7.1.5.2 节介绍的实现流程。使用 BPL 实现时，NMS 模块用一个 Python 类来定义，用该类的成员变量进行子模块间参数传递，如代码示例 7.9 所示。其中，NMS 类的_ _init_ _ 初始化函数使用 BPL 的 Var 接口定义 NMS 模块的标量输入参数，nms_compute_body 函数定义 NMS 模块的计算主体。

代码示例 7.9 BPL 实现的 NMS 模块的接口设计

```
# file: nms_detection.py
class NMS(object):
    """算子描述
      NMS 算子用于目标检测
    """
    def __init__(self, dtype=bp.float16, name="nms"):
        ......
        # buffer_size：NMS计算使用的NRAM空间大小。本实验中buffer_size至少为(64 * 9 +
            64) * dtype.bytes
        self.buffer_size = self.tcp.Var("buffer_size")
        # num_boxes：NMS筛选出的边界框的总个数
        self.num_boxes = self.tcp.Var("input_box_num")
        # max_output：根据概率排序选择保留概率最高的边界框个数
        self.max_output_size = self.tcp.Var("keepNum")
        # input_stride：输入数据的步长
        self.input_stride = self.tcp.Var("input_stride")
        # output_stride：输出数据的步长
        self.output_stride = self.tcp.Var("output_stride")
        # iou_threshold：交并比阈值
        self.iou_threshold = self.tcp.Var("thresh_iou", dtype=bp.float16)
        # score_threshold ：score阈值
        self.score_threshold = self.tcp.Var("thresh_score", dtype=bp.float16)
        # save_method：存储模式，与上节BCL算子实现接口说明中的save_method含义一致
        self.save_method = self.tcp.Var("save_method")

    def nms_compute_body(self, output_box_num, output, input_score, input_box,
        buffer_nram):
        """NMS算子的计算主体"""
        #output_box_num：输出张量，NMS筛选出的边界框的总个数，是一个形状为[1, ]的张量
        #output：输出张量，NMS计算结果存放的张量，存储顺序是：score，x1，y1，x2，y2。
            当save_method为1时，是一个形状为[5, output_stride]的地址空间位于GDRAM上
            的张量，当save_method为0时，是一个形状为[max_output, 5]的地址空间位于
            GDRAM上的张量
        self.output = output
        #input_box：输入张量，存放待筛选边界框坐标的张量，存储顺序是：x1，y1，x2，y2，
         同一类型的数据存放在一起，是一个形状为[4, input_stride]的地址空间位于NRAM上的
         张量
        self.input_box = input_box
        #input_score：输入张量，存放输入的待筛选边界框的score的张量，是一个形状为[
         input_strde, ]的地址空间位于NRAM上的张量
```

```
        self.input_score = input_score
        # buffer_nram：输入张量，NMS计算使用的存储中间结果的缓存张量，是一个形状为[buffer_size，]的地址空间位于NRAM上的张量
        self.buffer = buffer_nram
        ......
```

NMS 模块的计算主体（nms_compute_body 函数）主要包括准备阶段和执行阶段。

1. 准备阶段

由于 BPL 实现示例仅支持输入数据在 NRAM 上的情况，因此准备阶段不需要做片上空间划分和多核拆分，只需要声明 NMS 计算所需的中间变量，如代码示例 7.10所示。这些中间变量的值依赖于输入规模以及硬件指令和存储方面的限制。

代码示例 7.10　NMS 模块计算主体中的变量声明

```
# file: nms_detection.py
def nms_compute_body(self, output, input_score, input_box, buffer_nram):
    ......
    # 标量，临时存储空间存储多少个待筛选边界框后再将其整体拷贝到实际的目标地址；
    self.gdram_save_count = ________________
    # 标量，NRAM上临时存储空间已经存储的待筛选边界框的数量；
    self.nram_save_count = ________________
    # 标量，根据片上buffer的空间计算一次最多能处理的输入框的个数；
    self.nram_size_limit = ________________
    # 标量，每次处理输入框的个数，根据nram_size_limit进行下补齐，满足NRAM大小和计算指令对齐的限制；
    self.max_seg_size = self.tcp.Scalar(________________)
    # buffer空间张量，存放score，形状为[max_seg_pad，]；
    self.score = self.buffer[________________]
    # buffer空间张量，存放x1，形状为[max_seg_pad，]；
    self.x1 = self.buffer[________________]
    # buffer空间张量，存放y1，形状为[max_seg_pad，]；
    self.y1 = self.buffer[________________]
    # buffer空间张量，存放x2，形状为[max_seg_pad，]；
    self.x2 = self.buffer[________________]
    # buffer空间张量，存放y2，形状为[max_seg_pad，]；
    self.y2 = self.buffer[________________]
    # buffer空间张量，IoU筛选临时空间，用于存放边界框的所有x1坐标，形状为[max_seg_pad，]；
    self.inter_x1 = self.buffer[________________]
    # buffer空间张量，IoU筛选临时空间，用于存放边界框的所有y1坐标，形状为[max_seg_pad，]；
    self.inter_y1 = self.buffer[________________]
    # buffer空间张量，IoU筛选临时空间，用于存放边界框的所有x2坐标，形状为[max_seg_pad，]；
    self.inter_x2 = self.buffer[________________]
```

```
    # buffer空间张量，IoU筛选临时空间，用于存放边界框的所有y2坐标，形状为[max_seg_pad
        , ];
    self.inter_y2 = self.buffer[_______________]
    # buffer空间张量，存放置信度最高的边界框信息，顺序为max score、x1、y1、x2、y2，形
        状为[64, ](amax原语的张量对齐限制);
    self.max_box = self.buffer[_______________]
    # buffer空间张量，筛选框的临时存储空间。当save_method为1时，是一个形状为[5,
        gdram_save_count]的张量；当save_method为0时，是一个形状为[gdram_save_count,
        5]的张量；
    self.nram_save = self.buffer[_______________]
    ......
```

2. 执行阶段

执行阶段包括搜索最大值、保存边界框和 IoU 筛选三部分，如代码示例 7.11 所示。每次循环，首先搜索当前 score 最大的候选边界框，其次保存该边界框，并将该边界框的 score 置为 0，然后计算该边界框与其余边界框（score>0）的 IoU，并将 IoU $\geqslant t_{\text{iou}}$ 的边界框的 score 置为 0。该循环的退出条件为，找到的框的个数达到 max_output，或者搜索到的最大 score 小于 t_{score}。需要说明的是，BPL 目前没有 break、continue 等高级逻辑控制原语，需要使用其他方法控制逻辑循环，例如代码示例 7.11所使用的设置停止标志位的方法。

代码示例 7.11 BPL 实现的 NMS 模块执行阶段的代码示例

```
# file: nms_detection.py
stop_tag = self.tcp.Scalar(dtype=bp.int32 , name="stop_tag", value=0)
with self.tcp.for_range(0, self.max_output) as _:
    with self.tcp.if_scope(stop_tag != -1):
        #TODO: 搜索最大值
        ________________________________
        ________________________________
        ________________________________
        #最大的score小于score_threshold时退出
        with self.tcp.if_scope(self.max_score[0] <= self.score_threshold):
            stop_tag.assign(-1)
        #TODO: 保存边界框
        ________________________________
        ________________________________
        ________________________________
        #TODO: IoU筛选
        ________________________________
        ________________________________
        ________________________________
```

1）搜索最大值

要搜索 score 最大的候选边界框，可以通过 BPL 的 amax 原语找到 score 数据中的最

大值及其索引。使用 amax 原语时请注意该原语的对齐限制，输入输出张量的元素个数必须是 64 的整数倍。

2）保存边界框

将搜索出来的当前 score 最大的候选边界框拷贝到指定位置，并将当前位置上该边界框的 score 置为 0。为了提高处理效率，不需要逐次保存搜索出的 score 最大的边界框，而是将每次搜索到的 score 最大的边界框先保存到 nram_save 空间，当保存到一定数量的边界框之后再将其批量拷贝到指定的输出位置。

边界框数据的存储格式有两种，通过参数 save_method 来区分。具体存储格式的说明详见 7.1.5.2 节中保存边界框的部分。

3）IoU 筛选

计算当前 score 最大的边界框与其余边界框的交并比 IoU，然后将 IoU 大于或等于阈值的边界框的 score 置为 0，这相当于移除该边界框。具体实现如代码示例 7.12 所示。

在实现过程中利用 BPL 函数和 DLP 硬件特征做了一些优化，包括：

- 坐标向量化：为了使用张量计算原语计算候选框与其他框的面积，将 score 最大的边界框的标量坐标使用 assign 原语填充到张量中。
- 比较向量化：IoU 阈值判断，使用 greater 原语实现向量间的对位比较，当 greater 函数的输入 i_0 大于输入 i_1 时，结果为 1，否则结果为 0。考虑到后续处理，与 7.1.5.2 节中的 IoU 筛选部分类似，将 IoU 判断条件设为 $area\_U \times t_{\text{iou}} > area\_I$，即 IoU 小于阈值时，比较结果为 1，否则结果为 0。
- score 置零向量化：边界框 score 置零，用 greater 函数的比较结果与边界框的 score 相乘，从而将 IoU 大于或等于阈值的框的 score 置为 0。

代码示例 7.12　BPL 实现的 NMS 模块中的 IoU 筛选

```
# file: nms_detection.py
# IoU计算部分
# TODO: 计算得到相交部分的面积: area_I = (inter_x2 - inter_x1) * (inter_y2 - inter_y1)
# alignment : 参与NMS IoU计算的框的个数
# 用当前score最大的边界框A的x1坐标值填充inter_y1张量
self.tcp.assign(self.inter_y1[:alignment], ____________)
# 获取边界框A与其他候选框相交部分的左上角横坐标值, 存储到inter_x1张量
self.tcp.maximum(self.inter_x1[:alignment], ____________, self.inter_y1[:alignment])
# 用边界框A的x2坐标值填充inter_y2张量
self.tcp.assign(self.inter_y2[:alignment], ____________)
# 获取边界框A与其他框相交部分的左上角横坐标值, 存储到inter_x2张量
self.tcp.minimum(self.inter_x2[:alignment], ____________, self.inter_y2[:alignment])
# 计算inter_x2 - inter_x1
self.tcp.subtract(self.inter_x1[:alignment], ____________, ____________)
# 相交部分的宽度inter_w = (inter_x2 - inter_x1) > 0 ? (inter_x2 - inter_x1) : 0
```

```
# 复用inter_x1张量存储inter_w
self.tcp.relu(self.inter_x1[:alignment], self.inter_x1[:alignment])
# 用边界框A的y1坐标值填充inter_x2张量
self.tcp.assign(self.inter_x2[:alignment], ____________)
# 获取边界框A与其他框相交部分的左上角纵坐标值，存储到inter_y1张量
self.tcp.maximum(self.inter_y1[:alignment], ____________, self.inter_x2[:alignment])
# 用边界框A的y2坐标值填充inter_x2张量
self.tcp.assign(self.inter_x2[:alignment], ____________)
# 获取边界框A与其他框相交部分的左上角纵坐标值，存储到inter_y2张量
self.tcp.minimum(self.inter_y2[:alignment], ____________, self.inter_x2[:alignment])
# 计算inter_y2 - inter_y1
self.tcp.subtract(self.inter_y1[:alignment], ____________, ____________)
# 相交部分的高度inter_h = (inter_y2 - inter_y1) > 0 ? (inter_y2 - inter_y1) : 0
# 复用inter_y1张量存储inter_h
self.tcp.relu(self.inter_y1[:alignment], self.inter_y1[:alignment])
# 相交部分的面积area_I = inter_w * inter_h
self.tcp.multiply(self.inter_x1[:alignment], self.inter_x1[:alignment], self.inter_y1[:alignment])

# TODO:计算每个候选框的面积area = (x2 - x1) * (y2 - y1)
# 计算x2 - x1，将结果存储到inter_y1张量
self.tcp.subtract(self.inter_y1[:alignment], ____________, self.x1[:alignment])
# 计算y2 - y1，将结果存储到inter_y2张量
self.tcp.subtract(self.inter_y2[:alignment], ____________, self.y1[:alignment])
# area = (x2 - x1) * (y2 - y1) = inter_y1 * inter_y2
# area的计算结果存储到inter_x2张量
self.tcp.multiply(self.inter_x2[:alignment], self.inter_y1[:alignment], self.inter_y2[:alignment])

#TODO:得到相并部分的面积area_U: area + max_area - area_I
# max_area：边界框A的面积
# 使用max_area填充inter_y1张量
self.tcp.assign(self.inter_y1[:alignment], max_area)
# 计算area + max_area，将结果存储到inter_x2张量
self.tcp.add(self.inter_x2[:alignment], ____________, ____________)
# 计算inter_x2 - area_I，将结果存储到inter_x2张量
self.tcp.subtract(self.inter_x2[:alignment], ____________, ____________)

# 筛选
# TODO：如果IoU大于或等于阈值（即 area_U*t_iou > area_I），则将相应候选框的score置为0
# 计算area_U * t_iou，将结果存储到interx_2张量
self.tcp.multiply(self.inter_x2[:alignment], ____________, self.iou_threshold)
self.tcp.greater(self.inter_x1[:alignment], ____________, ____________)
self.tcp.multiply(self.score[:alignment], ____________, ____________)
```

完成 BPL 自定义算子逻辑的编写之后，读者可以参照 5.3.2.2 节中的代码示例 5.26，

调用 BPL 的 save 函数接口保存得到 DLP 端的 BCL 代码，即得到 BCL Kernel 函数。

7.1.5.4　框架算子集成

在完成 YOLOv3 后处理算子 Yolov3DetectionOutput 中 NMS 的 BCL 代码实现之后，需要将后处理算子的 Kernel 函数集成到 CNPlugin 和 TensorFlow 中。具体实现与 5.1.5.2 节类似，包括 PluginOp 接口封装、算子集成和 TensorFlow 框架编译等步骤。

1. PluginOp 接口封装

在 CNPlugin 中利用 CNML 的 PluginOp 接口对 BCL Kernel 进行封装，PluginOp 接口封装的过程可以参考 5.1.5.2 节的相关介绍。PluginOp 接口封装后得到 CNPlugin 的 cnmlCreatePluginYolov3DetectionOutputOp 和 cnmlComputePluginYolov3DetectionOutputOpForward 两个接口，分别负责算子创建和算子计算。

2. DLP 算子的框架集成

参照 5.1.5.2 节的介绍，DLP 算子的框架集成需要对高性能库 CNML 或 CNPlugin 算子进行多个层次的封装，具体实现如下。

1）封装 MLULib 层

MLULib 层的封装主要是将前述已通过 PluginOp 接口封装好的算子创建和计算接口（如 cnmlCreatePluginYolov3DetectionOutputOp 和 cnmlComputePluginYolov3DetectionOutputOpForward）与 TensorFlow 中的 MLULib 层接口进行绑定，实现 MLULib 层的 CreateYolov3DetectionOutputOp 和 ComputeYolov3DetectionOutputOp，如代码示例 7.13 所示。需要注意的是，MLULib 层禁止引用 TensorFlow 的头文件，目前使用 tensorflow::Status 类来方便地做返回值处理。

代码示例 7.13　MLULib 层封装

```
// file:tensorflow/stream_executor/mlu/mlu_api/lib_ops/mlu_lib_ops.cc
tensorflow::Status CreateYolov3DetectionOutputOp(
    MLUBaseOp** op, MLUTensor** input_tensors, MLUTensor** output_tensors,
    cnmlPluginYolov3DetectionOutputOpParam_t param) {
  CNML_RETURN_STATUS(cnmlCreatePluginYolov3DetectionOutputOp(
      op, param, input_tensors, output_tensors));
}

tensorflow::Status ComputeYolov3DetectionOutputOp(MLUBaseOp* op,
                                                  MLUCnrtQueue* queue,
                                                  void* inputs[], int input_num,
                                                  void* outputs[],
                                                  int output_num) {
  int dp = 1;
  cnrtInvokeFuncParam_t compute_forw_param;
  u32_t affinity = 0x01;
```

```
  compute_forw_param.data_parallelism = &dp;
  compute_forw_param.affinity = &affinity;
  compute_forw_param.end = CNRT_PARAM_END;

  cnmlComputePluginYolov3DetectionOutputOpForward(
      op, inputs, input_num, outputs, output_num, &compute_forw_param, queue);
}

// file: tensorflow/stream_executor/mlu/mlu_api/lib_ops/mlu_lib_ops.h
tensorflow::Status CreateYolov3DetectionOutputOp(
    MLUBaseOp** op, MLUTensor** input_tensors, MLUTensor** output_tensors,
    cnmlPluginYolov3DetectionOutputOpParam_t param);

tensorflow::Status ComputeYolov3DetectionOutputOp(MLUBaseOp* op,
                                                  MLUCnrtQueue* queue,
                                                  void* inputs[], int input_num,
                                                  void* outputs[],
                                                  int output_num);
```

2）封装 MLUOp 层

MLUOp 层的封装主要是调用 MLULib 层的接口，实现 MLUOp 层的算子类的 Create 和 Compute 等方法。具体包括算子类声明和算子类实现。

首先，在 mlu_ops.h 文件中添加算子类的声明，如代码示例 7.14 所示。

代码示例 7.14　Yolov3DetectionOutput 在 MLUOp 层的算子类声明

```
// file: tensorflow/stream_executor/mlu/mlu_api/ops/mlu_ops.h
struct MLUYolov3DetectionOutputOpParam {
  //TODO: 数据成员声明
  ____________
  ____________
  //TODO: 补全构造函数
  MLUYolov3DetectionOutputOpParam(____________)
       : batchNum_(batchNum),
         inputNum_(inputNum),
         classNum_(classNum),
         maskGroupNum_(maskGroupNum),
         maxBoxNum_(maxBoxNum),
         netw_(netw),
         neth_(neth),
         confidence_thresh_(confidence_thresh),
         nms_thresh_(nms_thresh),
         inputWs_(inputWs),
         inputHs_(inputHs),
         biases_(biases) {}

```

```
};
  ......
DECLARE_OP_CLASS(MLUYolov3DetectionOutput);
  ......
```

其次，实现算子类的 Create 和 Compute 方法，如代码示例 7.15 所示。其中 CreateMLUOp 方法调用在 MLULib 层实现好的 CreateYolov3DetectionOutputOp 方法，并调用 base_ops_.push_back(op_ptr) 将创建好的 BaseOp 指针存储起来；Compute 方法调用 MLULib 层的 ComputeYolov3DetectionOutputOp 函数进行计算。由于目前算子实现为同步方式，因此需要调用 SyncQueue 等待计算完成。

代码示例 7.15 MLUOp 层 Create 和 Compute 函数实现

```
// file: tensorflow/stream_executor/mlu/mlu_api/ops/yolov3detectionoutput.cc
Status MLUYolov3DetectionOutput::CreateMLUOp(std::vector<MLUTensor*> &inputs, \
    std::vector<MLUTensor*> &outputs, void *param) {
    TF_PARAMS_CHECK(inputs.size() > 0, "Missing input");
    TF_PARAMS_CHECK(outputs.size() > 0, "Missing output");
    MLUBaseOp *op_ptr = nullptr;
    MLUTensor* input0 = inputs.at(0);
    MLUTensor* input1 = inputs.at(1);
    MLUTensor* input2 = inputs.at(2);
    MLUTensor* output = outputs.at(0);
    MLUTensor* buffer = outputs.at(1);

    MLULOG(3) << "CreateYolov3DetectionOutputOp"
              << ", input0: " << lib::MLUTensorUtil(input0).DebugString()
              << ", input1: " << lib::MLUTensorUtil(input1).DebugString()
              << ", input2: " << lib::MLUTensorUtil(input2).DebugString()
              << ", output: " << lib::MLUTensorUtil(output).DebugString()
              << ", buffer: " << lib::MLUTensorUtil(buffer).DebugString();
    int batchNum = ((ops::MLUYolov3DetectionOutputOpParam*)param)->batchNum_;
    int inputNum = ((ops::MLUYolov3DetectionOutputOpParam*)param)->inputNum_;
    int classNum = ((ops::MLUYolov3DetectionOutputOpParam*)param)->classNum_;
    int maskGroupNum = ((ops::MLUYolov3DetectionOutputOpParam*)param)->maskGroupNum_;
    int maxBoxNum = ((ops::MLUYolov3DetectionOutputOpParam*)param)->maxBoxNum_;
    int netw = ((ops::MLUYolov3DetectionOutputOpParam*)param)->netw_;
    int neth = ((ops::MLUYolov3DetectionOutputOpParam*)param)->neth_;
    float confidence_thresh = ((ops::MLUYolov3DetectionOutputOpParam*)param)->
        confidence_thresh_;
    float nms_thresh = ((ops::MLUYolov3DetectionOutputOpParam*)param)->nms_thresh_;
    int* inputWs = ((ops::MLUYolov3DetectionOutputOpParam*)param)->inputWs_;
    int* inputHs = ((ops::MLUYolov3DetectionOutputOpParam*)param)->inputHs_;
    float* biases = ((ops::MLUYolov3DetectionOutputOpParam*)param)->biases_;

```

```
    cnmlPluginYolov3DetectionOutputOpParam_t mlu_param;
    const int num_anchors = 3;
    cnmlCoreVersion_t core_version = CNML_MLU270;

    //TODO: 调用cnmlCreatePluginYolov3DetectionOutputOpParam函数
    cnmlCreatePluginYolov3DetectionOutputOpParam(_________);
    std::vector<MLUTensor*> input_tensors = {input0, input1, input2};
    std::vector<MLUTensor*> output_tensors = {output, buffer};
    //TODO: 调用CreateYolov3DetectionOutputOp函数
    TF_STATUS_CHECK(lib::CreateYolov3DetectionOutputOp(_________));

    base_ops_.push_back(op_ptr);

    return Status::OK();
}

Status MLUYolov3DetectionOutput::Compute(const std::vector<void *> &inputs,
    const std::vector<void *> &outputs, cnrtQueue_t queue) {
  int num_input = inputs.size();
  int num_output = outputs.size();
  assert(num_input == 3);
  assert(num_output == 2);
  //TODO: 调用ComputeYolov3DetectionOutputOp进行计算
  TF_STATUS_CHECK(lib::ComputeYolov3DetectionOutputOp(_________);

  //延迟拷贝后删除同步队列
  cnrtSyncQueue(queue);
  return Status::OK();
}
```

3）封装 MLUStream 层

MLUStream 层的封装主要是在 MLUStream 层添加算子类声明，进行 MLU 算子类的实例化，并且维护同一个 MLU 算子在 MLU 设备上的缓存以避免重复创建。具体实现如代码示例 7.16 所示。

代码示例 7.16 MLUStream 层封装

```
// file: tensorflow/stream_executor/mlu/mlu_stream.h
  Status Yolov3DetectionOutput(OpKernelContext* ctx,
                               Tensor* tensor_input0,
                               Tensor* tensor_input1,
                               Tensor* tensor_input2,
                               int batchNum,
                               int inputNum,
                               int classNum,
                               int maskGroupNum,
```

```
                        int maxBoxNum,
                        int netw,
                        int neth,
                        float confidence_thresh,
                        float nms_thresh,
                        int* inputWs,
                        int* inputHs,
                        float* biases,
                        Tensor* output1,
                        Tensor* output2){
    ops::MLUYolov3DetectionOutputOpParam op_param(
                        batchNum,
                        inputNum,
                        classNum,
                        maskGroupNum,
                        maxBoxNum,
                        netw,
                        neth,
                        confidence_thresh,
                        nms_thresh,
                        inputWs,
                        inputHs,
                        biases);
    return CommonOpImpl<ops::MLUYolov3DetectionOutput>(
        ctx,
        {tensor_input0, tensor_input1, tensor_input2},
        {output1, output2},
        static_cast<void*>(&op_param));
}
```

根据 MLUStream 层和 MLUOpKernel 层的接口特点，MLUStream 层的算子分为两类：通用模板算子与特例化算子。

通用模板算子在定义了 op_param 之后使用 CommonOpImpl 模板类直接实例化算子。绝大多数算子都可以通过模板完成定义，但是通用模板算子需要满足以下三个条件：

- 算子的所有输入均来自 OpKernelContext；
- 算子的所有输出的顺序须与 OpkernelContext 的输出顺序一致；
- MLU 张量可以被 CreateMLUTensorFromTensor 创建，即张量的形状、数据类型与 TensorFlow 的张量一致。

本实验的 Yolov3DetectionOutput 算子属于通用模板算子。

不适用通用模板的算子为特例化算子。例如 BatchNorm 算子就属于特例化算子，具体代码可以参考文件 tensorflow/stream_executor/mlu/ops/batch_norm_op.cc。此类算子需要经过特殊处理，无法使用模板自动完成定义。

4）封装 MLUOpKernel 层

OpKernel 为 TensorFlow 对算子的抽象定义。MLUOpKernel 继承了 OpKernel 类，其使用方法与 OpKernel 基本一致。对于每个算子均需要实现其构造函数与其中的 ComputeOnMLU 方法。MLUOpKernel 实现的主要功能包括：参数检查与参数处理，输出形状推断及输出内存分配，调用 MLUStream 层接口完成计算等。MLUOpKernel 的实现如代码示例 7.17 所示，其中 input0、input1、input2 对应图 7.2 所示的 YOLOv3 网络的三个特征图输出。

代码示例 7.17 Yolov3DetectionOutput 算子的 MLUOpKernel 实现

```
// file: tensorflow/core/kernels/yolov3_detection_output_op_mlu.h
namespace tensorflow {
template<typename T>
class MLUYolov3DetectionOutputOp: public MLUOpKernel{
    public:
        explicit MLUYolov3DetectionOutputOp(OpKernelConstruction* context):MLUOpKernel
            (context){
            OP_REQUIRES_OK(context,context->GetAttr("batchNum",&batchNum_));
            OP_REQUIRES_OK(context,context->GetAttr("inputNum",&inputNum_));
            OP_REQUIRES_OK(context,context->GetAttr("classNum",&classNum_));
            OP_REQUIRES_OK(context,context->GetAttr("maskGroupNum",&maskGroupNum_));
            OP_REQUIRES_OK(context,context->GetAttr("maxBoxNum",&maxBoxNum_));
            OP_REQUIRES_OK(context,context->GetAttr("netw",&netw_));
            OP_REQUIRES_OK(context,context->GetAttr("neth",&neth_));
            OP_REQUIRES_OK(context,context->GetAttr("confidence_thresh",&
                confidence_thresh_));
            OP_REQUIRES_OK(context,context->GetAttr("nms_thresh",&nms_thresh_));
            OP_REQUIRES_OK(context,context->GetAttr("inputWs",&inputWs_));
            OP_REQUIRES_OK(context,context->GetAttr("inputHs",&inputHs_));
            OP_REQUIRES_OK(context,context->GetAttr("biases",&biases_));
        }

        void ComputeOnMLU(OpKernelContext* context) override {
          //auto* stream = context->op_device_context()->mlu_stream();
          //auto* mlustream_exec =
          //     context->op_device_context()->mlu_stream()->parent();
          se::mlu::MLUStream* stream = static_cast<se::mlu::MLUStream*>(
              context->op_device_context()->stream()->implementation());

          Tensor* input0 = const_cast<Tensor*>(&context->input(0));
          Tensor* input1 = const_cast<Tensor*>(&context->input(1));
          Tensor* input2 = const_cast<Tensor*>(&context->input(2));
          string op_parameter = context->op_kernel().type_string();
          //MLU_OP_CHECK_UNSUPPORTED(mlustream_exec, op_parameter, context);
          //TODO: 参数检查与处理
```

```
            __________
            __________
            //TODO: 输出形状推断及输出内存分配
            __________
            __________
            //TODO: 调用MLUStream层接口完成算子计算
            __________
            __________
        }
    //变量声明
};
}
```

在完成 OpKernel 的定义之后还需要通过 OpKernel 注册机制将 OpKernel 注册为全局信息，供高层在构建模型计算图时使用。在注册 OpKernel 时需要指定此 OpKernel 运行的设备，一个算子可能包含多个 OpKernel，例如一个运行在 CPU 上的 OpKernel，以及一个运行在 DLP 上的 OpKernel。OpKernel 注册使用 REGISTER_KERNEL_BUILDER 宏，如代码示例 7.18 所示。

代码示例 7.18　Yolov3DetectionOutput 算子的 OpKernel 注册

```
// file: tensorflow/core/kernels/yolov3_detection_output_op.cc
#if CAMBRICON_MLU
#include "tensorflow/core/kernels/yolov3_detection_output_op_mlu.h"
namespace tensorflow {
#define REGISTER_MLU(T)                          \
  REGISTER_KERNEL_BUILDER(                       \
      Name("Yolov3DetectionOutput")              \
      .Device(DEVICE_MLU)                        \
      .TypeConstraint<T>("T"),                   \
      MLUYolov3DetectionOutputOp<T>);
TF_CALL_MLU_FLOAT_TYPES(REGISTER_MLU);
#undef REGISTER_MLU
#endif  // CAMBRICON_MLU
}
```

5）算子注册

在 tensorflow/core/ops 目录下找到对应的算子注册文件 image_ops.cc。在该文件中添加代码示例 7.19 所示的内容。Yolov3DetectionOutput 算子包含三个输入和一个输出。三个输入分别用 input0、input1、input2 标识，输出用 predicts 标识，输入输出的数据类型均用 T 表示，即 Yolov3DetectionOutput 算子的输出数据类型与输入数据类型一致。Attr("T: type") 表示 T 允许的数据类型为 type，也就是 TensorFlow 支持的所有数据类型，其余为超参数配置，包括置信度阈值以及 NMS 阈值等。

代码示例 7.19 Yolov3DetectionOutput 算子注册

```
// file: tensorflow/core/ops/image_ops.cc
REGISTER_OP("Yolov3DetectionOutput")
    .Output("predicts: T")
    .Input("input0: T")
    .Input("input1: T")
    .Input("input2: T")
    .Attr("batchNum: int")
    .Attr("inputNum: int")
    .Attr("classNum: int")
    .Attr("maskGroupNum: int")
    .Attr("maxBoxNum: int")
    .Attr("netw: int")
    .Attr("neth: int")
    .Attr("confidence_thresh: float")
    .Attr("nms_thresh: float")
    .Attr("inputWs: list(int) = [13, 26,52]")
    .Attr("inputHs: list(int) = [13, 26,52]")
    .Attr("biases: list(float) = [116, 90, 156, 198, 373, 326, 30, 61, 62, 45, 59,
        119, 10, 13, 16, 30, 33, 23]")
    .Attr("T: type")
    .SetShapeFn([](InferenceContext *c){
        return SetOutputForYolov3DetectionOutput(c);
    });
```

3. TensorFlow 框架编译

将 CNPlugin 中的 Yolov3DetectionOutput 算子添加到 TensorFlow 框架中之后，需要编译 TensorFlow 框架。编译前，需要在 tensorflow/core/kernels/BUILD 中添加代码，如代码示例 7.20 所示。BUILD 文件定义了整个工程文件之间的依赖关系和编译逻辑。BUILD 文件中添加的代码主要包括在 cc_library 中添加 yolov3_detection_output 算子，在 tf_kernel_library 中添加 yolov3_detection_output 算子依赖，从而能够将该算子与项目编译结合到一起。

代码示例 7.20 TensorFlow BUILD 文件修改

```
# file: tensorflow/core/kernels/BUILD
......
cc_library(
    name = "image",
    deps = [
        ":adjust_contrast_op",
        ......
        ":yolov3_detection_output_op",
    ],
```

```
)
......
tf_kernel_library(
    name = "yolov3_detection_output_op",
    prefix = "yolov3_detection_output_op",
    deps = [
        "//tensorflow/core:core_cpu",
        "//tensorflow/core:framework",
        "//tensorflow/core:lib",
        "//tensorflow/core:lib_internal",
        "//third_party/eigen3",
        ] + if_mlu([
          "//tensorflow/stream_executor:mlu_stream_executor"]),
)
```

7.1.5.5 模型在线推断

在 TensorFlow 框架中集成 YOLOv3 的后处理算子 Yolov3DetectionOutput 后，要实现 YOLOv3 模型的在线推断，需要完成两方面的工作：网络结构修改，以及 YOLOv3 推断代码修改。

1. 网络结构修改

修改 7.1.5.1 节转换得到的 int8 类型的 pb 模型文件，在其中增加 Yolov3DetectionOutput 后处理算子，然后检查 YOLOv3 的网络结构，找到输出张量 conv_lbbox/BiasAdd、conv_mbbox/BiasAdd 和 conv_sbbox/BiasAdd，然后将这些张量接入后处理算子 Yolov3DetectionOutput，从而完成网络结构修改。

上述修改可以使用 4.4.5.1 节中介绍的 pb 与 pbtxt 相互转换的工具来实现。首先将 pb 模型转换成可编辑的 pbtxt 文件，然后在 pbtxt 文件中添加代码示例 7.21 所示的节点，最后将 pbtxt 文件转换成 pb 模型。其中添加的节点内容包括算子名、算子类型、输入输出张量名、算子属性等。算子属性包括输入数据类型和一些算子特有属性，例如 NMS 阈值（nms_thresh）如果设计成可人为设置的阈值，就可以作为属性传入算子的执行过程中。

代码示例 7.21 YOLOv3 增加后处理节点

```
node {
  name: "Yolov3DetectionOutput"
  op: "Yolov3DetectionOutput"
  input: "conv_lbbox/BiasAdd"
  input: "conv_mbbox/BiasAdd"
  input: "conv_sbbox/BiasAdd"
  attr {
    key: "T"
```

```
    value {
      type: DT_FLOAT
    }
  }
  ......
  attr {
    key: "nms_thresh"
    value {
      f: 0.449999988079
    }
  }
}
versions {
  producer: 38
}
```

2. YOLOv3 推断代码修改

如代码示例 7.22 所示，修改 YOLOv3 推断代码，然后运行推断程序，即可完成整个 YOLOv3 模型的在线推断。

代码示例 7.22 添加后处理算子的推断代码示例

```
# file: yolov3-bcl/demo/evaluate.py
def predict(self, images):
    ......
    start = time.time()
    bbox_raw = self.sess.run(
        self.bbox_raw,
        feed_dict={
            self.input_data: image_data,
            #self.trainable: False
        }
    )
    end = time.time()
    batch_bboxes = []
    num_batches = 1
    num_boxes = 1024 * 2
    predicts_mlu = bbox_raw.flatten()
    print("org_h[0], ",org_h[0])
    print("org_w[0], ",org_w[0])
    for batchIdx in range(num_batches):
        result_boxes = int(predicts_mlu[batchIdx * (64 + num_boxes * 7)])
        current_bboxes = []
        print("result_boxes :",result_boxes)
        print("x1, y1, x2, y2, score, classId")
        for i in range(result_boxes):
```

```
            #   batchId, classId, score, x1, y1, x2, y2
            batchId   = predicts_mlu[i * 7 + 0 + 64 + batchIdx * (64 + num_boxes * 7)]
            classId   = predicts_mlu[i * 7 + 1 + 64 + batchIdx * (64 + num_boxes * 7)]
            score     = predicts_mlu[i * 7 + 2 + 64 + batchIdx * (64 + num_boxes * 7)]
            x1        = predicts_mlu[i * 7 + 3 + 64 + batchIdx * (64 + num_boxes * 7)] * org_w[0]
            y1        = predicts_mlu[i * 7 + 4 + 64 + batchIdx * (64 + num_boxes * 7)] * org_h[0]
            x2        = predicts_mlu[i * 7 + 5 + 64 + batchIdx * (64 + num_boxes * 7)] * org_w[0]
            y2        = predicts_mlu[i * 7 + 6 + 64 + batchIdx * (64 + num_boxes * 7)] * org_h[0]
            print(x1, y1, x2, y2, score, classId)
            # bbox = [xmin, ymin, xmax, ymax, score, class]
            bbox = [x1, y1, x2, y2, score, classId]
            current_bboxes.append(np.array(bbox))
        batch_bboxes.append(current_bboxes)
    print("bbox num : ",len(batch_bboxes))
    ...
```

7.1.6 实验评估

YOLOv3 实验是本章难度最高的实验，难度系数为 1.2，最终得分为 1.2 乘以实验评分值。实验评分标准为：

- 60 分标准：采用 BCL 或 BPL 实现 YOLOv3 后处理算子中 NMS 部分的代码，并完成 PluginOP 接口封装。
- 70 分标准：在 60 分的基础上，完成 DLP 算子与 TensorFlow 的集成，并完成 YOLOv3 模型的在线推断。执行测试脚本在 DLP 端做目标检测时，mAP 值高于 30%，单 batch 延时（包含后处理）低于 300 ms。
- 80 分标准：在 70 分的基础上，执行测试脚本时 mAP 值高于 50%，单 batch 延时（包含后处理）低于 100 ms。
- 90 分标准：在 80 分的基础上，执行测试脚本时 mAP 值高于 54%，单 batch 延时（包含后处理）低于 50 ms。
- 100 分标准：在 90 分的基础上，执行测试脚本时 mAP 值高于 56%，单 batch 延时（包含后处理）低于 25 ms。

7.1.7 实验思考

1） 针对 NMS，BCL 版本的实现相比 CPU 上的实现有何优势？

2） 有哪些方法可以提升 BCL Kernel 的性能？

7.2 基于 EAST 实现文本检测

7.2.1 实验目的

本实验的目的是熟悉文本检测算法 EAST 的原理，掌握在 DLP 上移植和优化 EAST 的方法和流程，能够使用智能编程语言进行 EAST 中自定义算子 SBC（Split+Sub+Concat）的开发和优化，并在 DLP 上运行 EAST 网络推断实现文本检测。具体包括：

1） 掌握使用智能编程语言进行自定义算子（SBC）开发和优化的方法。

2） 掌握使用相同功能的自定义算子替换多个算子以提高处理性能的原理。

3） 掌握在 TensorFlow 框架中集成自定义算子的方法。

4） 掌握使用 TensorFlow 编写文本检测应用并在 DLP 上进行优化的方法。

实验工作量：约 200 行代码，约需 10 小时。

7.2.2 背景介绍

7.2.2.1 文本检测

文本检测是从场景图像或视频中检测出文本区域并定位，然后输出文本区域框。图 7.7是对一张发票做文本检测的结果示例。文本检测算法是文本信息提取和识别中的关键环节，目前已广泛应用于新闻出版、邮政快递、金融服务等领域。近年来，随着深度学习的快速发展，涌现出一系列基于深度学习的场景文本识别方法。其中，EAST（Efficient and Accuracy Scene Text）是代表性文本检测算法之一。

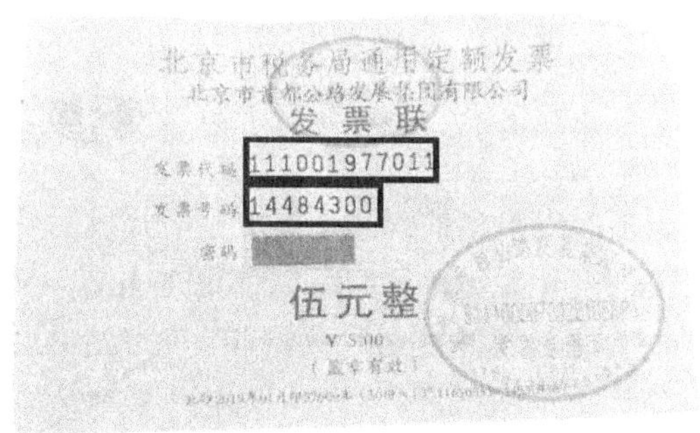

图 7.7 文本检测应用举例

7.2.2.2 EAST

EAST 算法[23] 提出了一种快速而准确的轻量级场景文本检测框架，支持端到端的训练。该算法包括两个阶段：全卷积网络（Fully Convolutional Network，FCN）和局部感知 NMS。

1. 全卷积网络

FCN 直接输出文本区域（旋转过的矩形或四边形），其网络结构如图 7.8所示，主要包括三部分：特征提取主干网络、特征合并分支，以及输出层。

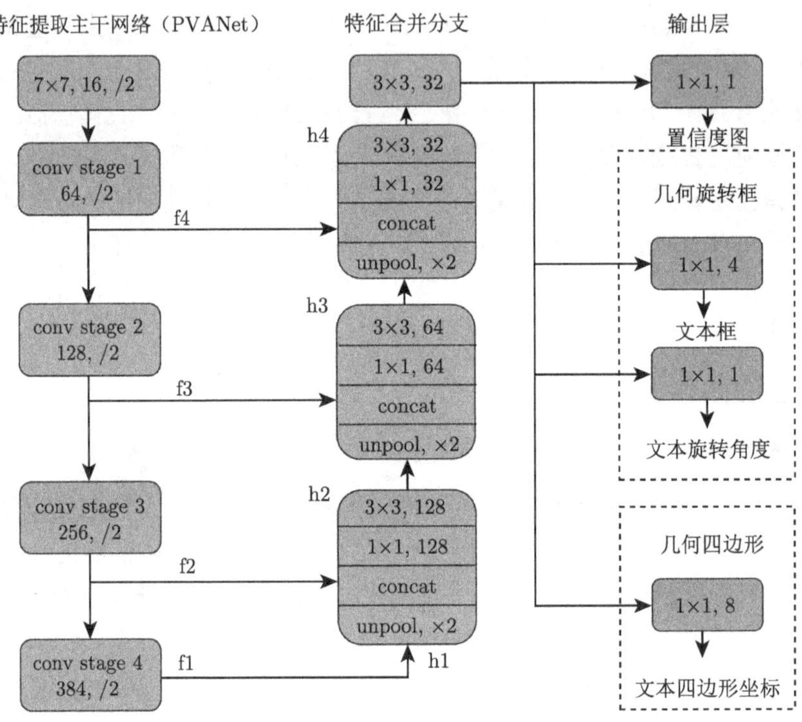

图 7.8 EAST 网络结构[23]

1）特征提取主干网络

特征提取主干网络基于多尺度检测的思想，提取不同尺度对应的特征并用于后期的特征组合，以适应文本行尺度的变化。主干网络可以使用在 ImageNet 数据集上预训练好的网络，提取 4 个尺度上的特征图，其大小分别为原始图像大小的 1/32、1/16、1/8、1/4。图 7.8中采用 PVANet[27] 作为主干网络，实际使用时也可以采用 VGG16 或者 ResNet。

2）特征合并分支

特征合并分支逐层合并主干网络提取的特征，如图 7.8 所示，包括多个合并阶段。在每个合并阶段，首先把主干网络后一阶段（例如图 7.8中的 stage 4）的输出特征图输入一个反池化层（unpooling layer），将宽度和高度各放大一倍，其次与当前阶段（例如图 7.8中的 stage 3）的输出特征图进行拼接（concat），然后经过 1×1 卷积来减少通道数，最后经过 3×3 卷积来融合信息，产生该合并阶段的输出。在最后一个合并阶段之后，用一个 3×3 卷积来产生特征合并分支的最终输出特征图（32 通道），并将其送到输出层。

3）输出层

输出层利用多个 1×1 卷积将输入的特征图映射为一个单通道的置信度图（score map）、一个五通道的几何旋转框（Rotated BOX geometry，RBOX geometry）和一个八通道的几何四边形（QUADrangle geometry，QUAD geometry）。score map 中的像素值表示所在位置预测几何形状的置信度，即有文字的可能性；RBOX geometry 中有 4 个通道分别表示每个像素点到轴对齐的边界框（Axis-Aligned Bounding Box，AABB）的上、右、下、左边界的距离，另外一个通道表示旋转角度；QUAD geometry 中的 8 个通道分别表示每个像素点到四边形框的 4 个角点的距离偏移，每个距离偏移包含水平和垂直方向两个值。

2. 局部感知 NMS

EAST 的后处理与通用目标检测类似，需要将网络的结果经过非极大值抑制（NMS）来获得最终结果。EAST 的网络输出是几千甚至上万个几何文本框，如果直接使用通用的 NMS，计算复杂度会非常高。为有效降低计算复杂度，EAST 使用了局部感知的 NMS。首先根据阈值过滤部分文本框；然后将位置相近的文本框的坐标进行加权平均融合，其中的权重为文本框的置信度得分；最后将融合后的文本框再经过通用的 NMS 处理（具体可参考 7.1 节），得到最终结果。

与 YOLOv3 中直接使用通用的 NMS 相比，EAST 使用了局部感知的 NMS，在进行通用 NMS 前还对位置相近的文本框的坐标进行了加权融合，有效降低了 NMS 的计算复杂度。

7.2.2.3 多算子功能组合

将多个算子功能组合成一个算子是 DLP 上的常见性能优化手段之一。当程序调用多个算子时，每个算子都需要有单独的任务调度和计算，可能还需要对算子间的数据进行片上/片外搬运。将多个流程相近的算子功能组合成一个算子，可以在一次任务调度之后完成复杂计算，并更好地复用片上存储空间，减少任务调度和数据搬运的开销，从而提升性能。

本实验以神经网络中常用的张量操作 Split、Sub 和 Concat 算子为例来介绍优化思想。Split 算子对输入张量在某个维度上进行切分，从而将一个张量切分为多个规模较小的张量。Sub 算子对两个输入张量或标量做对位减操作。TensorFlow 的 Sub 算子并不要求两个输入的形状完全相同，当两个输入的形状不同时 Sub 算子会自动通过广播（broadcast）操作将两个输入扩展成相同的形状。Concat 算子将多个较小规模的张量拼接成一个张量。

以神经网络中的预处理为例，在神经网络推断或训练时一般需要输入数据是零均值的，因此需要对神经网络的输入图像做减均值的预处理。该处理过程将依次用到 Split、Sub 和 Concat 算子，如图 7.9 所示㊀。具体而言，输入图片的 C 方向通常包含 RGB 3 个分量（数据存储格式为 NHWC），每个分量用 8 位无符号整数表示，取值范围为 [0,255]。根据实际

㊀ 通过开源模型可视化软件 Netron 查看 EAST 的 pb 模型文件，得到该网络结构图。

统计，RGB 3 个颜色分量的均值略有差异，分别约为 123.68、116.78 和 103.94。减均值处理时，首先使用 Split 算子将 1 个三通道的输入图像张量沿 C 方向切分为 3 个单通道的图像张量，然后对 3 个单通道图像张量分别使用 Sub 算子减去对应通道的均值，最后使用 Concat 算子将处理后的 3 个张量拼接成 1 个张量，该张量形状与输入图像张量相同。

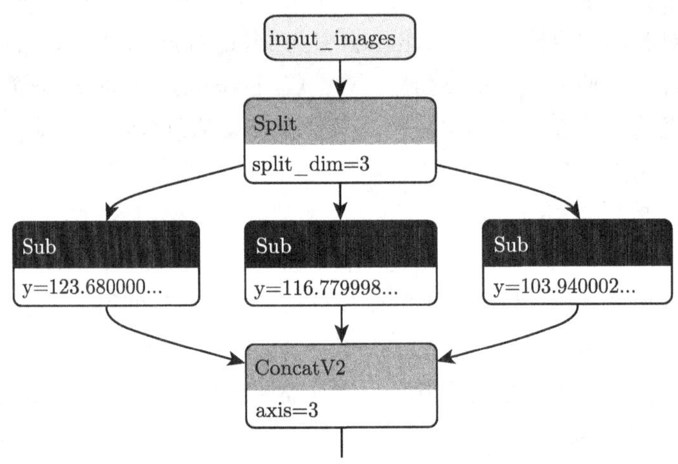

图 7.9　EAST 网络中减均值预处理使用 Split、Sub 和 Concat 算子的示例

在上述处理过程中，Split 和 Concat 算子仅进行数据搬运操作，Sub 算子完成减法计算，但这三个算子都需要进行输入输出数据的搬运。而将三个算子功能组合成一个算子 SBC，则可以利用局部处理相关性，只需要一次输入输出数据的搬运，从而提高性能。SBC 算子的具体实现将在 7.2.5 节详细介绍。

7.2.3　实验环境

硬件平台：DLP 云平台环境。

软件环境：编程框架 TensorFlow、高性能库 CNML、自定义算子库 CNPlugin、运行时库 CNRT、智能编程语言及编译器等。

数据集：ICDAR 场景文本数据集[28]。该数据集的 2015 版本包含一个训练集和一个测试集，其中训练集有 1000 个样本，测试集有 500 个样本。其中每张图片都包含现实生活中出现的文字，例如路牌、标语等。每个样本图像的大小为 1280 × 720。下载地址为 https://rrc.cvc.uab.es/?ch=4&com=downloads。

7.2.4　实验内容

本实验主要完成文本检测算法 EAST 在 DLP 平台上的移植及性能优化。首先对 EAST 模型进行模型量化，然后使用 DLP 上定制的 TensorFlow 加载模型并运行模型推断。为了充分发挥 DLP 的计算能力，采用智能编程语言实现 EAST 网络模型中的自定义算子 SBC 的 Kernel 函数，即将原有的 Split、Sub 和 Concat 三个算子功能组合成一个 SBC 算子，并将其集成到 TensorFlow 框架中。

实验流程如图 7.10 所示，主要包括：

1）模型运行与量化：在 CPU 上运行 EAST 模型推断，对 EAST 模型进行量化，通过定制的 TensorFlow 在 DLP 平台上运行量化后的模型。

2）BCL 自定义算子的 Kernel 实现：采用 BCL 实现自定义算子 SBC 的 Kernel（也可选用 BPL 实现）。

3）框架算子集成：将用 BCL/BPL 实现的自定义算子 SBC 的 Kernel 集成到 CNPlugin 和 TensorFlow 框架中。

4）模型在线推断：使用集成了自定义算子的 TensorFlow 完成 EAST 模型在 DLP 上的在线推断，并与算子优化前的运行性能进行比较。

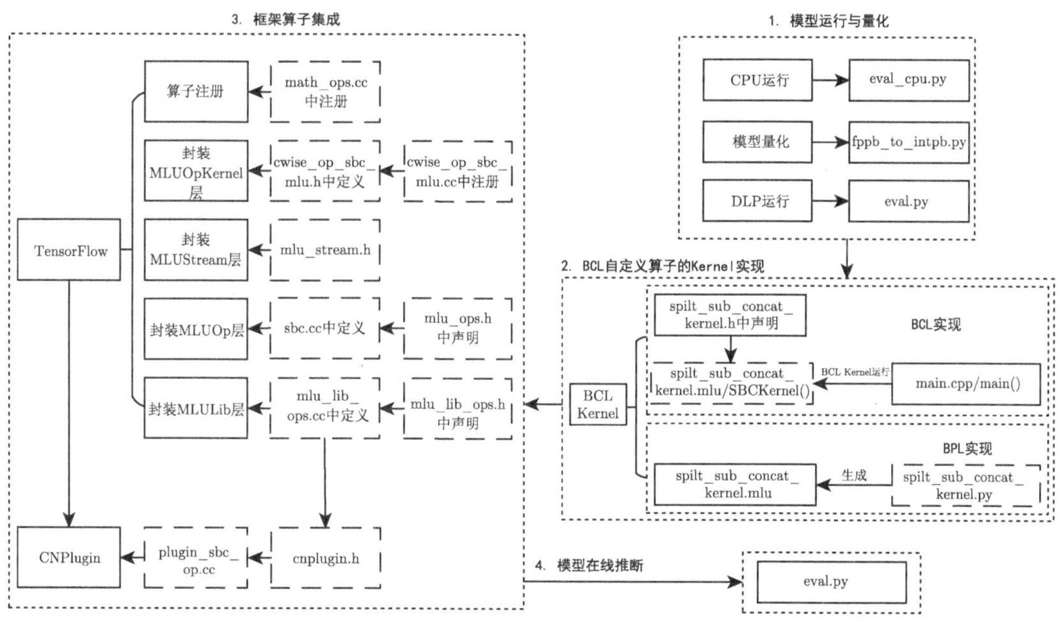

图 7.10 基于 EAST 网络的文本检测实验流程

图 7.10中虚线框的部分为本实验需要补充完善的代码文件。

7.2.5 实验步骤

7.2.5.1 模型运行与量化

为了在 DLP 平台上运行 EAST 网络模型，需要：首先利用开源的预训练的 ckpt 模型，在 CPU 上运行 EAST 模型推断，确保相关依赖安装完整，并验证模型正确性；接着将 ckpt 格式的模型文件转换为 pb 格式，做模型文件格式转换是因为目前云平台软件环境提供的量化工具仅支持 pb 格式的模型文件；然后将 pb 模型量化为 int8 类型的 pb 模型；最后通过定制的 TensorFlow 在 DLP 上运行量化后的 EAST 模型进行推断。

1. 在 CPU 平台上运行 EAST 模型

在 CPU 平台上运行 EAST 网络模型的具体步骤如下：

1)获取开源数据集和 EAST 的 ckpt 格式模型文件:https://github.com/argman/EAST。

2）按照图 7.11和图 7.12 所示，设置 EAST 数据集和模型的目录结构。

```
/opt/Cambricon-Test/datasets/east/ICDAR_2015
                |-- 2015_test_label/
                |-- test.img/
                |-- gt.zip
```

图 7.11　EAST 数据集的目录结构

```
/opt/Cambricon-Test/models/east/east_icdar2015_resnet_v1_50_rbox
                |-- checkpoint
                |-- model.ckpt-49491.data-00000-of-00001
                |-- model.ckpt-49491.index
                |-- model.ckpt-49491.meta
```

图 7.12　EAST 模型的目录结构

3）安装推断所需的软件包：一些必备的 Python 安装包在 DLP 云平台软件环境中已经安装完成，但每个综合实验的特有依赖软件还需单独安装，使用下面的 pip 命令完成依赖软件的安装与升级。

```
$ cd east/EAST/        #进入EAST运行目录
$ pip install -r requirements.txt
```

4）模型推断和转换：执行代码示例 7.23中方式一的命令，运行 eval_cpu.py 程序完成 CPU 平台上 EAST 模型的推断，并将 ckpt 模型文件转换为 pb 模型文件。eval_cpu.py 程序通过命令行参数设置运行时 ckpt 模型文件路径和转换后的模型文件存放路径。生成的 pb 模型文件（east.pb）保存在 cpu_pb 文件夹中，将其拷贝至 /home/Cambricon-MLU270/models/tensorflow_models/EAST/目录下。

另外，也可以执行代码示例 7.23 中方式二的命令，运行 run_cpu.sh 脚本完成 CPU 平台上 EAST 模型的推断和模型文件格式转换。run_cpu.sh 脚本封装了 eval_cpu.py 程序。

代码示例 7.23 在 CPU 平台上运行 EAST 模型推断和转换

```
#方式一：运行eval_cpu.py程序完成模型的CPU推断和模型文件格式转换
$ python eval_cpu.py --checkpoint_path=/opt/Cambricon-Test/models/east/east_icdar2015_resnet_v1_50_rbox/ --output_dir=./cpu_pb

#方式二：运行run_cpu.sh脚本完成模型推断和模型文件格式转换。run_cpu.sh中执行了eval_cpu.py程序
$ ./run_cpu.sh
```

2. EAST 模型量化

要在 DLP 上运行 EAST 推断，需要将 EAST 模型量化为 int8 类型并保存为 pb 格式的模型文件。具体量化过程可以参考 4.1.2.2 节的介绍。

首先参照代码示例 7.24编写 EAST 模型量化的配置文件，其中输入的 pb 模型文件为上一步模型转换得到的 pb 模型文件。

代码示例 7.24 EAST 量化配置文件

```
; file: east/EAST/EAST_naive_int8.ini

[preprocess]
mean = 0, 0, 0                          ; 输入图像的均值，顺序依次为 mean_r、 mean_g、mean_b
std = 1.0                               ; 输入图像的方差
color_mode = rgb                        ; 输入图像的色彩模式，包括rgb、bgr、grey
crop = 544, 544                         ; 将图片裁剪为544 × 544 大小
calibration = east_preprocess_cali      ; 读取及预处理校准数据的方式，可以根据需求进行自定义，[preprocess] 和 [data] 中定义的参数均为 calibration 的输入参数

[config]
activation_quantization_alg = naive     ; 输入量化模式，包括naive和threshold_search。其中，naive 为基础模式，threshold_search 为阈值搜索模式
device_mode = clean                     ; 可选 clean、mlu 和 origin。其中，使用 clean 生成的模型在运行时会自动选择可运行的设备，建议使用clean
use_convfirst = False                   ; 是否使用 convfirst
quantization_type = int8                ; 量化位宽，目前可选 int8 和 int16
debug = False                           ; 是否为调试模式
weight_quantization_alg = naive         ; 权重量化模式，包括naive 和 threshold_search。其中，naive 为基础模式，threshold_search 为阈值搜索模式
int_op_list = Conv, FC, LRN             ; 要量化的层的类型，目前可量化 Conv、FC 和 LRN
channel_quantization = False            ; 是否使用分通道量化

```

```
[model]
output_tensor_names = feature_fusion/Conv_7/Sigmoid:0, feature_fusion/concat_3:0;
      输出张量的名称，可以是多个，以逗号隔开
original_models_path = east/east.pb       ; 输入的pb文件
save_model_path = east/east_int8.pb       ; 输出的pb文件
input_tensor_names = input_images:0       ; 输入张量的名字，可以是多个，以逗号隔开

[data]
num_runs = 2                              ; 运行次数
```

然后运行以下命令，使用量化工具 fppb_to_intpb 对模型进行量化，得到新的模型文件 east_int8.pb。

```
python fppb_to_intpb.py config/EAST_naive_int8.ini
```

3. 在 DLP 平台上运行量化后的模型

量化得到 int8 类型的模型文件之后，参照 4.1.5.5 节的介绍，通过 session config 设置 DLP 的核数、数据精度等运行参数，就可以在 DLP 上运行量化后的模型，加快 EAST 模型推断的运行速度。

DLP 云平台实验环境中已经提供了修改完运行参数的代码，可以直接执行代码示例 7.25中方式一的命令，运行 eval.py 程序完成 EAST 模型推断，输出精度和性能数据。eval.py 程序通过命令行参数来设置 DLP 运行环境，包括测试数据集目录、checkpoint 路径、结果输出目录、计算核数、执行硬件版本、计算精度、推断时的 batch 大小等。

也可以执行代码示例 7.25中更简便的方式二的命令，运行 run.sh 脚本完成 EAST 模型推断。run.sh 脚本封装了 eval.py 程序。该脚本的命令行参数依次表示运行时调用的计算核数（选项有 1、4、16）、执行硬件的版本（本实验环境为 MLU270）、量化精度、输入图片的数量，以及推断时的 batch 大小。

代码示例 7.25 在 DLP 平台上运行 EAST 推断

```
#方式一：运行eval.py程序完成DLP上EAST模型推断。eval.py程序通过命令行参数来设置DLP运行
    环境
$ python -u eval.py --test_data_path=/east/ICDAR_2015 --checkpoint_path=/east/
    east_int8.pb --output_dir=./results --core_num=16  --core_version=MLU270 --
    precision=int8 --batch_size=1

#方式二：运行run.sh脚本完成DLP上EAST模型推断。run.sh脚本封装了eval.py程序
$ ./run.sh 16 MLU270 int8 100 1
```

7.2.5.2 BCL 自定义算子的 Kernel 实现

EAST 网络中预处理部分需要使用 SBC 算子来对输入图像做减均值处理。为了提高 BCL 实现的自定义算子 SBC 的 Kernel 函数的性能，需要结合 5.2 节介绍的 DLP 平台性能优化方法，包括：

1）片上访存优化：由于每个计算核的片上存储 NRAM 大小为 512 KB，因此需要对访存进行优化以充分利用片上存储（如 NRAM 的复用）。

2）向量化：充分利用张量指令，同时优化计算逻辑以减少计算量。

3）多核并行化：充分利用多核并行（即将任务拆分到多个核上并行计算），并隐藏访存延迟。

4）编译优化：充分利用编译器提供的编译优化选项，如 O2、O3 等。

在本示例中，EAST 模型做减均值处理时，输入张量的形状为 [1, 672, 1280, 3]。该输入形状可以通过在 DLP 上运行模型推断并打印 input_images 的输出形状得到。在本实验中，DLP 使用 float16 类型来保存 SBC 相关的中间计算结果，每个数据占用 2 个字节，因此输入张量实际占用的空间大小为 $1 \times 672 \times 1280 \times 3 \times 2/1024 = 5040$ KB。为了充分利用多核并行，可以将数据平均分块到 16 个核上，每个计算核需要存放 $5040/16 = 315$ KB 的数据，可以全部存放到 NRAM 中。

在没有自定义算子 SBC 之前，每个计算核要实现减均值处理，需要首先对 NRAM 中的输入数据进行 Split 拆分操作，然后调用 Sub 算子做减法计算，最后使用 Concat 算子将计算结果按照原存储顺序进行拼接。在这种多算子的实现中，拆分、减法、拼接操作需要各自完成数据搬运，访存量高。特别是拆分和拼接操作为纯数据搬运操作，各自都需要完成从 GDRAM 到片上存储，再从片上存储到 GDRAM 的数据搬运过程。如果可以将数据搬运过程与计算过程结合起来，则有助于提高整体的运行性能。

为了减少中间数据搬运，提高处理速度，自定义算子 SBC 的 Kernel 实现如图 7.13 所示。将 GDRAM 中的数据拷贝到 NRAM 中，然后调用__bang_cycle_sub 函数对每块 NRAM 中的数据按 C 方向进行循环对位减法操作。__bang_cycle_sub 函数会将一个较长的输入分为 N 份，将每一份切分后的输入和另一个较短的输入做对位减法。最后将每块 NRAM 对应的结果数据按照原顺序拷贝回 GDRAM。

算子 SBC 的接口定义如代码示例 7.26 所示。其中，input_data_ 为输入数据存放的地址，output_data_ 为输出数据存放的地址，batch_num_ 为 batch 大小。

算子 SBC 的具体实现包括设备端的 BCL 代码（如代码示例 7.27 所示）以及主机端的 C/C++ 代码（如代码示例 7.28 所示）。BCL 代码实现算子 SBC 的 Kernel 函数，其基本流程如图 7.13 所示。主机端代码通过 CNRT 接口调用算子 SBC 的 Kernel 函数做计算，并将计算结果从设备端拷贝到主机端，最后输出到文件中，便于测试计算结果的正确性。

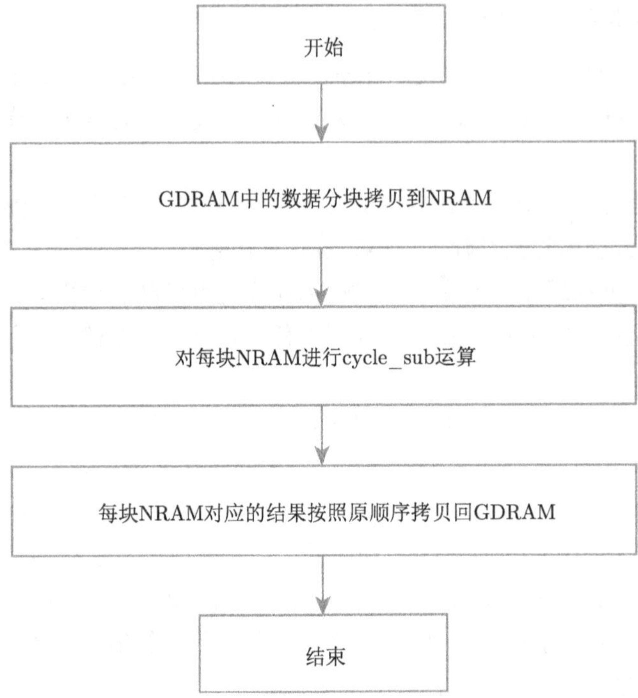

图 7.13　自定义算子 SBC 的处理过程

代码示例 7.26　自定义算子 SBC 的 Kernel 接口

```
// file:east/cnplugin-SBC/spilt_sub_concat_kernel.h
__mlu_entry__ void SBCKernel(half* input_data_,
                             half* output_data_,
                             int batch_num_)
```

代码示例 7.27　BCL 自定义算子 SBC 的 Kernel 实现

```
// file:east/cnplugin-SBC/spilt_sub_concat_kernel.mlu
#define HWC_SPLIT ((((HEIGHT*WIDTH/16) - 1) / ALIGN_SIZE + 1) * ALIGN_SIZE)*CHANNELS
#define CHANNELS 3
#define HEIGHT 672
#define WIDTH 1280
#define ALIGN_SIZE 64
#define DATA_COUNT ((CHANNELS) * (WIDTH) * (HEIGHT))

#include "mlu.h"

__mlu_entry__ void SBCKernel(half* input_data_,half* output_data_, int batch_num_){

```

```
    int batch_num = batch_num_;

    //struct timeval start;
    //struct timeval end;
    //gettimeofday(&start, NULL);

    __nram__ half split_sub_concat[HWC_SPLIT];
    __nram__ half tmp0[192];

    //TODO: 多核拆分
    ________________________________
    ________________________________
    //TODO: 循环创建 cycle_sub mask
    for (int i = 0;i<64;i++){
        ________________________________
        ________________________________
    }

    for (int i = 0; i<batch_num; i++){
        for (int j = 0; j < core_loop; j++){
            //TODO: 数据拆分至每个核的 NRAM
            ________________________________
            ________________________________
            //TODO: cycle_sub 代替 split和sub
            ________________________________
            ________________________________
            //TODO: 按顺序拷贝回GDRAM
            ________________________________
            ________________________________
        }
        __sync_all();
    }

    //计算耗时
    //gettimeofday(&end, NULL);
    //uint32_t time_usec = (uint32_t)end.tv_usec - (uint32_t)start.tv_usec;
    //printf("Hardware Total Time: %u us\n", time_usec);
    //printf("batch_size: %d us\n", batch_num);
    //printf("core_num: %d us\n", taskDim);
}
```

代码示例 7.28 BCL 自定义算子 SBC 的 Kernel 测试

```
// file:east/cnplugin-SBC/main.cpp
......
#include "macro.h"
```

```
#include "cnrt.h"
#include "utils.h"

#define CHANNELS 3
#define HEIGHT 672
#define WIDTH 1280
#define BATCH_SIZE 1
#define DATA_COUNT ((CHANNELS) * (WIDTH) * (HEIGHT))

using namespace std;
typedef unsigned short half;

extern "C" {
    void SBCKernel(half* input_data_,half* output_data_ ,int batch_num_);
}

int main() {
    const int data_count = DATA_COUNT*BATCH_SIZE;
    int batch_num_ = BATCH_SIZE;
    int core_num_ = NUM_MULTICORE;
    const int channels_ = CHANNELS;
    const int height_ = HEIGHT;
    const int width_ = WIDTH;

    //TODO: 分配CPU 内存
    ________________________________
    ________________________________
    //TODO: 读取数据文件
    ________________________________
    ________________________________
    //TODO: 初始化设备
    ________________________________
    ________________________________
    //TODO: 选择 UNION 模式
    switch (core_num_) {
        ________________________________
        ________________________________
    }

    //TODO: float2half
    ________________________________
    ________________________________
    //TODO: 传递参数
    ________________________________
    ________________________________
    //TODO: 创建 CNRT Notifier
    ________________________________
```

```
    ________________________________
    // 硬件时间
    cnrtPlaceNotifier(Notifier_start, pQueue);
    // 启动Kernel
    CNRT_CHECK(cnrtInvokeKernel_V2(_________));
    cnrtPlaceNotifier(Notifier_end, pQueue);
    CNRT_CHECK(cnrtSyncQueue(pQueue));

    gettimeofday(&end, NULL);
    float time_use = ((end.tv_sec - start.tv_sec) * 1000000 + (end.tv_usec - start.tv_usec))/1000.0;
    printf("time use: %.3f ms\n", time_use);

    float* output_tmp = (float*)malloc(data_count * sizeof(float));
    cnrtMemcpyHalfToFloat(output_tmp, out_data, data_count);

    // 保存数据
    FILE* mluOutputFile = fopen("./mluoutput.txt", "w");
    for (int i = 0; i < data_count; i++) {
        fprintf(mluOutputFile, "%f\n", output_tmp[i]);
    }
    fclose(mluOutputFile);

    //TODO: 释放内存等资源
    ________________________________
    ________________________________
}
```

7.2.5.3 BPL 自定义算子的逻辑实现

本小节介绍如何使用 BPL 实现自定义算子 SBC 的计算逻辑。

在没有自定义算子 SBC 之前，以使用 BPL 实现减均值处理为例，需要依次进行 Split、Sub、Concat 的处理。输入数据的存储格式是 NHWC，即 C 方向的数据连续存放。首先进行数据拆分（Split），可以将输入数据转置为 NCHW 格式后进行拆分，或者使用 BPL 的 take 原语来进行拆分。然后使用 BPL 中的 subtract 原语做减法计算。最后将计算结果按照原存储顺序进行拼接。该处理包含三个独立的处理过程，因此需要做多次中间数据的搬运。

为了避免不必要的中间数据的搬运，BPL 自定义算子 SBC 的计算逻辑的实现如代码示例 7.29 所示。使用 BPL 的 subtract 原语的循环运算模式，在数据的 C 方向进行循环对位减法操作，不再需要进行 Split 和 Concat 处理，减少了访存量，从而提高了整体处理速度。该实现中的参数包括输入数据张量 input_、输出数据张量 output_，以及批量大小 batch_num_。

代码示例 7.29 BPL 自定义算子 SBC 的逻辑实现

```
# file:east/cnplugin-SBC/spilt_sub_concat_kernel.py
def sbc():
    def verify_bp(dtype):
        # 定义TCP容器
        bp = tcp.TCP()
        # 声明内置变量以及可变参数
        batch_num_ = bp.Var("batch_num_")
        input_ = bp.Tensor(shape=(batch_num_, 16/taskDim, taskDim, HWC_SPLIT), name=
            "input_data_", dtype=dtype, scope="global")
        output_ = bp.Tensor(shape=(batch_num_, 16/taskDim, taskDim, HWC_SPLIT), name=
            "output_data_", dtype=dtype, scope="global")
        #TODO: 多核向量拆分
        ________________________________
        ________________________________
        #TODO: cycle运算的mask创建
        with bp.for_range(0, 192 / 3) as i:
            ________________________________
            ________________________________

        with bp.for_range(0, batch_num_) as i:
            with bp.for_range(0, core_loop) as j:
                #TODO: 数据拆分后拷贝到NRAM
                ________________________________
                ________________________________
                #TODO: subtract原语的cycle运算
                ________________________________
                ________________________________
                #TODO: 完成运算后的数据拷贝回GDRAM
                ________________________________
                ________________________________
            bp.sync_all()
```

完成 BPL 自定义算子逻辑的编写之后，可以执行生成的可执行模块进行算子正确性验证。读者可以仿照 5.3.2.2 节中的代码示例 5.26，使用 BPL 的 save 函数接口保存得到 BCL 代码（.mlu 文件）。

7.2.5.4 框架算子集成

在完成自定义算子 SBC 的 Kernel 实现之后，需要将其集成到 CNPlugin 并进一步集成至 TensorFlow 框架中。具体实现与 5.1.5.2 节类似，包括 PluginOp 接口封装、算子集成和 TensorFlow 框架编译。

1. PluginOp 接口封装

在 CNPlugin 中利用 CNML 的 PluginOp 接口对 BCL Kernel 进行封装，具体封装过程可以参考 5.1.5.2 节。PluginOp 接口封装后得到 CNPlugin 的 cnmlCreatePluginSBCOp

和 cnmlComputePluginSBCOpForward 两个接口，分别负责算子创建和算子计算，具体实现如代码示例 7.30 所示。SBC 算子使用 5.1.2.5 节介绍过的 OpParam 机制进行参数传递，如代码示例 7.31 所示。

代码示例 7.30　CNPlugin 算子接口封装

```
// file:east/cnplugin-SBC/plugin_sbc_op.cc
cnmlStatus_t cnmlCreatePluginSBCOp(
  //TODO: 参数定义
  ________________________________
  ________________________________
){

  int input_num = 1;
  int output_num = 1;

  void** InterfacePtr;
  InterfacePtr = reinterpret_cast<void**>(&SBCKernel);

  cnrtKernelParamsBuffer_t params;
  //TODO: 向params添加参数
  ________________________________
  ________________________________

  //TODO: 调用cnmlCreatePluginOp进行创建
  cnmlCreatePluginOp(____________);

  cnrtDestroyKernelParamsBuffer(params);
  return CNML_STATUS_SUCCESS;
}

cnmlStatus_t cnmlComputePluginSBCOpForward(
  //TODO: 参数定义
  ________________________________
  ________________________________
  ){

    cnrtInvokeFuncParam_t compute_forw_param;
    //TODO: 参数初始化
    ________________________________
    ________________________________
    //TODO: 调用cnmlComputePluginOpForward
    cnmlComputePluginOpForward_V3(____________);

    return CNML_STATUS_SUCCESS;
}
```

代码示例 7.31 CNPlugin 添加 OpParam 头文件声明

```
// file:east/cnplugin-SBC/plugin_sbc_op.cc
cnmlStatus_t cnmlCreatPluginSBCOpParam(cnmlPluginSBCOpParam_t *param,
                                       int batch_num_){
  *param = new cnmlPluginSBCOpParam();
  (*param)->batch_num_ = batch_num_;

  return CNML_STATUS_SUCCESS;
}

cnmlStatus_t cnmlDestroyPluginSBCOpParam(cnmlPluginSBCOpParam_t *param){

  delete (*param);
  *param = nullptr;

  return CNML_STATUS_SUCCESS;
}
```

2. DLP 算子的框架集成

参考 5.1.5.2 节的介绍，DLP 算子集成至 TensorFlow 框架需要对高性能库 CNML 或 CNPlugin 算子进行多个层次的封装，包括封装 MLULib 层、封装 MLUOp 层、封装 MLUStream 层、封装 MLUOpKernel 层，以及算子注册。

1）封装 MLULib 层

MLULib 层的封装主要是将前述已通过 PluginOp 封装好的算子创建和计算接口与 TensorFlow 中的 MLULib 层接口进行绑定，如代码示例 7.32 所示。需要注意的是 MLULib 层禁止引用 TensorFlow 的头文件，目前只使用了 tensoflow::Status 类以方便做返回值处理。

代码示例 7.32 SBC 算子的 MLULib 层封装

```
// file: tensorflow/stream_executor/mlu/mlu_api/lib_ops/mlu_lib_ops.cc
tensorflow::Status CreateSBCOp(MLUBaseOp** op, MLUTensor* input,
                               MLUTensor* output,int batch_num_) {

  MLUTensor* inputs_ptr[1] = {input};
  MLUTensor* outputs_ptr[1] = {output};
  //TODO: 调用cnmlCreatePluginSBCOp函数
  ______________________________
  ______________________________
}

tensorflow::Status ComputeSBCOp(
                   MLUBaseOp* op,
                   void* input,
```

```
                    void* output,
                    MLUCnrtQueue* queue) {

  void* inputs_ptr[1] = {input};
  void* outputs_ptr[1] = {output};
  //TODO: 调用cnmlComputePluginSBCOpForward函数
  ________________________________
  ________________________________
}


// file: tensorflow/stream_executor/mlu/mlu_api/lib_ops/mlu_lib_ops.h
tensorflow::Status CreateSBCOp(MLUBaseOp** op, MLUTensor* input,
                          MLUTensor* output,int batch_num_);

tensorflow::Status ComputeSBCOp(MLUBaseOp* op, void* input1,
                 void* output, MLUCnrtQueue* queue);
```

2）封装 MLUOp 层

MLUOp 层的封装主要是使用 MLULib 层封装好的接口，实现 MLUOp 层的算子类的 Create 和 Compute 等方法。具体包括算子类声明和算子类实现。

首先，在 mlu_ops.h 文件中添加算子类的声明，如代码示例 7.33 所示。

代码示例 7.33　SBC 算子在 MLUOp 层的算子类声明

```
// file: tensorflow/stream_executor/mlu/mlu_api/ops/mlu_ops.h
......
DECLARE_OP_CLASS(MLUSBC);
......
```

其次，实现算子类的 Create 和 Compute 方法，如代码示例 7.34所示。Create 方法主要调用 MLULib 层实现好的 CreateSBCOp 函数，并调用 base_ops_.push_back(op_ptr) 将创建好的 BaseOp 指针存储起来；Compute 方法主要调用 MLULib 层的 ComputeSBCOp 函数进行计算。由于目前算子实现为同步方式，所以需要调用 SyncQueue。

代码示例 7.34　SBC 算子在 MLUOp 层的 Create 和 Compute 方法实现

```
// file: tensorflow/stream_executor/mlu/mlu_api/ops/sbc.cc
/*Copyright 2018 Cambricon*/
#if CAMBRICON_MLU

namespace stream_executor {
  namespace mlu {
    namespace ops {

```

```
      Status MLUSBC::CreateMLUOp(std::vector<MLUTensor *> &inputs,
                                 std::vector<MLUTensor *> &outputs, void *param) {
        TF_PARAMS_CHECK(inputs.size() > 0, "Missing input");
        TF_PARAMS_CHECK(outputs.size() > 0, "Missing output");

        MLUBaseOp *op_ptr = nullptr;
        MLUTensor *input = inputs.at(0);
        MLUTensor *output = outputs.at(0);

        int batch_num_ = *((int*)param);

        MLULOG(3) << "CreateSBCOp"
                  << ", input: " << lib::MLUTensorUtil(input).DebugString()
                  << ", output: " << lib::MLUTensorUtil(output).DebugString();

        //TODO: 调用接口进行创建
        ________________________________
        ________________________________

        base_ops_.push_back(op_ptr);

        return Status::OK();
      }

      Status MLUSBC::Compute(const std::vector<void *> &inputs,
                             const std::vector<void *> &outputs, cnrtQueue_t queue) {
        void *input = inputs.at(0);
        void *output = outputs.at(0);
        //TODO: 调用接口进行计算
        ________________________________
        ________________________________

        TF_CNRT_CHECK(cnrtSyncQueue(queue));

        return Status::OK();
      }

    } // namespace ops
  } // namespace mlu
} // namespace stream_executor

#endif // CAMBRICON_MLU
```

3）封装 MLUStream 层

MLUStream 层的封装主要完成 MLUOp 层算子类的实例化，如代码示例 7.35 所示。

代码示例 7.35 SBC 算子的 MLUStream 层封装

```
// file: tensorflow/stream_executor/mlu/mlu_stream.h
Status SBC(OpKernelContext* ctx, Tensor* input, Tensor* output,int batch_size) {
  //TODO: 补全参数
  return CommonOpImpl<ops::MLUSBC>(____________);
}
```

4）封装 MLUOpKernel 层

MLUOpKernel 层完成对算子的抽象定义。由于 MLUOpKernel 继承了 OpKernel 类，其使用方法也与 OpKernel 基本一致。对于每个算子均需要实现其构造函数与 ComputeOnMLU 方法。MLUOpKernel 实现的主要功能包括参数检查、参数处理、输出形状推断及输出内存分配、调用 MLUStream 层接口完成算子计算等，如代码示例 7.36 所示。

代码示例 7.36 SBC 算子的 MLUOpKernel 实现

```
// file: tensorflow/core/kernels/cwise_op_sbc_mlu.h
#ifndef TENSORFLOW_CORE_KERNELS_CWISE_OP_POWER_DIFFERENCE_MLU_H_
#define TENSORFLOW_CORE_KERNELS_CWISE_OP_POWER_DIFFERENCE_MLU_H_
#if CAMBRICON_MLU

namespace tensorflow {
template <typename T>
class MLUSBCOp : public MLUOpKernel {
public:
  explicit MLUSBCOp(OpKernelConstruction* ctx) :
          MLUOpKernel(ctx) {}

  void ComputeOnMLU(OpKernelContext* ctx) override {

    if (!ctx->ValidateInputsAreSameShape(this)) return;
    auto* stream = ctx->op_device_context()->mlu_stream();
    auto* mlustream_exec = ctx->op_device_context()->mlu_stream()->parent();
    Tensor input = ctx->input(0);

    //TODO: 参数检查与处理
    ______________________________
    ______________________________
    //TODO: 输出形状推断及输出内存分配
    ______________________________
    ______________________________
    //TODO: 调用MLUStream层接口完成算子计算
    ______________________________
    ______________________________
  }
};
```

```

}  // namespace tensorflow

#endif  // CAMBRICON_MLU
#endif  // TENSORFLOW_CORE_KERNELS_CWISE_OP_SQUARED_DIFFERENCE_MLU_H_
```

在完成 MLUOpKernel 的定义之后，还需要完成 SBC 算子的 OpKernel 注册，如代码示例 7.37 所示。

代码示例 7.37　SBC 算子的 OpKernel 注册

```
// file: tensorflow/core/kernels/cwise_op_sbc_mlu.cc
namespace tensorflow {
  #if CAMBRICON_MLU
  #define REGISTER_MLU(T)                                              \
    REGISTER_KERNEL_BUILDER(Name("SBC")                                \
                                    .Device(DEVICE_MLU)                \
                                    .TypeConstraint<T>("T"),           \
                                  MLUSBCOp<T>);
  TF_CALL_MLU_FLOAT_TYPES(REGISTER_MLU);
  #undef REGISTER_MLU
  #endif
}
```

5）算子注册

在 tensorflow/core/ops 目录下找到对应的算子注册文件 math_ops.cc。在该文件中添加代码示例 7.38 所示的内容。自定义算子 SBC 包含一个输入 input 和一个输出 output，输入输出的数据类型均用 T 表示，即该算子的输出数据类型与输入数据类型一致。Attr("T:type") 表示 T 允许的数据类型为 type，也就是 TensorFlow 支持的所有数据类型。

代码示例 7.38　SBC 算子注册

```
// file: tensorflow/core/ops/math_ops.cc
REGISTER_OP("SBC")
.Input("input: T")
.Output("output: T")
.Attr("T: type")
.SetShapeFn(shape_inference::UnchangedShape);
```

3. TensorFlow 框架编译

以上步骤为添加自定义算子到 TensorFlow 框架中的基本流程。由于 SBC 自定义算子的文件会在 BUILD 文件中完成自动匹配编译，因此不需要对 BUILD 文件进行修改就可以完成编译。

7.2.5.5 模型在线推断

将自定义算子 SBC 集成到 TensorFlow 框架后，要实现 EAST 模型的在线推断，需要修改 7.2.5.1 节转换得到的 int8 类型的 pb 格式的模型文件，在其中增加自定义算子 SBC。可以使用 4.4.5.1 节中介绍的 pb 与 pbtxt 相互转换的工具来实现。首先将 pb 模型文件转换成可读的 pbtxt 文件，然后在 pbtxt 文件中添加如代码示例 7.39 所示的 SBC 算子节点来替换代码示例 7.40 所示的原生 Split、Sub 和 Concat 算子节点。

完成模型结构修改之后，就可以在 DLP 上运行推断程序，完成 EAST 模型的在线推断，具体可以参考 7.2.5.1 节中在 DLP 上运行模型的实验步骤。通过运行修改后的模型和框架可以得到优化后的性能数据，注意比较优化前后的模型计算性能。

代码示例 7.39 EAST 模型中的 SBC 算子节点

```
node {
  name: "concat"
  op: "SBC"
  input: "input_images"
  attr {
    key: "T"
    value {
      type: DT_FLOAT
    }
  }
}
```

代码示例 7.40 EAST 中的 Split、Sub、Concat 算子节点

```
node {
  name: "split/split_dim"
  op: "Const"
  attr {
    key: "dtype"
    value {
      type: DT_INT32
    }
  }
  attr {
    key: "value"
```

```
      value {
        tensor {
          dtype: DT_INT32
          tensor_shape {
          }
          int_val: 3
        }
      }
    }
}
......
node {
  name: "concat"
  op: "ConcatV2"
  input: "sub"
  input: "sub_1"
  input: "sub_2"
  input: "concat/axis"
  attr {
    key: "N"
    value {
      i: 3
    }
  }
  attr {
    key: "T"
    value {
      type: DT_FLOAT
    }
  }
  attr {
    key: "Tidx"
    value {
      type: DT_INT32
    }
  }
}
```

7.2.6 实验评估

EAST 实验是本章难度最低的实验，难度系数为 0.8，最终得分为 0.8 乘以实验评分值。实验评分标准为：

- 60 分标准：完成 BCL 自定义算子 SBC 的 Kernel 实现与测试，且 Kernel 测试中 DLP 处理时间低于 30 ms。
- 70 分标准：在 60 分的基础上，完成 TensorFlow 的算子集成，包括 CNPlugin 集成与 TensorFlow 集成，完成 pb 模型文件的修改操作。执行测试脚本在 DLP 端做文本检测时，修改后的模型精度与修改前相比误差在 5% 以内，且处理时间不高于原始模型（未使用 SBC 算子）。

- 80 分标准：在 70 分的基础上，执行测试脚本时修改后的模型精度与修改前相比误差在 1% 以内，且处理时间至少比原始模型少 10 ms。
- 90 分标准：在 80 分的基础上，执行测试脚本时修改后的模型精度与修改前相比误差在 0.1% 以内，且处理时间至少比原始模型少 25 ms。
- 100 分标准：在 90 分的基础上，执行测试脚本时修改后的模型精度与修改前完全一致，且处理时间至少比原始模型少 40 ms。

7.2.7 实验思考

1）相对于 CNML 中 Split+Sub+Concat 的多算子实现方式，为什么用 BCL 实现的自定义算子 SBC 有显著的性能优势？

7.3 基于 BERT 实现自然语言处理

7.3.1 实验目的

本实验的目的是熟悉自然语言处理代表性算法 BERT 的原理，掌握在 DLP 上移植 BERT 的方法和流程，能够使用智能编程语言进行批矩阵乘 BatchMatMulV2 算子的开发和优化，并在 DLP 上运行 BERT 网络推断实现典型自然语言处理任务——问答系统。具体包括：

1）掌握使用智能编程语言进行自定义算子（BatchMatMulV2）开发和优化的方法。

2）掌握在 TensorFlow 框架中集成自定义算子 BatchMatMulV2 的方法。

3）掌握使用 TensorFlow 编写问答系统应用并在 DLP 上进行优化的方法。

实验工作量：约 200 行代码，约需 15 小时。

7.3.2 背景介绍

7.3.2.1 自然语言处理介绍

自然语言处理（Natural Language Processing，NLP）的目标是让计算机能够像人类一样理解文本和语言。常见的 NLP 应用包括问答系统、机器翻译、对话系统、自动文摘、文本分类等。与图像分类或目标检测之类的任务不同，NLP 重点关注字符之间的序列关系。

本实验主要关注 NLP 应用中的问答系统。斯坦福问答数据集（Stanford Question Answering Dataset，SQuAD）[29] 是问答系统常用的数据集之一。该数据集是一个阅读理解数据集，其中包括对一组维基百科文章提出的问题以及回答。其中回答对应阅读文章或问题的一段文本，或者问题本身可能是没有正确答案而无法回答的。

例如有一段文本：

James Bryant Conant led the university through the Great Depression and World War II and began to reform the curriculum and liberalize admissions after the war.

其对应问题为：

What was the name of the leader through the Great Depression and World War II?

算法应当正确回答：

James Bryant Conant

更详细的内容请参考数据集的链接：https://rajpurkar.github.io/SQuAD-explorer/。

7.3.2.2 NLP 常见算法及原理

本小节将简单介绍 NLP 中几类常见算法，包括 Seq2Seq 模型 [30−31]、注意力机制 [33−33]、Transformer 网络[34]、BERT 网络[24]。

Seq2Seq（Sequence-to-Sequence，序列到序列）模型是 NLP 的经典而重要的模型，可以完成机器翻译、对话系统、自动文摘等常见的 NLP 任务，包括本实验关注的问答系统。但由于 Seq2Seq 对于处理序列很长的输入存在一定的局限性，研究人员提出了注意力（attention）机制，通过聚焦到输入中相关性更强、更重要的信息，解决了长序列输入的问题。此后，自注意力（self attention）机制[34] 进一步提升了抽取和聚焦重要信息的能力。在此基础上，Transformer 网络结合了 Seq2Seq 的思想和自注意力机制的优势，大幅提升了其处理 NLP 任务的能力。BERT 网络则在 Transformer 网络的基础上，通过使用双向连接，同时获取语句之前和未来的信息，进一步提高了处理 NLP 任务的能力，使本实验关注的问答系统也取得了令人瞩目的效果。

1. Seq2Seq 模型

Seq2Seq[30−31] 是自然语言处理中的一种重要模型，可以用于机器翻译、对话系统、自动文摘等任务。Seq2Seq 模型一般包括编码器 (encoder) 和解码器 (decoder) 两个部分。具体地，编码器根据输入数据生成语义编码，解码器根据该语义编码输出处理结果。例如在机器翻译场景中，源语言输入 Seq2Seq 模型后，可将编码器中最后一层隐层提取到的特征作为语义编码，解码器则根据该语义编码输出机器翻译的结果，即目标语言。此外、由于 Seq2Seq 模型适用于输入序列和输出序列不等长的情况，故允许上述例子中源语言和目标语言的句子长度不同。

Seq2Seq 模型中通常使用基于循环神经网络（Recurrent Neural Networks，RNN）的模型作为编码器和解码器，如使用长短期记忆网络[35]（Long Short-Term Memory，LSTM）。关于 RNN 和 LSTM 的相关原理介绍，可参见《智能计算系统》[1] 的 3.4 节。LSTM 的核心思想是在 RNN 的基础上，将 RNN 的隐层单元用 LSTM 单元来代替，使其能保留更长的时间信息，减缓梯度消失的现象。相较于卷积神经网络，LSTM 有存储历史信息的能力，可有效处理序列数据。此外，由于其权重共享的特性，LSTM 的网络参数一般要少于卷积神经网络。

一般的 Seq2Seq 模型通常在编码阶段把输入编码成固定长度的语义编码。这样会带来两个问题：(1) 模型性能受限于语义编码长度，即固定长度的语义编码难以存储较长的输入序列的所有信息，进而影响模型的性能；(2) 语义编码对输入的每个元素赋予相同的权重，从而使模型无法区分各个元素的重要程度。注意力机制一定程度上可以解决此问题。它会对输入的每一个元素计算出其对输出端各个元素的权重，表示该元素对目标端各元素的影响程度。

2. 注意力机制

注意力机制 [32−33] 可以有效提升基于 RNN（如 LSTM）的 Seq2Seq 模型的处理能力，目前已广泛应用于机器翻译、语音识别、图像标注等领域。注意力机制可以赋予模型区分和辨别的能力，如在机器翻译应用中，为句子中的每个词赋予不同的重要程度，使神经网络模型的学习变得更加灵活。具体来说，注意力机制可以对输入的每个部分赋予不同的权重，从而从大量信息中有选择地抽取出更加关键及重要的信息，并聚焦到这些重要信息上，忽略大多数不重要的信息，使模型做出更加准确的判断，同时不会对模型的计算和存储带来更大的开销。

在传统注意力机制的基础上，自注意力机制进一步提升了抽取和聚焦重要信息的能力。自注意力机制与传统的注意力机制的不同之处在于：传统的注意力机制基于输入端和输出端的隐层单元来计算注意力权重，捕捉源端的每个词与目标端每个词之间的相关关系。自注意力机制分别对输入端与输出端自身进行计算，捕捉输入端或输出端自身的词与词之间的相关关系；然后再把输入端得到的自注意力权重加入对输出端的影响中，捕捉输入端和输出端词与词之间的相关关系。因此自注意力机制最终捕捉到的信息中不仅包含输入与输出的相关关系，还包含其自身中词与词之间的相关关系，其效果要好于传统的注意力机制。

3. Transformer 网络

Transformer 网络[34] 是目前 NLP 常用的模型之一，其结构如图 7.14 所示。和大多数 Seq2Seq 模型一样，Transformer 也包括编码器和解码器两个部分，分别对应图 7.14的左半部分和右半部分。

编码器由 6 个相同的层（Layer）组成（即图 7.14中 $N = 6$），而每个层又由两个子层（Sub-Layer）组成，分别是多头自注意力机制（Multi-Head Self-Attention Mechanism）和全连接前馈网络（Fully Connected Feed-Forward Network）。其中每个子层还增加了残差连接（Residual Connection）和层归一化（Layer Normalization）。编码器的输入是输入词的特征向量表示，如果在训练阶段，它就是训练数据集的输入词的特征向量表示。

解码器也由 6 个相同的层组成，在编码器层的两个子层基础上增加了一个注意力子层。同时对原注意力子层增加了掩码（Mask）操作，以确保预测第 i 个位置时仅可以获取到 i 之前的输出（不会接触到未来的信息）。在训练时解码器的输入为编码器的输出，以及编码器输入对应的标记（整体向右偏移一位）。由于标记是始终存在的，因此训练过程可以做到并行。在推断时，解码器没有标记作为输入，其输入来自上一个位置的输出，也就意味着需要逐个位置进行解码，无法并行。

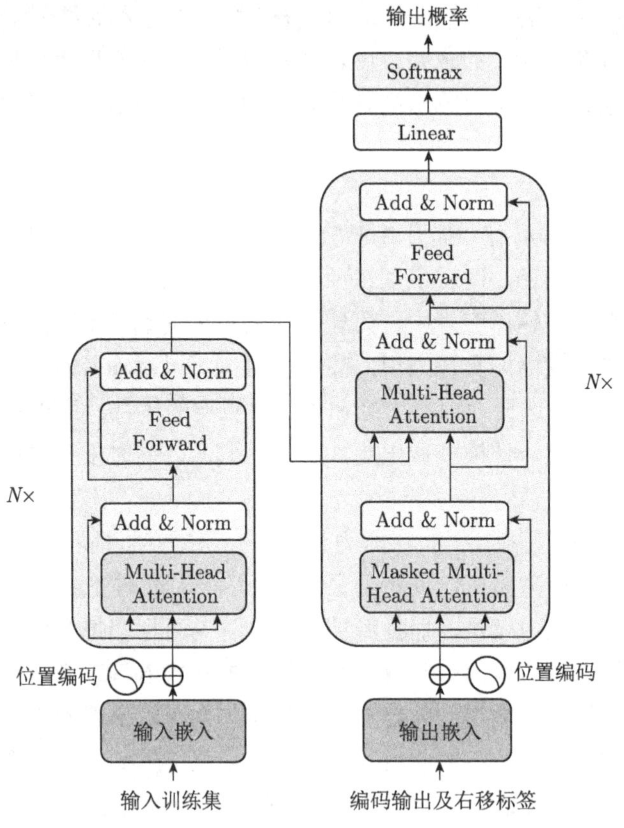

图 7.14 Transformer 结构图[34]

在输入嵌入和输出嵌入之后需要将嵌入结果和位置编码（Positional Encoding）相加以引入当前嵌入结果在序列中的相对或绝对位置信息。Transformer 网络使用的位置编码根据嵌入结果中每个元素所在维度的不同使用了波长从 2π 到 $10\,000 \times 2\pi$ 的正弦和余弦函数，函数的输入为当前嵌入结果在序列中的位置以及嵌入结果中每个元素所在的维度。

Transformer 编码器和解码器中的 Multi-Head Attention 单元由多个结构相似的点积注意力（Scaled Dot-Product Attention）单元组成，如图 7.15 所示。Multi-Head Attention 单元首先将输入分别经过 $n \times 3$ 个不同的线性映射，得到 n 份 (Q, K, V)，再对每一份做

Scaled Dot-Product Attention，之后将每部分结果拼接（Concat）起来，经过线性映射后得到最终的输出。

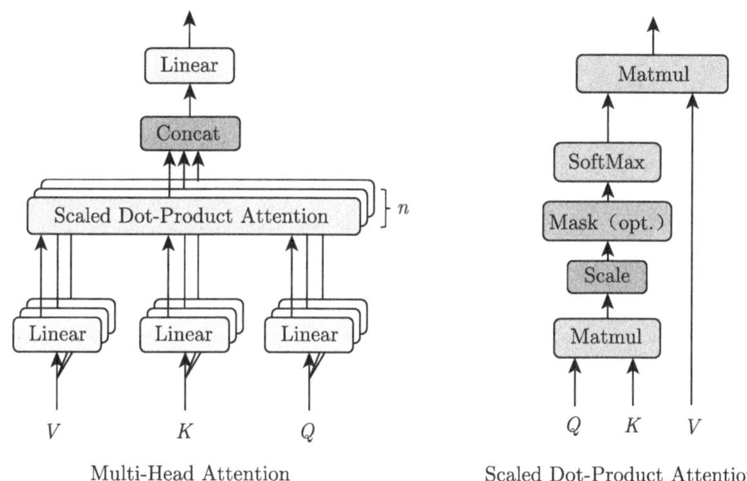

图 7.15 Multi-Head Attention 单元和 Scaled Dot-Product Attention 单元 [34]

Scaled Dot-Product Attention 单元中实现了自注意力机制，如图 7.15 所示。Scaled Dot-Product Attention 单元接收经过线性变换得到的 Q、K、V 作为输入，然后计算 Q 和 K 的点乘，得到输入中词与词之间的相关关系，然后经过尺度变换（Scale）、掩码和 Softmax 等处理，得到最终的自注意力矩阵，最后将其与 V 相乘。对应的表达式[34] 为

$$\text{Attention}(Q,K,V)=\text{softmax}\left(\frac{QK^{\mathrm{T}}}{\sqrt{d_k}}\right)V \tag{7.3}$$

4. BERT 网络

BERT 网络[24] 的全称为基于 Transformer 的双向编码器表示（Bidirectional Encoder Representation from Transformers）。其采用了 Transformer 的编码器部分，并且进行双向的 Block 连接。与 Transformer 相比，BERT 不仅可获取语句之前的信息，还可获取未来的信息。

BERT 的结构如图 7.16 所示。其中最下面方框部分为输入的嵌入（Embedding）表示，由三种不同的嵌入求和而成，分别为词单元嵌入（Token Embedding）、分段嵌入（Segment Embedding）及位置嵌入（Position Embedding）。其中 Token Embedding 是模型输入中每个元素的词向量表示；Segment Embedding 用来区分输入的前后两个语句；Position Embedding 的含义与 Transformer 的位置编码相同，但 Transformer 中使用不同频率的三角函数直接计算得出位置编码，而 BERT 中通过训练学习得到位置嵌入。之后将 Embedding 输入 Transformer 的编码器部分 (即图 7.16 中间的椭圆框部分)，由于该编码器没有

对 Multi-Head Attention 进行掩码操作，因此 BERT 能获取到双向信息。经过多层串联的 Transformer 后即得到最终的输出（即图 7.16中的最上面方框部分）。

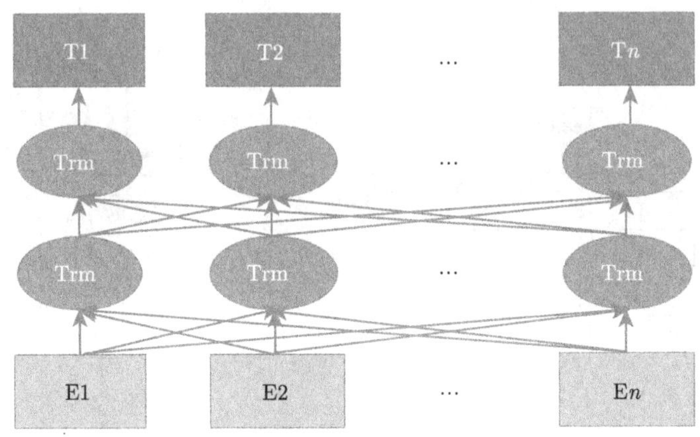

图 7.16 BERT 结构图[24]

在训练时，BERT 包含两个预训练子任务。第一个子任务为掩码语言模型（Masked Language Model），随机遮挡每一个句子中 15% 的词，用其上下文来做预测，在计算损失函数时只计算被遮挡的输入元素。第二个子任务为后句预测（Next Sentence Prediction），可以理解为简单的分类任务，用以判断两个输入语句是否为前后关系。

使用预训练模型进行微调（Fine Tuning）时，BERT 针对不同的预测任务使用不同的方法。如图 7.17 所示，BERT 不仅适合做文本分类、序列标注等常见任务，对于问答系统、信息检索、聊天机器人等任务也有很好的效果。在本实验中，我们完成的是问答系统的任务，对应于图 7.17c。

7.3.2.3 批量矩阵乘算子

在 Transformer 和 BERT 网络中存在大量的矩阵乘法运算，其中 Multi-Head Attention 单元还会用到批量矩阵乘法计算，如图 7.15 所示。Multi-Head Attention 单元对输入 X 做线性映射得到 n 份 Q、K、V（也可以通过批量矩阵乘操作完成），然后对 n 份 Q、K、V 做批量矩阵乘操作。

批量矩阵乘法计算的输入和输出都是多维张量，假设输入张量的形状均为 [Batch, H, W]。批量矩阵乘法计算时，通常首先在 Batch 维度上对两个输入张量进行拆分，并对拆分后的张量做矩阵乘法，最后再将矩阵乘的结果在 Batch 维度上进行拼接。为了适应更一般的场景，批量矩阵乘法的两个输入张量的形状可能不同，例如其中一个张量没有 Batch 维度。为了支持这种处理，我们定义了批量矩阵乘算子 BatchMatMulV2，对于该情况将先在 Batch 维度上对输入张量做广播（Broadcast）操作，然后做批量矩阵乘。

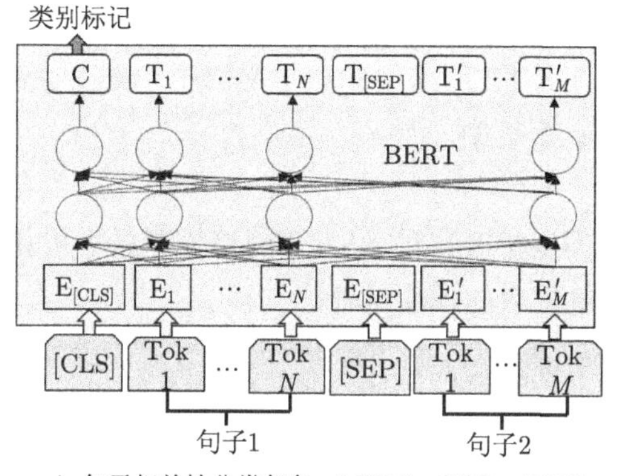

a）句子相关性分类任务：MNLI、QQP、QNLI、STS-B、MRPC、RTE、SWAG

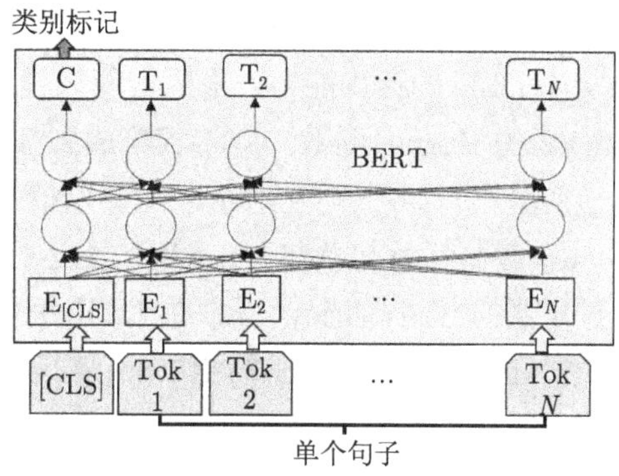

b）单句二分类任务：SST-2、CoLA

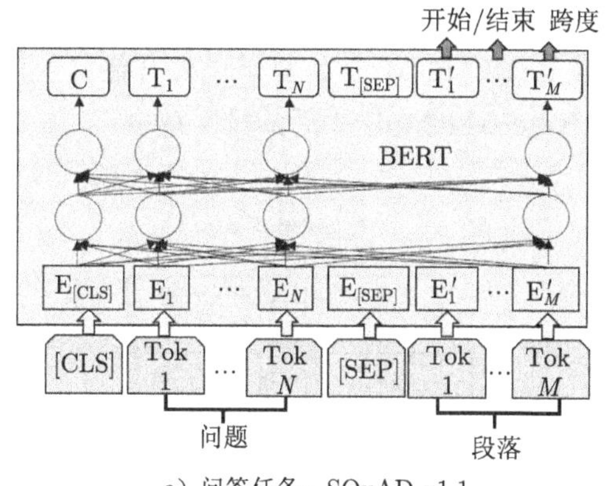

c）问答任务：SQuAD v1.1

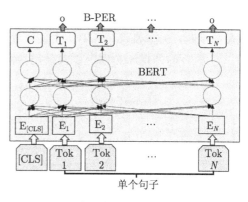

d）序列标注任务：CoNLL-2003 NER

图 7.17 对 BERT 进行微调以适应不同任务[24]

7.3.3 实验环境

硬件平台：DLP 云平台环境。

软件环境：编程框架 TensorFlow、高性能库 CNML、自定义算子库 CNPlugin、运行时库 CNRT、智能编程语言及编译器等。

数据集：斯坦福问答数据集（Stanford Question Answering Dataset，SQuAD）[29]。SQuAD 是一个阅读理解数据集，数据由针对维基百科文章的问题组成。SQuAD 的 1.1 版本包含了针对 500 篇文章的 10 万个以上问题–答案对 (question-answer pair)。下载地址为 https://rajpurkar.github.io/SQuAD-explorer/。

7.3.4 实验内容

本实验主要完成 BERT 网络在 DLP 平台上的移植及性能优化。首先对 BERT 网络模型进行模型量化，然后使用 DLP 上定制的 TensorFlow 加载模型并运行模型推断。为了充分发挥 DLP 的计算能力，采用智能编程语言实现 BERT 网络中的自定义算子 BatchMatMulV2 的 Kernel 函数，并将其集成到 TensorFlow 框架中。

实验流程如图 7.18 所示，主要包括：

1）模型运行与量化：在 CPU 上运行 BERT 模型推断，对 BERT 网络模型进行量化，通过定制的 TensorFlow 版本在 DLP 平台上运行量化后的模型推断。

2）BCL 自定义算子的 Kernel 实现：采用 BCL 实现自定义算子 BatchMatMulV2 的计算逻辑（可选用 BPL 实现）。

3）框架算子集成：将用 BCL/BPL 实现的自定义算子 BatchMatMulV2 集成到 CNPlugin 和 TensorFlow 框架中。

4）模型在线推断：使用集成了自定义算子的 TensorFlow 完成 BERT 模型在 DLP 上的在线推断，并分别比较 CPU 上的推断速度、除 BatchMatMulV2 算子以外其他算子在 DLP 上执行时的推断速度，以及使用自定义算子 BatchMatMulV2 后的推断速度。

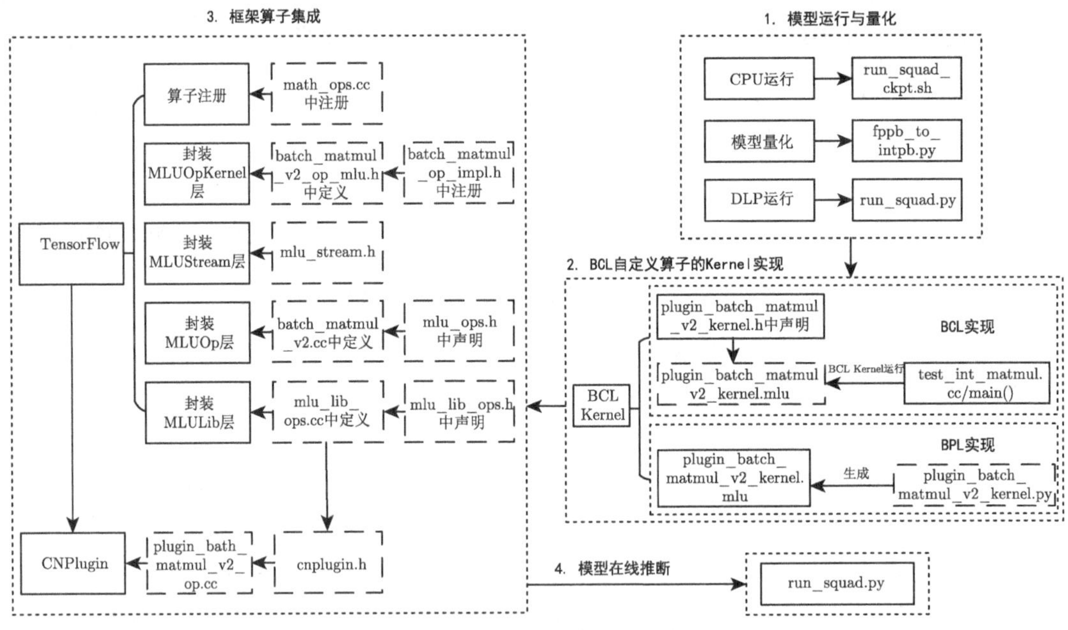

图 7.18 基于 BERT 的问答系统实验流程

图 7.18中虚线框的部分是本实验需要补充完善的代码文件，主要包括自定义算子 BatchMatMulV2 的实现和 TensorFlow 框架集成等。

7.3.5 实验步骤

7.3.5.1 模型运行与量化

为了在 DLP 平台上运行 BERT 网络模型，首先利用开源的预训练的 ckpt 模型，在 CPU 上运行 BERT 模型，确保相关依赖安装完整，并验证模型正确性，再将 ckpt 模型文件转换为 pb 模型文件。做模型文件格式转换是因为目前云平台软件环境提供的量化工具仅支持 pb 格式的模型文件。然后将 pb 模型量化为 int8 类型的 pb 模型。最后通过定制的 TensorFlow 在 DLP 上运行量化后的 BERT 模型推断。

1. 在 CPU 平台上运行 BERT 模型

在 CPU 平台上运行 BERT 模型推断的具体步骤如下：

1）获取开源数据集和 BERT 的 ckpt 格式模型文件：从 https://github.com/google-research/bert.git 上拉取工程，分别下载模型和训练测试数据集。本实验选择 SQuAD 1.1 任务，需要分别下载 Bert-Base（不区分大小写，12 层，768 个隐藏单元，12 头注意力机制，110 M 参数）模型以及 train-v1.1.json、dev-v1.1.json 数据集。

2）安装推断所需的软件包：一些必备的 Python 安装包在 DLP 云平台软件环境中已经安装完成，但每个综合实验的特有依赖软件还需单独安装，使用下面的 pip 命令完成依赖软件的安装与升级。

```
cd bert-master-batchmatmulv2/
pip install -r requirements.txt
```

3）模型推断：执行代码示例 7.41中的命令，在 CPU 环境中运行 BERT 模型推断，并验证精度。模型推断完成后，会打印相应的输出精度："f1": xx.xx, "exact_match": xx.xx。

代码示例 7.41 在 CPU 平台上运行 BERT 模型推断

```
$ ./run_squad_ckpt.sh
```

4）模型转换：执行代码示例 7.42中的命令，将 ckpt 格式的模型文件转换为 pb 格式的模型文件。

代码示例 7.42 在 CPU 平台上运行 BERT 模型转换

```
$ python run_squad.py                                \
    --init_checkpoint=/bert/model.ckpt-37000  \      # 输入的ckpt
    --export_frozen_graph=true                \      # 权重固化并将模型导出
    --max_seq_length=128                      \      # 最大输入向量长度
    --doc_stride=128                          \      # 步幅
    --output_dir=./squad_output_dir_128_small        # 生成的pb模型文件所在目录
```

2. BERT 模型量化

为了在 DLP 上运行 BERT 模型，需要做模型量化。为了兼顾性能与精度的要求，本实验将模型量化为 16 比特位宽，即 int16 类型。具体量化过程可以参考 4.1.2.2 节的介绍。首先参考代码示例 7.44编写 BERT 模型量化的配置文件，然后如代码示例 7.43 所示执行量化脚本 fppb_to_intpb.py，得到量化后的模型。在本实验中，MatMul、MLP、BatchMatMulV2 等算子的输入数据需要量化为 int16 精度，其他算子的输入数据仍然以 float32 或 float16 的精度进行运算。

代码示例 7.43 BERT 模型量化

```
$ python fppb_to_intpb.py Bert_int16.ini
```

代码示例 7.44 BERT 量化配置文件

```
; file: bert/bert-master-batchmatmulv2/bert_int16.ini

[config]
quantization_type = int16                                         ; 量化位宽，目前可选 int8 和 int16
device_mode = clean                                               ; 可选 clean、mlu 和 origin。其中，使用clean生成的模型在运行时会自动选择可运行的设备，建议使用clean
int_op_list = FC                                                  ; 要量化的层的类型，目前可量化 Conv、FC 和 LRN

activation_quantization_alg = naive                               ; 输入量化模式，包括 naive和 threshold_search。其中，naive为基础模式，threshold_search为阈值搜索模式
input_tensor_names = input_ids:0, input_mask:0, segment_ids:0     ; 输入张量的名称，可以是多个，以逗号隔开
weight_quantization_alg = naive                                   ; 权值量化模式，包括 naive和 threshold_search。其中，naive为基础模式，threshold_search为阈值搜索模式
seq_length = 128                                                  ; 序列长度限制

[model]
original_models_path = /path/to/frozen/pb                         ; 输入pb文件
output_tensor_names = unstack:0,unstack:1                         ; 输出张量的名称，可以是多个，以逗号隔开
save_model_path = /path/to/output/frozen_model_int16.pb           ; 输入pb文件

[data]
do_lower_case = False                                             ; 是否忽略大小写，True时忽略，False时不忽略
doc_stride = 128                                                  ; 文本数据步长。当文本长度超过seq_length之后就需要在数据上移动分块（chunk），数据块之间可以有重叠，这个选项就是移动的步长
```

```
max_query_length = 64                                              ; 最大查询长度
batch_size = 8                                                     ; 每次运行的批量大小
num_runs = 1                                                       ; 运行次数
vocab_file = bert/uncased_L-12_H-768_A-12/vocab.txt                ; 词汇表
data_list = bert/squad/dev-v1.1.json                               ; 输入数据文件
```

3. 在 DLP 平台上运行量化后的模型

为了使量化后的 BERT 模型能够运行在 DLP 平台上，需要修改推断代码，在其中设置 DLP 运行环境。具体修改如代码示例 7.45 所示，通过 session config 设置 DLP 的核数、数据精度等运行参数。在进行 DLP 相关的配置时，增加了 optype_black_list 设置，该设置会将配置的节点自动在 CPU 而非 DLP 设备上运行。可以将一些 DLP 支持但性能或精度暂不满足要求的算子暂时放在 CPU 上运行。另外除了 optype_black_list 中的算子之外，DLP 上定制的 TensorFlow 会自动将 DLP 暂时不支持的算子放到 CPU 上执行，不需要用户手动设置。

代码示例 7.45 设置 BERT 的 DLP 运行环境

```
# file:run_squad.py

......

def main(_):
  ......
  config = tf.ConfigProto(allow_soft_placement=True,
                          inter_op_parallelism_threads=1,
                          intra_op_parallelism_threads=1,
                          log_device_placement=False)
  config.mlu_options.core_version = "MLU270"
  config.mlu_options.precision = "int16"
  config.mlu_options.save_offline_model = False
  config.mlu_options.core_num = 16
  config.mlu_options.optype_black_list = "OneHot"
  run_config = tf.contrib.tpu.RunConfig(...
      session_config=config)
  ......
```

完成上述修改之后，执行代码示例 7.46中的命令在 DLP 平台上运行 BERT 模型推断。在运行 BERT 模型推断时会发现 BatchMatMulV2 操作是在 CPU 上执行的，这是因为 DLP 暂时不支持该操作。BERT 网络中存在大量的 BatchMatMulV2 操作，这些操作都在 CPU 上执行，这样不仅会增加 CPU 的负载，还会增加大量的 CPU 和 DLP 之间的数据交互，导致 BERT 模型推断的速度较慢。因此，需要使用智能编程语言自定义算子 BatchMatMulV2，来减少 CPU 和 DLP 的交互，同时使用 int16 定点计算来提高计算速度。

代码示例 7.46 在 DLP 平台上运行 BERT 推断

```
$ python run_squad.py \
    --vocab_file=/opt/Cambricon-Test/datasets/bert/uncased_L-12_H-768_A-12/vocab.txt
        \ #词汇表
    --bert_config_file=/opt/Cambricon-Test/datasets/bert/uncased_L-12_H-768_A-12/
        bert_config.json \   #BERT模型结构参数配置文件
    --predict_batch_size=1 \
    --max_seq_length=128 \
    --hidden_size=768 \
    --output_dir=./squad_output_dir_128_small \
    --export_frozen_graph=false \
    --do_predict=true \                              #执行推断
    --predict_file=/opt/Cambricon-Test/datasets/bert/squad/dev-v1.1.json
```

7.3.5.2 BCL 自定义算子的 Kernel 实现

为了支持 BERT 网络中的矩阵乘运算，自定义算子 BatchMatMulV2 的输入和输出矩阵的数据类型均为 float16 类型，左右输入张量（Input_0 和 Input_1）的形状分别是 [dim_0, dim_1, m, k] 和 [dim_0, dim_1, n, k]，输出张量（Output）的形状为 [dim_0, dim_1, m, n]。在维度 dim_0 和 dim_1 上可以做批处理，m 和 k 是左矩阵的高度和宽度，n 是右矩阵的宽度，如图 7.19 所示。算子 BatchMatMulV2 完成 dim_0 × dim_1 组 m × k 的左矩阵 A 与 k × n 的右矩阵 B 的乘法计算，将每组矩阵乘记为维度为 [m, n, k] 的矩阵乘。需要注意算子 BatchMatMulV2 的输入右矩阵的数据存储顺序，其为右矩阵 B 的转置。为便于说明，本小节所有图片中的右矩阵均是未转置的。

使用 BCL 实现自定义算子 BatchMatMulV2 时，可以使用卷积指令 __bang_conv 来完成矩阵乘运算。为了提高处理速度，本实验使用卷积指令时，要求输入矩阵为 int16 类型，输出矩阵为 float16 类型，因此在计算前需要对输入矩阵做量化处理，同时将左矩阵量化后存放到 NRAM 上，将右矩阵量化后存放到 WRAM 上。由于 DLP 片上存储空间有限，当输入数据规模较大时，需要先对数据做分块再进行矩阵乘计算。

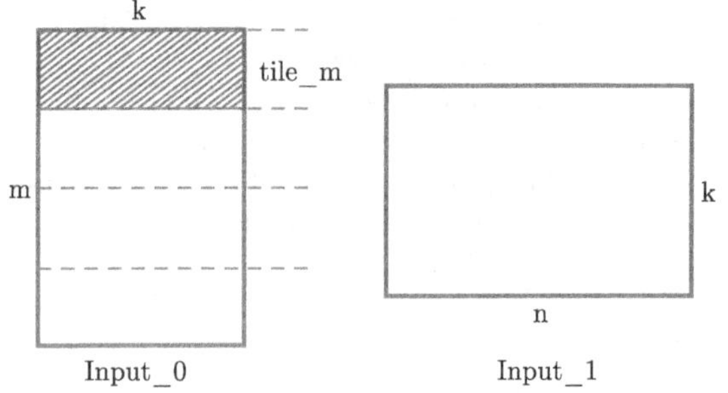

图 7.19 根据 SRAM 大小对输入的左矩阵进行分块

根据上述分析，使用 BCL 实现的自定义算子 BatchMatMulV2 的 Kernel 中应包含以下几类函数，如代码示例 7.47 所示：

- 输入数据分块策略函数：根据输入数据规模进行分块，以最大化片上存储空间的利用率。

- 左矩阵和右矩阵载入函数：根据分块策略，将当前计算依赖的数据载入片上存储。
- 核心计算函数：调用 BCL 的卷积指令完成矩阵乘计算。
- 计算流程（wrap）函数：调用以上各模块完成数据分块、数据载入和计算，同时需要考虑多核并行等情况。
- 算子 BatchMatMulV2 的 Kernel 函数：根据数据规模进行第一次分块，并循环调用 wrap 函数完成矩阵乘计算。

代码示例 7.47 BCL 自定义算子 BatchMatMulV2 的 Kernel 相关的主要接口函数

```
// file:bert/bangc/PluginBatchMatMulV2Op/plugin_batch_matmul_v2_kernel.mlu
......
// 按照最大空间计算的分块策略
__mlu_func__ void SegStrategyByMaxCo(int k_up,
                                     int byteit,
                                     int byteft,
                                     int &work_m,
                                     int &work_n) {
        ......
}
// 按照预设factor搜索的分块策略
__mlu_func__ void SegStrategyByFactor(int factor,
                                      int k_up,
                                      int byteit,
                                      int byteft,
                                      int &work_m,
                                      int &work_n) {
        ...
}
// 拷贝左矩阵到片上存储
template <typename T>
__mlu_func__ void load_left(T *left_sram,
                            T *left_ddr,
                            T *nram_buf,
                            T scale,
                            int pos,
                            int n,
                            int c) {
        ......
}
// 拷贝右矩阵到片上存储
template <typename T>
__mlu_func__ void load_right(T *right_inchip,
                             T *right_ddr,
                             T *nram_buf,
                             T scale,
```

```
                                    int pos,
                                    int n,
                                    int k,
                                    int k_up,
                                    int n_in_nram) {
        ......
}
// 数据拷贝之后执行计算
template <typename IT, typename FT>
__mlu_func__ void compute(FT *dst,
                          IT *left,
                          IT *right,
                          int m,
                          int n,
                          int k,
                          FT recip_scale,
                          int pos) {
        ......
}
// 主要计算流程函数
template <typename IT, typename FT>
__mlu_func__ void int_matmul_wrap(FT *dst_ddr,
                                  IT *left_ddr,
                                  IT *right_ddr,
                                  int tile_m,
                                  int n,
                                  int k,
                                  IT scale_0,
                                  int pos_0,
                                  IT scale_1,
                                  int pos_1,
                                  IT *nram_buf,
                                  IT *wram_buf,
                                  IT *sram_buf) {
        ......
}
// BCL Kernel入口函数
__mlu_entry__ void BatchMatMulV2Kernel_MLU270_half(void *left_ddr,
                                                   void *right_ddr,
                                                   void* dst_ddr,
                                                   int dim_0,
                                                   int dim_1,
                                                   int m,
                                                   int n,
                                                   int k,
                                                   float scale_0,
                                                   int pos_0,
```

```
                                                    float scale_1,
                                                    int pos_1) {
        ......
}
```

下面依次介绍算子 BatchMatMulV2 的 BCL 实现中的主要函数设计。

1. __mlu_entry__ void BatchMatMulV2Kernel_MLU270_half ()

此为自定义算子 BatchMatMulV2 的 Kernel 函数，其实现流程如代码示例 7.48 所示。首先在 NRAM、WRAM 和 SRAM 上分配存储空间；然后遍历维度 dim_0 和 dim_1 进行循环计算，在每次循环中对左输入矩阵沿维度 m 进行分块，再对分块后的子矩阵调用 int_matmul_wrap 函数做矩阵乘计算。具体分块策略为，根据 SRAM 空间大小（SRAM_BUF_SIZE）对左输入矩阵在维度 m 上进行分块，每个块为能放到 SRAM 上的 tile_m × k 的子矩阵，如图 7.19 所示。图 7.19中的阴影部分表示左矩阵的一个分块，其所占空间大小为 SRAM_BUF_SIZE，tile_m = SRAM_BUF_SIZE / sizeof(TYPE) / k。

代码示例 7.48 算子 BatchMatMulV2 的 Kernel 函数

```
// file:bert/bangc/PluginBatchMatMulV2Op/plugin_batch_matmul_v2_kernel.mlu
/*!
 *@param[in]   left_ddr      GDRAM上的左矩阵
 *@param[in]   right_ddr     GDRAM上的右矩阵
 *@param[out]  dst_ddr       GDRAM上的输出矩阵
 *@param[in]   dim_0         输入维度，左右矩阵的第1维
 *@param[in]   dim_1         输入维度，左右矩阵的第2维
 *@param[in]   m             输入维度，左矩阵的第3维
 *@param[in]   n             输入维度，右矩阵的第3维
 *@param[in]   k             输入维度，左右矩阵的第4维
 *@param[in]   scale_0       左矩阵的量化 scale 参数
 *@param[in]   pos_0         左矩阵的量化 pos 参数
 *@param[in]   scale_1       右矩阵的量化 scale 参数
 *@param[in]   pos_1         右矩阵的量化 pos 参数
 */
 __mlu_entry__ void BatchMatMulV2Kernel_MLU270_half(void* left_ddr,
                                                    void* right_ddr,
                                                    void* dst_ddr,
                                                    int dim_0,
                                                    int dim_1,
                                                    int m,
                                                    int n,
                                                    int k,
                                                    float scale_0,
                                                    int pos_0,
                                                    float scale_1,
                                                    int pos_1) {
```

```
  // 准备所需的变量，进行空间划分
  DataType it = kFloat16;
  DataType ft = kFloat16;
  __nram__ int8_t nram_buf[NRAM_BUF_SIZE];
  __wram__ int8_t wram_buf[WRAM_BUF_SIZE];
  __mlu_shared__ int8_t sram_buf[SRAM_BUF_SIZE];
  int tile_m = SRAM_BUF_SIZE / byteof(it) / k;

  //最外层对n方向和c方向使用两重循环，保证多维度输入结果的准确性
  for (int cur_dim0 = 0; cur_dim0 < dim_0; cur_dim0++) {
    for (int cur_dim1 = 0; cur_dim1 < dim_1; cur_dim1++) {
      for (int cur_m = 0; cur_m < m; cur_m += tile_m) {
        int real_m = MIN(m - cur_m, tile_m);

          half *ptr = GetPtr((half *)dst_ddr, cur_m, n);
          int_matmul_wrap(______________________);
      }
      __sync_all();
      if (taskId == 0) {
          left_ddr = (int16_t *)left_ddr + m*k;
          right_ddr = (int16_t *)right_ddr + n*k;
          dst_ddr = (int16_t *)dst_ddr + m*n;
      }
    }
  }
}
```

2. template <typename IT, typename FT> __mlu_func__ void int_matmul_wrap()

此为计算流程函数，主要完成对左右矩阵的分块、子矩阵拷贝以及子矩阵乘法计算和结果拷回，其实现流程如代码示例 7.49 所示。该函数的具体实现过程为：

1）调用 load_left 函数对输入左矩阵（大小为 tile_m $\times$ k）进行量化，并将量化后的矩阵拷贝到 SRAM 上。

2）调用分块策略函数（SegStrategyByFactor 和 SegStrategyByMaxCo），根据片上存储空间 WRAM 和 NRAM 的大小来确定右矩阵与左矩阵的分块大小（work_n 和 work_m），如图 7.20 和图 7.21 所示。

3）对分块后的矩阵进行循环处理。

i）调用 load_right 函数对分块后的右矩阵进行量化，并将量化后的矩阵拷贝到 WRAM 上。

ii）循环处理分块后的左矩阵，先拷贝分块后的左矩阵到 NRAM 上，再调用 compute 函数计算矩阵乘结果，最后将计算结果拷贝回 GDRAM 上。

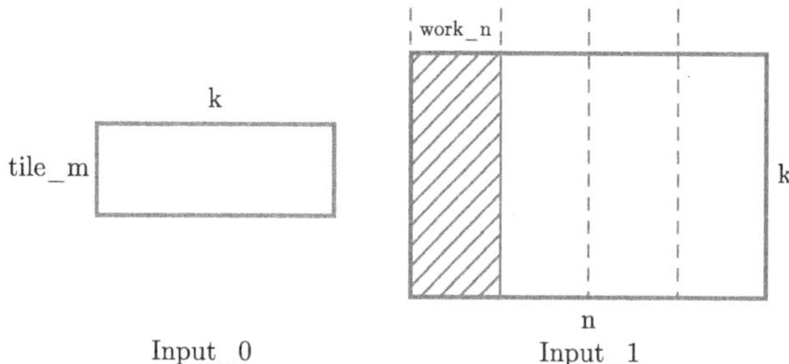

图 7.20 根据 WRAM 空间大小对输入的右矩阵进行分块

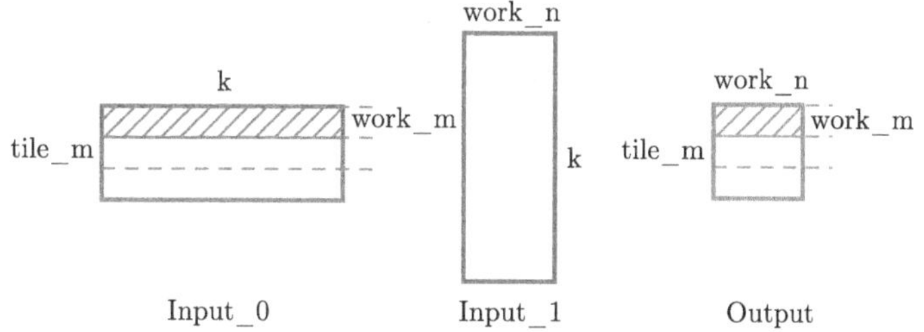

图 7.21 根据 NRAM 空间大小对输入的左矩阵进行分块

代码示例 7.49 计算流程函数

```
// file:bert/bangc/PluginBatchMatMulV2Op/plugin_batch_matmul_v2_kernel.mlu
/*!
 @param[out]    dst_ddr          输出矩阵
 @param[in]     left_ddr         左矩阵
 @param[in]     right_ddr        右矩阵
 @param[in]     tile_m           输入维度，左矩阵的第3维
 @param[in]     n                输入维度，右矩阵的第3维
 @param[in]     k                输入维度，左右矩阵的第4维
 @param[in]     scale_0          左矩阵的量化 scale 参数
 @param[in]     pos_0            左矩阵的量化 pos 参数
 @param[in]     scale_1          右矩阵的量化 scale 参数
 @param[in]     pos_1            右矩阵的量化 pos 参数
 @param[in]     nram_buf         NRAM 上分配的用于计算的空间
 @param[in]     wram_buf         WRAM 上分配的用于计算的空间
 @param[in]     sram_buf         SRAM 上分配的用于计算的空间
 */
 template <typename IT, typename FT>
 __mlu_func__ void int_matmul_wrap(FT *dst_ddr,
                                   IT *left_ddr,
                                   IT *right_ddr,
                                   int tile_m,
                                   int n,
                                   int k,
```

```
                                        IT scale_0,
                                        int pos_0,
                                        IT scale_1,
                                        int pos_1,
                                        IT *nram_buf,
                                        IT *wram_buf,
                                        IT *sram_buf) {
    float scale = 1.f/(scale_0*scale_1);
    int pos = pos_0 + pos_1;

    __sync_all();
    // 调用load_left，将input_0数据加载到SRAM上
    load_left(__________________);  // IT * tile_mm * k <= SRAM_BUF_SIZE

    int k_up = ALIGN_UP(k, 64);

    int work_m = 0;
    int work_n = 0;
    // 调用SegStrategyByFactor和SegStrategyByMaxCo函数确定左矩阵与右矩阵的分块大小
        work_n和work_m
    SegStrategyByFactor(2,
                        k_up,
                        sizeof(IT),
                        sizeof(FT),
                        work_m,
                        work_n);
    if (work_m <= 0 || work_n <= 0) {
      SegStrategyByFactor(1,
                          k_up,
                          sizeof(IT),
                          sizeof(FT),
                          work_m,
                          work_n);
    }
    if (work_m <= 0 || work_n <= 0) {
      SegStrategyByMaxCo(k_up,
                         sizeof(IT),
                         sizeof(FT),
                         work_m,
                         work_n);
    }

    int remain_size = NRAM_BUF_SIZE - sizeof(IT) * work_m * k_up;
    int n_in_nram = ALIGN_DN(remain_size / sizeof(IT) / k_up, 64);

    IT *left_inchip = nram_buf;  // NRAM上左矩阵占用空间为 IT * work_m * k_up
    IT *right_tmp = left_inchip + (work_m * k_up);  // NRAM上右矩阵所需临时空间最小为
```

```
        IT * 64 * k_up
    FT *dst_inchip = (FT *)right_tmp;  // NRAM上计算结果占用空间为 FT * work_m * work_n

    __bang_write_zero((half *)left_inchip, ALIGN_UP(sizeof(IT) * work_m * k_up / sizeof
        (half), 64));

    __sync_all();
    IT *ptr = right_ddr + taskId * work_n * k;
    for (int cur_n = 0; cur_n < n; cur_n += taskDim * work_n) {
      int task_start_n = cur_n + taskId * work_n;
      int task_end_n = MIN(n, cur_n + (taskId + 1) * work_n);
      int real_n = task_end_n - task_start_n;
      int real_n_up = ALIGN_UP(real_n, 64);

      if (real_n > 0) {
        // 调用load_right函数，将input_1数据加载到WRAM中。在每个维度为[work_m, work_n,
            k]的矩阵乘中，因为拆分策略已经保证work_n * k_up * byteit < WRAM_BUF_SIZE,
            所以能保证右矩阵可以完全载入WRAM中

        load_right(__________________);
        ptr += taskDim * work_n * k;

        FT *dst_ddr_ptr = dst_ddr;
        dst_ddr_ptr += task_start_n;
        for (int cur_m = 0; cur_m < tile_m; cur_m += work_m) {
          int real_m = MIN(tile_m - cur_m, work_m);
          __memcpy(left_inchip,
                   sram_buf + cur_m * k,
                   sizeof(IT) * k,
                   SRAM2NRAM,
                   sizeof(IT) * k_up,
                   sizeof(IT) * k,
                   real_m - 1);
          //TODO: 上述代码已经完成了数据载入和数据摆放，下面可以直接计算
          compute(__________________);

          for (int i = 0; i < real_m; ++i) {
            __memcpy(dst_ddr_ptr,
                     dst_inchip + i * real_n_up,
                     sizeof(FT) * real_n,
                     NRAM2GDRAM);
            dst_ddr_ptr += n;
          }
        }
      }
    }
}
```

3. template <typename T>__mlu_func__ void load_left()

此为左矩阵加载函数，将左矩阵拷贝至 NRAM 上，并进行量化操作，然后将量化后的矩阵拷贝至 SRAM 上。其主要流程如代码示例 7.50 所示。

代码示例 7.50 左矩阵拷贝函数

```
// file:bert/bangc/PluginBatchMatMulV2Op/plugin_batch_matmul_v2_kernel.mlu
/*!
 @param[in]    left_sram      SRAM 上的空间
 @param[in]    left_ddr       GDRAM 上的左矩阵
 @param[in]    nram_buf       临时 NRAM 空间，用于量化左矩阵
 @param[in]    scale          左矩阵的量化 scale 参数
 @param[in]    pos            左矩阵的量化 pos 参数
 @param[in]    n              输入维度，左矩阵的第3维
 @param[in]    c              输入维度，左矩阵的第4维
 */
template <typename T>
 __mlu_func__ void load_left(T *left_sram,
                             T *left_ddr,
                             T *nram_buf,
                             T scale,
                             int pos,
                             int n,
                             int c) {
   int size = sizeof(T) * n * c;
   if (coreId == 0) {
     int useful_nram_size = ALIGN_DN(NRAM_BUF_SIZE, 64);
     T* nram_buf_after = nram_buf + useful_nram_size/sizeof(T);
     for (int offset = 0; offset < size ; offset += useful_nram_size) {
         int cur_size = MIN(size - offset, useful_nram_size);
         __memcpy(nram_buf, left_ddr + offset/sizeof(T), cur_size, GDRAM2NRAM);
         //TODO: 通过以下函数完成左矩阵的量化
         __bang_mul_const(______________);
         __bang_half2int16_rd(___________);
         __memcpy(left_sram + offset/sizeof(T), nram_buf, cur_size, NRAM2SRAM);
     }
   }

   __sync_all();
   // 多Cluster下的数据拷贝
   if (clusterId == 0) {
     if (clusterDim >= 2) {
       __memcpy(left_sram, left_sram, size, SRAM2SRAM, 1);
     }
     if (clusterDim >= 3) {
       __memcpy(left_sram, left_sram, size, SRAM2SRAM, 2);
```

```
        }
        if (clusterDim >= 4) {
          __memcpy(left_sram, left_sram, size, SRAM2SRAM, 3);
        }
    }
}
```

4. _mlu_func_ _ void SegStrategyByFactor()

此为基于预设因子（factor）的分块策略函数，其主要流程如代码示例 7.51 所示。首先按照预设的 factor 和 WRAM 空间大小确定 n 的分块大小 work_n，然后根据 NRAM 空间大小以及 work_n 来计算 m 的分块大小 work_m。图 7.20和图 7.21表示矩阵数据拷贝到 NRAM 之前的分块情况，当数据拷贝到 NRAM 上之后维度 k 需要对齐到 64 的整数倍，即 k_up。

具体的分块策略为：

- 右矩阵分块（work_n）：将输入的右矩阵在维度 n 上划分为多个 work_n × k_up 大小的块，如图 7.20中阴影部分所示。令 work_n= factor × BU / byteft，其中 BU 为最小分块单位，本实验中将其设为 4 KB。每个分块所占空间必须小于 WRAM_BUF_SIZE，以保证其能够存放在 WRAM 上。
- 左矩阵分块（work_m）：根据上面得到的 work_n 进一步求解 work_m。如图 7.21 所示，对输入的左矩阵在维度 tile_m 上进一步分块，分块大小需要同时满足两个条件：(1) 左矩阵分块及其对应的输出矩阵能够存放在 NRAM 上，即 (work_n × byteft + k_up × byteit) × work_m < NRAM_BUF_SIZE；(2) 左矩阵分块和右矩阵临时数据能够存放在 NRAM 上，其中右矩阵临时数据是在右矩阵分块数据重新摆放和数据对齐的过程中产生的数据，需要占用 byteit × 64 × k_up 大小的临时空间。该临时空间可以由输出矩阵复用，因此（byteit × 64 × k_up+ byteit × k_up × work_m< NRAM_BUF_SIZE）。

代码示例 7.51 基于预设因子的分块策略函数

```
// file:bert/bangc/PluginBatchMatMulV2Op/plugin_batch_matmul_v2_kernel.mlu
/*!
 @param[in]    factor         预设的 n 的拆分倍数
 @param[in]    k_up           维度 k 进行 64 位对齐的结果
 @param[in]    byteit         输入数据类型的字节数
 @param[in]    byteft         输出数据类型的字节数
 @param[out]   work_m         （输出）拆分后每次读取的 m 值
 @param[out]   work_n         （输出）拆分后每次读取的 n 值
 */
__mlu_func__ void SegStrategyByFactor(int factor,
                                      int k_up,
```

```
                                     int byteit,
                                     int byteft,
                                     int &work_m,
                                     int &work_n) {
  //TODO: 设work_n的规模为4 * 1024字节的倍数，补全这里的拆分策略
  work_n = ________

  if (WRAM_BUF_SIZE / work_n / byteit < k_up) {
    work_m = -1;
    work_n = -1;
    return;
  }
  // 一种预设的work_n拆分策略
  int work_m_1 = NRAM_BUF_SIZE / (byteit * k_up + byteft * work_n);
  int work_m_2 = (NRAM_BUF_SIZE - byteit * 64 * k_up) / (byteit * k_up);
  work_m = MIN(work_m_1, work_m_2);
}
```

5. __mlu_func__ void SegStrategyByMaxCo()

此为基于最大空间的分块策略函数,其主要流程如代码示例 7.52 所示。首先根据 WRAM 和 NRAM 空间大小确定 n 的分块大小 work_n，然后根据 NRAM 空间大小和 work_n 来确定 m 的分块大小 work_m。当基于预设因子的分块策略失败后，就需要使用基于最大空间的分块策略，如代码示例 7.49 所示。

具体的分块策略为：

- 右矩阵分块（work_n）：右矩阵分块后的每个块能够完整地存放到 WRAM 上，如图 7.20 所示。右矩阵存放到 WRAM 上时，需要将矩阵维度 k 对齐到 64 的整数倍（k_up），因此 work_n $\leqslant$ WRAM_BUF_SIZE / k_up / byteit。同时，左矩阵分块后的每个块及其对应的结果矩阵能够完整地存放到 NRAM 上，因此 work_n $\leqslant$ (NRAM_BUF_SIZE $-$ byteit $\times$ k_up) / byteft。
- 左矩阵分块（work_m）：根据 NRAM 空间大小和 work_n，对输入的左矩阵在维度 tile_m 上进一步分块，以保证左矩阵分块及其对应的输出矩阵能够存放在 NRAM 上，即 (work_n $\times$ byteft + k_up $\times$ byteit) $\times$ work_m $<$ NRAM_BUF_SIZE。同时，左矩阵分块和右矩阵临时数据要能够存放在 NRAM 上，即（byteit $\times$ 64 $\times$ k_up+ byteit $\times$ k_up $\times$ work_m$<$ NRAM_BUF_SIZE）。

代码示例 7.52 基于最大空间的分块策略函数

```
// file:bert/bangc/PluginBatchMatMulV2Op/plugin_batch_matmul_v2_kernel.mlu
/*!
 @param[in]   k_up         维度 k 进行 64 位对齐的结果
 @param[in]   byteit       输入数据类型的字节数
```

```
@param[out]  byteft        输出数据类型的字节数
@param[out]  work_m        （输出）拆分后每次读取的 m 值
@param[out]  work_n        （输出）拆分后每次读取的 n 值
*/
__mlu_func__ void SegStrategyByMaxCo(int k_up,
                                     int byteit,
                                     int byteft,
                                     int &work_m,
                                     int &work_n) {
  int work_n_1 = WRAM_BUF_SIZE / byteit / k_up;
  int work_n_2 = (NRAM_BUF_SIZE - byteit * k_up) / byteft;
  work_n = ALIGN_DN(MIN(work_n_1, work_n_2), 64);
  int work_m_1 = NRAM_BUF_SIZE / (byteit * k_up + byteft * work_n);
  int work_m_2 = (NRAM_BUF_SIZE - byteit * 64 * k_up) / (byteit * k_up);
  work_m = MIN(work_m_1, work_m_2);
}
```

6. template <typename T>__mlu_func__ void load_right():

此为右矩阵加载函数，将右矩阵拷贝至 NRAM 上，并进行量化，然后将量化后的矩阵拷贝至 WRAM 上。其主要流程如代码示例 7.53 所示。

代码示例 7.53 右矩阵拷贝函数

```
// file:bert/bangc/PluginBatchMatMulV2Op/plugin_batch_matmul_v2_kernel.mlu
/*!
 @param[in]  right_inchip    WRAM 上的最大空间
 @param[in]  right_ddr       GDRAM 上的右矩阵
 @param[in]  nram_buf        临时 NRAM 空间，用于量化右矩阵
 @param[in]  scale           右矩阵的量化 scale 参数
 @param[in]  pos             右矩阵的量化 pos 参数
 @param[in]  n               输入维度，右矩阵的第3维
 @param[in]  k               输入维度，右矩阵的第4维
 @param[in]  k_up            维度 k 进行 64 位对齐的结果
 @param[in]  n_in_nram       根据k_up计算出的NRAM上的剩余空间一次所能计算的最大n值
 */
 template <typename T>
 __mlu_func__ void load_right(T *right_inchip,
                              T *right_ddr,
                              T *nram_buf,
                              T scale,
                              int pos,
                              int n,
                              int k,
                              int k_up,
                              int n_in_nram) {
   for (int cur_n = 0; cur_n < n; cur_n += n_in_nram) {
```

```
    int real_n = MIN(n - cur_n, n_in_nram);
    __memcpy(nram_buf + real_n * (k_up - k),
             right_ddr + cur_n * k,
             sizeof(T) * real_n * k,
             GDRAM2NRAM);
    __bang_mul_const(nram_buf + real_n * (k_up - k), nram_buf + real_n * (k_up - k),
        scale, ALIGN_UP(sizeof(T) * real_n * k, 64));
    __bang_half2int16_rd((int16*)(nram_buf + real_n * (k_up - k)), (half*)(nram_buf +
         real_n * (k_up - k)), ALIGN_UP(sizeof(T) *real_n * k, 64), pos);
    if (k_up != k) {
      __memcpy(nram_buf,
               nram_buf + real_n * (k_up - k),
               sizeof(T) * k,
               NRAM2NRAM,
               sizeof(T) * k_up,
               sizeof(T) * k,
               real_n - 1);
    }
    for (int n_offset = 0; n_offset < real_n; n_offset += 64) {
      __memcpy(right_inchip + (cur_n / 64 + n_offset / 64) * k_up,
               nram_buf + n_offset * k_up,
               sizeof(T) * 64 * k_up,
               NRAM2WRAM);
    }
  }
}
```

7. template <typename IT, typename FT>__mlu_func__ void compute()

此为核心计算函数，调用 BCL 的卷积指令 __bang_conv 完成矩阵乘计算。主要参数如代码示例 7.54 所示。

代码示例 7.54 卷积计算函数

```
// file:bert/bangc/PluginBatchMatMulV2Op/plugin_batch_matmul_v2_kernel.mlu
/*!
 @param[in]  dst            存放结果的 NRAM 空间
 @param[in]  left           存放在 NRAM 上的左矩阵
 @param[in]  right          存放在 WRAM 上的右矩阵
 @param[in]  m              输入维度，左矩阵的第3维
 @param[in]  n              输入维度，右矩阵的第3维
 @param[in]  k              输入维度，左右矩阵的第4维
 @param[in]  recip_scale    量化 scale 参数
 @param[in]  pos            量化 pos 参数
 */
 template <typename IT, typename FT>
```

```
__mlu_func__ void compute(FT *dst,
                          IT *left,
                          IT *right,
                          int m,
                          int n,
                          int k,
                          FT recip_scale,
                          int pos) {
    //TODO: 调用__bang_conv 执行计算, 计算每个[work_m, work_n, k]的MatMul
    ______________________
    ______________________
}
```

7.3.5.3 BPL 自定义算子的逻辑实现

本小节介绍如何使用 BPL 实现自定义算子 BatchMatMulV2 的计算逻辑。

与 7.3.5.2 节一样，自定义算子 BatchMatMulV2 的输入和输出矩阵的数据类型均为 float16 类型，左右输入张量（Input_0 和 Input_1）的形状分别是 [dim_0, dim_1, m, k] 和 [dim_0, dim_1, n, k]，输出矩阵（Output）的形状为 [dim_0, dim_1, m, n]。在维度 dim_0 和 dim_1 上可以做批处理，m 和 k 是左矩阵的高度和宽度，n 和 k 是右矩阵的宽度和高度，如图 7.22 所示。算子 BatchMatMulV2 实现 dim_0 × dim_1 组 m×k 的左矩阵 A 与 k × n 的右矩阵 B 的乘法计算，将每组矩阵乘记为维度为 [m, n, k] 的矩阵乘。需要注意算子 BatchMatMulV2 的输入右矩阵的数据存储顺序，其为右矩阵 B 的转置。为便于说明，本小节所有图片中的右矩阵均是未转置的。

使用 BPL 实现自定义算子 BatchMatMulV2 时，可以使用 conv 原语来完成矩阵乘运算。为了提高处理速度，本实验使用 conv 原语指令时，要求输入矩阵为 int16 类型，输出矩阵为 float16 类型，因此在计算前需要对输入矩阵做量化处理，同时将左右矩阵量化后存放到 NRAM 上。由于 DLP 片上存储空间有限，当输入数据规模较大时，需要先对数据做分块再进行矩阵乘计算。

根据上述分析，使用 BPL 实现的自定义算子 BatchMatMulV2 的计算逻辑中应包含以下几类函数，如代码示例 7.55 所示：

- 分块策略函数：在计算前，根据输入数据规模和片上存储空间大小，对输入矩阵进行分块（如图 7.22 所示），以充分利用片上存储。
- 矩阵载入函数：将矩阵从 SRAM 拷贝到 NRAM，并进行量化。
- 核心计算函数：首先调用矩阵载入函数将左右矩阵拷贝到 NRAM 上，其次将右矩阵拷贝到 WRAM 上，然后调用 BPL 的卷积指令完成矩阵乘计算。
- 计算流程（wrap）函数：针对 DLP 多核并行化，调用核心计算函数来完成数据载入和计算。

- 计算主体函数：调用分块策略函数计算分块大小，然后循环调用 wrap 函数完成矩阵乘计算。

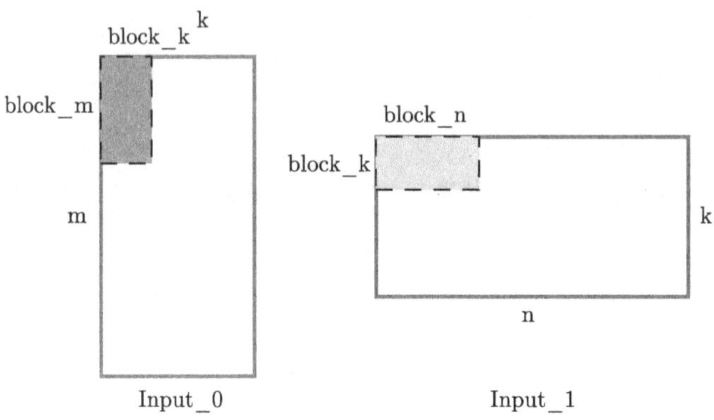

图 7.22 矩阵乘法的分块方式

在具体实现中，用一个 Python 类来定义算子 BatchMatMulV2，用该类的成员变量进行成员函数间的参数传递，上述函数作为成员函数。

代码示例 7.55 BatchMatMulV2 的 Python 类实现

```
#file:bert/bangc/PluginBatchMatMulV2Op/BatchMatMul.py
class BatchMatMulV2Kernel_MLU270():
    def __init__(self):
        self.name = "BatchMatMulV2Kernel_MLU270_half"
        self.tcp = tcp.TCP()
        self.coreId = self.tcp.builtin_var("coreId")
        self.coreDim = self.tcp.builtin_var("coreDim")
        self.clusterDim = self.tcp.builtin_var("clusterDim")
        self.clusterId = self.tcp.builtin_var("clusterId")
        self.dim_0 = self.tcp.Var("dim_0")
        self.dim_1 = self.tcp.Var("dim_1")
        self.m = self.tcp.Var("m")
        self.n = self.tcp.Var("n")
        self.k = self.tcp.Var("k")
        self.scale_0 = self.tcp.Var("scale_0", IT)
        self.pos_0 = self.tcp.Var("pos_0")
        self.scale_1 = self.tcp.Var("scale_1", IT)
        self.pos_1 = self.tcp.Var("pos_1")
        self.block_m = self.tcp.Scalar(dtype=int32, name="m_block", value=0)
        self.block_n = self.tcp.Scalar(dtype=int32, name="n_block", value=0)
        self.block_k = self.tcp.Scalar(dtype=int32, name="k_block", value=0)
        self.bk_align = self.tcp.Scalar(dtype=int32, name="bk_align", value=0)

```

```
        self.left_tensor=self.tcp.Tensor(shape=(self.dim_0,self.dim_1,self.m, self.k),
                                name='left_tensor',dtype=IT,scope="global")
        self.right_tensor=self.tcp.Tensor(shape=(self.dim_0,self.dim_1,self.n,self.k),
                                ame='right_tensor',dtype=IT,scope="global")
        self.dst_tensor=self.tcp.Tensor(shape=(self.dim_0,self.dim_1,self.m,self.n),
                                name='dst_tensor',dtype=FT,scope="global")

        self.nram_buf = self.tcp.Tensor(shape=(NRAM_BUF_SIZE // 2,), name='nram_buf',
                                dtype=float16, scope="nram")
        self.wram_buf = self.tcp.Tensor(shape=(WRAM_BUF_SIZE // 2,), name='wram_buf',
                                dtype=float16, scope="wram")
        self.sram_buf = self.tcp.Tensor(shape=(SRAM_BUF_SIZE // 2,), name='sram_buf',
                                dtype=float16, scope="sram")

    def init_block_size(self, block_m, block_n, block_k, bk_align):
         ________________________
         ________________________
    def load_nram(self, nram, sram, dim0, dim1, scale,  pos):
        ________________________
        ________________________
    def matmul_step(self, res_nram, in_nram, weight_nram, weight_reshape_nram,
                    in_sram, weight_sram,  weight_wram,
                    in_dim0, in_dim1, weight_dim0, weight_dim1):
        ________________________
        ________________________
    def int_matmul_wrap(self, dst, left, right,
                        res_nram,in_nram,weight_nram,temp_nram,weight_reshape_nram,
                        res_sram, in_sram, weight_sram, temp_sram,
                        weight_wram, flag):
        ________________________
        ________________________
    def compute_body(self):
        ________________________
        ________________________
```

下面依次介绍算子 BatchMatMulV2 的 BPL 实现中的成员函数设计。

1. def compute_body()

此为算子 BatchMatMulV2 的入口函数，其实现流程如代码示例 7.56所示。首先调用 init_block_size 函数对输入矩阵在维度 m、n、k 上进行分块，将左矩阵分为多个 block_m× block_k 的子矩阵，将右矩阵分为多个 block_n × block_k 的子矩阵，如图 7.22 所示；然后遍历维度 dim_0 和 dim_1 进行循环计算，对分块后的子矩阵调用 int_matmul_wrap 计算维度为 [block_m, block_n，block_k] 的矩阵乘法。

考虑到对分块的尾数的处理，实际的每一层循环内的核心运算为维度为 [real_m real_n, real_k] 的矩阵乘法。

代码示例 7.56　compute_body 函数

```
#file:bert/bangc/PluginBatchMatMulV2Op/BatchMatMul.py
def compute_body(self):
    real_m = self.tcp.Scalar(________________)
    real_n = self.tcp.Scalar(________________)
    real_k = self.tcp.Scalar(________________)
    self.init_block_size(self.block_m, self.block_n, self.block_k, self.bk_align)
    with self.tcp.for_range(0, self.dim_0, name='cur_dim0') as cur_dim0:
        with self.tcp.for_range(0, self.dim_1, name='cur_dim1') as cur_dim1:
            real_m.assign(________________)
            with self.tcp.for_range(0, DIV_UP(real_m, self.block_m * 2), name="bm")
                as bm:
                with self.tcp.for_range(0, DIV_UP(self.n, self.block_n * 2), name=
                    "bn") as bn:
                    with self.tcp.for_range(0, DIV_UP(self.k, self.block_k * 2), name=
                        "bk") as bk:
                        real_n.assign(________________)
                        real_k.assign(________________)
                        m_start = ________________
                        n_start = ________________
                        k_start = ________________
                        self.int_matmul_wrap(
                            #每次核心运算所得的结果矩阵的大小为[1, 1, real_m, real_n]
                            self.dst[cur_dim0, cur_dim1, m_start:m_start+real_m,
                                     n_start:n_start+real_n],
                            #每次核心运算所需的左矩阵的大小为[1, 1, real_m, real_k]
                            self.left[cur_dim0, cur_dim1, m_start:m_start+real_m,
                                      k_start:k_start+real_k],
                            #每次核心运算所得的右矩阵的大小为[1, 1, real_n, real_k]
                            self.right[cur_dim0, cur_dim1, n_start:n_start+real_n,
                                       k_start:k_start+real_k],
                            #TODO: 添加该计算函数所需要的其他参数
                            ________________)
```

2. def init_block_size()

此为分块策略函数，根据分配给 BatchMatMul 算子的片上存储空间（NRAM、SRAM、WRAM）的大小，计算每次循环处理的矩阵乘法的规模。该函数的实现流程如代码示例 7.57 所示。

分块大小需要满足以下约束：

- NRAM 空间：能够存放下每次循环处理的矩阵乘法在单计算核上的计算结果（大小为 block_m × block_n）、输入左矩阵（大小为 block_m × bk_align）、输入右矩阵及其数据摆放结果（大小为 2 × block_n × block_k）。关于矩阵数据摆放的介绍，请参阅 5.2.5.3 节。其中，bk_align 表示存储中间结果的维度 k 的值。由于矩阵乘的中间结果复用输入左矩阵的 NRAM 空间，因此 bk_align 为 block_k 与 block_n 间的最大值。

- SRAM 空间：能够存放下每次循环处理的矩阵乘法在单 Cluster 上的计算结果（大小为 block_m×2 × block_n×2）、输入左矩阵（大小为 block_m×2 × bk_align×2）、输入右矩阵（大小为 2 × block_n × block_k×2）。
- WRAM 空间：能够存放下每次循环处理的矩阵乘法在单计算核上的输入右矩阵（大小为 block_n × block_k）。

代码示例 7.57 init_block_size 函数

```
# file:bert/bangc/PluginBatchMatMulV2Op/BatchMatMul.py
def init_block_size(self, block_m, block_n, block_k, bk_align):
    #block_m: 维度m上的分块大小
    #block_n: 维度n上的分块大小
    #block_k: 维度k上的分块大小
    #bk_align: 存储中间计算结果的维度k的值
    #TODO: 计算block_m、block_n、block_k、bk_align的值
    nram_use = self.tcp.Scalar(dtype=int32, name="nram_use", value=0)
    wram_use = self.tcp.Scalar(dtype=int32, name="wram_use", value=0)
    sram_use = self.tcp.Scalar(dtype=int32, name="sram_use", value=0)
    m_align_size = k_align_size = n_align_size = ______________________
    with self.tcp.for_range(0, DIV_UP(self.m, m_align_size)) as m_:
        with self.tcp.for_range(0, DIV_UP(self.n, n_align_size)) as n_:
            with self.tcp.for_range(0, DIV_UP(self.k, k_align_size)) as k_:
                with self.tcp.if_scope(k_ <= n_):
                    nram_use.assign(__________________________)
                    sram_use.assign(__________________________)
                wram_use.assign((k_ * n_) * 64 * 64 * IT.bytes)
                with self.tcp.if_scope(_______________________):
                    block_m.assign(____________)
                    block_n.assign(____________)
                    block_k.assign(____________)
    with self.tcp.if_scope(block_k <= block_n):
        bk_align.assign(_______)
    with self.tcp.else_scope():
        bk_align.assign(_______)
```

3. def int_matmul_wrap()

此为计算流程函数，其主要实现流程如代码示例 7.58 所示。首先将分块后的左右矩阵从 GDRAM 拷贝到 SRAM 上；其次调用 matmul_step 函数，将左右矩阵分别拷贝到 NRAM 和 WRAM，并做矩阵乘法运算；然后将相关的分块矩阵乘的结果进行累加；最后将最终的计算结果拷贝到 GDRAM 上。

具体处理过程如下：

- 多核并行化：DLP 芯片上每个 Cluster 包含 4 个计算核，当在单 Cluster 上做维度为 [block_m × 2，block_n × 2，block_k × 2] 的矩阵乘时，可以将 4 个计算核视为 2×2 的计算核阵列，通过分块每个计算核处理维度为 [block_m, block_n，block_k] 的矩阵乘，如图 7.23 所示。根据矩阵分块乘法，单计算核上的矩阵乘需要做两次维度为 [block_m, block_n, block_k] 的矩阵乘与一次加和运算。例如，计算核阵列上坐标为 $(0,0)$ 的计算核需要两次矩阵乘运算以及加和运算。
- 输入数据拷贝到 SRAM 上：单 Cluster 上每次矩阵乘运算的输入数据规模不一定满足相关 BPL 运算原语的对齐要求。因此，需要先分配一块满足 BPL 运算原语对齐要求的足够大的 SRAM 空间，并将该空间使用 assign 原语初始化为 0，然后将输入数据从 GDRAM 空间拷贝到该 SRAM 空间。
- 调用 matmul_step 函数计算矩阵乘：matmul_step 函数将左右矩阵从 SRAM 拷贝到 NRAM 并进行量化，再将右矩阵由 NRAM 拷贝到 WRAM，然后使用 BPL 中的 conv 原语做卷积运算，从而得到矩阵乘结果。
- 将相关的分块矩阵乘的结果进行加和，最后将最终的计算结果拷贝到 GDRAM 上。

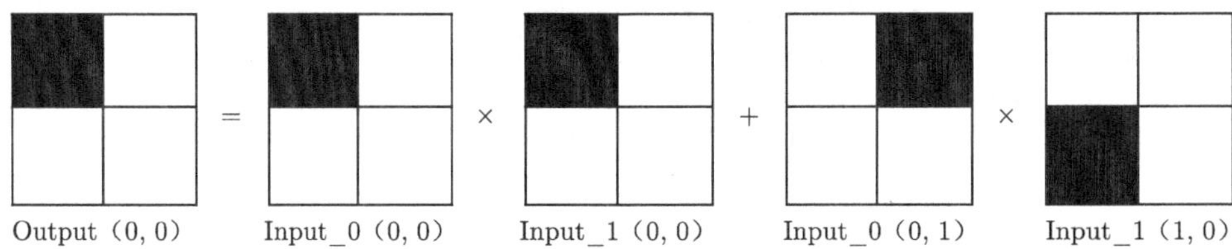

图 7.23　单 Cluster 上的矩阵分块运算

代码示例 7.58　int_matmul_wrap 函数

```
#file:bert/bangc/PluginBatchMatMulV2Op/BatchMatMul.py
def int_matmul_wrap(self, dst_tensor, left_tensor, right_tensor,
                    res_nram, in_nram, weight_nram, temp_nram, weight_reshape_nram,
                    res_sram, in_sram, weight_sram, temp_sram,
                    weight_wram, flag):
    #dst_tensor：GDRAM上经过分块的输出矩阵(大小为real_m×real_n)
    #left_tensor：GDRAM上经过分块的左矩阵(大小为real_m×real_k)
    #right_tensor：GDRAM上经过分块的右矩阵(大小为real_n×real_k)
    #res_nram：NRAM上单核单次矩阵乘法的输出矩阵(大小为block_m×block_n)
    #in_nram：NRAM上单核单次矩阵乘法的左矩阵(大小为block_m×block_k)
    #temp_nram：NRAM上单核单次矩阵乘法的中间结果矩阵(大小为block_m×block_n)
    #weight_nram：NRAM上单核单次矩阵乘法的右矩阵(大小为block_n×block_k)
    #weight_reshape_nram：NRAM上单核单次矩阵乘法的经过摆放处理的右矩阵(大小为
        block_n×block_k)
    #res_sram：SRAM上单Cluster单次矩阵乘法的输出矩阵(大小为(block_m×2)×(block_n×2))
    #in_sram：SRAM上单Cluster单次矩阵乘法的左矩阵(大小为(block_m×2)×(block_k×2))
```

```
    #temp_sram：SRAM上单Cluster单次矩阵乘法的中间结果矩阵(大小为(block_m×2)×(block_n×2))
    #weight_sram：SRAM上单Cluster单次矩阵乘法的右矩阵(大小为(block_n×2)×(block_k×2))
    #weight_wram：WRAM上单核单次矩阵乘法的右矩阵(大小为block_n×block_k)
    dim_0 = self.coreId / 2
    dim_1 = self.coreId % 2
    res_shape = res_nram.shape
    #2x2的矩阵分块运算需要两个计算步骤:
    #步骤0:                  #步骤1:
    #0,0 * 0,0, 0,1 * 1,1    #0,1 * 0,1, 0,0 * 1,0
    #1,0 * 0,0, 1,1 * 1,1    #1,1 * 0,1, 1,0 * 1,0
    #将参与运算的左右矩阵由GDRAM拷贝到SRAM
    with self.tcp.if_scope(self.coreId == 0x80):
        self.tcp.assign(self.sram_buf, 0)
        self.tcp.memcpy(in_sram[_____], left_tensor[_____])
        self.tcp.memcpy(weight_sram[_____], right_tensor[_____])
    self.tcp.sync_cluster()
    for i in range(2):
        with self.tcp.if_scope(self.coreId%2 == 0):
            self.matmul_step(_______________)
        with self.tcp.else_scope():
            self.matmul_step(_______________)
        #TODO:将分块矩阵乘法单次的计算结果由NRAM拷贝回SRAM
        _______________
    #TODO:计算分块矩阵乘法两次运算的结果之和
    _______________
    self.tcp.sync_cluster()
    with self.tcp.if_scope(self.coreId == 0x80):
        self.tcp.memcpy(dst_tensor[_____], res_sram[_____])
    self.tcp.sync_cluster()
```

4. def matmul_step()

此为核心计算函数，其主要流程如代码示例 7.59 所示。首先调用 load_nram 函数将左、右矩阵分别从 SRAM 拷贝到 NRAM 并进行量化；然后使用 BPL 中的 conv 原语做卷积运算；最后对卷积结果做反量化后得到矩阵乘的结果。

代码示例 7.59　matmul_step 函数

```
#file:bert/bangc/PluginBatchMatMulV2Op/BatchMatMul.py
def matmul_step(self, res_nram, in_nram, weight_nram, weight_reshape_nram,
                in_sram, weight_sram, weight_wram,
                in_dim0, in_dim1, weight_dim0, weight_dim1):
    #将左矩阵由SRAM拷贝到NRAM上
    self.load_nram(in_nram, in_sram,_______________)
    #将右矩阵由SRAM拷贝到NRAM上
```

```
    self.load_nram(weight_nram, weight_sram,_______________)
    #对右矩阵进行摆放处理
    self.tcp.reshape_filter(_______________)
    #将右矩阵由NRAM拷贝到WRAM
    self.tcp.memcpy(_______________)
    #进行核心卷积运算
    self.tcp.conv(_______________)
    self.tcp.multiply(_______________)
```

5. def load_nram()

此为矩阵载入函数，其主要流程如代码示例 7.60 所示。首先将 SRAM 中的矩阵拷贝到 NRAM 上，然后进行量化得到 int16 类型的数据。

代码示例 7.60　load_nram 函数

```
#file:bert/bangc/PluginBatchMatMulV2Op/BatchMatMul.py
def load_nram(self, nram, sram, dim0, dim1, scale,  pos):
    #nram：拷入左右矩阵的NRAM上的张量
    #sram：拷出左右矩阵的SRAM上的张量
    #dim0：需要拷出的矩阵在SRAM张量上映射的坐标值
    #dim1：需要拷出的矩阵在SRAM张量上映射的坐标值
    #scale：矩阵量化的scale参数
    #pos：矩阵量化的pos参数
    shape = nram.shape
    self.tcp.memcpy(nram, sram[_____])
    self.tcp.sync_cluster()
    self.tcp.multiply(nram, nram, _____)
    self.tcp.type_convert(nram.reinterpret_cast(int16), nram, _____)
```

完成 BPL 自定义算子逻辑的编写之后，可以执行生成的可执行模块进行算子正确性验证。读者可以仿照 5.3.2.2 节中的代码示例 5.26，使用 BPL 的 save 函数接口保存得到 BCL 代码（.mlu 文件）。

7.3.5.4　框架算子集成

在完成 BERT 中自定义算子 BatchMatMulV2 的 Kernel 实现之后，需要将其集成到 CNPlugin 和 TensorFlow 框架中。具体实现与 5.1.5.2 节类似，包括 PluginOp 接口封装、算子集成和 TensorFlow 框架编译。

1. CNPlugin 集成

在 CNPlugin 中利用 CNML 的 PluginOp 接口对 BCL Kernel 进行封装，具体封装过程可以参考 5.1.5.2 节。PluginOp 接口封装后得到 CNPlugin 的 cnmlCreatePluginBatchMatMulV2OpParam 和 cnmlComputePluginBatchMatMulV2OpForward 两个接口，分别负责算子创建和算子计算，接口定义如代码示例 7.61 所示。

BatchMatMulV2 算子使用 5.1.2.5 节介绍过的 OpParam 机制进行参数传递，结构体创建和销毁函数如代码示例 7.61 所示。结构体中的参数包括：两个输入矩阵的量化参数（scale_0、pos_0、scale_1、pos_1），输入矩阵的前两个维度的值（dim_0、dim_1），输入的左、右两个矩阵其余维度的值（m、k、n）。

代码示例 7.61 BERT 中 BatchMatMulV2 算子的 CNPlugin 接口

```
// file: bert/bangc/PluginBatchMatMulV2Op/plugin_batch_matmul_v2_op.cc

#include "cnplugin.h"
#include "plugin_batch_matmul_v2_kernel.h"
//定义OpParam创建函数
cnmlStatus_t cnmlCreatePluginBatchMatMulV2OpParam(
  cnmlPluginBatchMatMulV2OpParam_t *param,
  float scale_0,
  int pos_0,
  float scale_1,
  int pos_1,
  int dim_0,
  int dim_1,
  int m,
  int n,
  int k,
  cnmlCoreVersion_t core_version
) {
  // CHECK_ENFORCE(param, "param shouldn't be nullptr");
  *param = new cnmlPluginBatchMatMulV2OpParam();

  // 标量参数
  (*param)->scale_0 = scale_0;
  (*param)->pos_0 = pos_0;
  (*param)->scale_1 = scale_1;
  (*param)->pos_1 = pos_1;
  (*param)->dim_0 = dim_0;
  (*param)->dim_1 = dim_1;
  (*param)->m = m;
  (*param)->n = n;
  (*param)->k = k;
  (*param)->core_version = core_version;

  return CNML_STATUS_SUCCESS;
}
//定义OpParam销毁函数
cnmlStatus_t cnmlDestroyPluginBatchMatMulV2OpParam(
  cnmlPluginBatchMatMulV2OpParam_t *param
) {
```

```
  delete (*param);
  *param = nullptr;

  return CNML_STATUS_SUCCESS;
}

cnmlStatus_t cnmlCreatePluginBatchMatMulV2Op(
  cnmlBaseOp_t *op,
  cnmlPluginBatchMatMulV2OpParam_t param,
  cnmlTensor_t *input_tensors,
  cnmlTensor_t *output_tensors
) {
  // TODO: 向cnrtKernelParamsBuffer_t添加参数，并调用cnmlCreatePluginOp接口创建算子
  ______________________
  ______________________
  ______________________

  return CNML_STATUS_SUCCESS;
}

cnmlStatus_t cnmlComputePluginBatchMatMulV2OpForward(
  cnmlBaseOp_t op,
  void **inputs,
  int input_num,
  void **outputs,
  int output_num,
  cnrtQueue_t queue
) {
  //TODO: 调用cnmlComputePluginOpForward_V4接口执行计算
  ______________________
  ______________________
  ______________________

  return CNML_STATUS_SUCCESS;
}
```

2. TensorFlow 集成

参考 5.1.5.2 节的介绍，将 DLP 算子集成至 TensorFlow 框架需要对高性能库 CNML 或 CNPlugin 算子进行多个层次的封装，包括封装 MLULib 层、封装 MLUOp 层、封装 MLUStream 层、封装 MLUOpKernel 层，以及算子注册。

1）封装 MLULib 层

MLULib 层的封装主要是将前述已通过 PluginOp 接口封装好的算子创建和计算接口与 TensorFlow 中的 MLULib 层接口进行绑定，如代码示例 7.62 所示。

代码示例 7.62 BatchMatMulV2 算子的 MLULib 层封装

```
// file: tensorflow/stream_executor/mlu/mlu_api/lib_ops/mlu_lib_ops.cc
tensorflow::Status CreateBatchMatMulV2Op(MLUBaseOp** op,
            cnmlPluginBatchMatMulV2OpParam_t param,
            MLUTensor* input1, MLUTensor* input2,
            MLUTensor* output) {
  MLUTensor* inputs[2];
  MLUTensor* outputs[1];
  inputs[0] = input1;
  inputs[1] = input2;
  outputs[0] = output;
  CNML_RETURN_STATUS(cnmlCreatePluginBatchMatMulV2Op(op, param, inputs, outputs));
}

tensorflow::Status ComputeBatchMatMulV2Op(MLUBaseOp* op,
            MLUCnrtQueue* queue,
            void** inputs, int input_num,
            void** outputs, int output_num) {
  CNML_RETURN_STATUS(cnmlComputePluginBatchMatMulV2OpForward(
      op, inputs, input_num, outputs, output_num, queue));
}

// file: ensorflow/stream_executor/mlu/mlu_api/lib_ops/mlu_lib_ops.h
tensorflow::Status CreateBatchMatMulV2Op(MLUBaseOp** op,
            cnmlPluginBatchMatMulV2OpParam_t param,
            MLUTensor* input1, MLUTensor* input2,
            MLUTensor* output);
tensorflow::Status ComputeBatchMatMulV2Op(MLUBaseOp* op,
            MLUCnrtQueue* queue,
            void** inputs, int inputs_num,
            void** outputs, int outputs_num);

// file: tensorflow/stream_executor/mlu/mlu_api/ops/mlu_ops.h
struct MLUBatchMatMulV2OpParam {
  float scale_0_;
  int pos_0_;
  float scale_1_;
  int pos_1_;
  int dim_0_;
  int dim_1_;
  int m_;
  int n_;
  int k_;
  MLUBatchMatMulV2OpParam(float scale_0, int pos_0,
                          float scale_1, int pos_1,
                          int dim_0, int dim_1,
                          int m, int n, int k)
```

```
    : scale_0_(scale_0), pos_0_(pos_0), scale_1_(scale_1), pos_1_(pos_1),
      dim_0_(dim_0), dim_1_(dim_1), m_(m), n_(n), k_(k) {}
};
......
DECLARE_OP_CLASS(MLUBatchMatMulV2);
```

2）封装 MLUOp 层

MLUOp 层的封装主要是使用 MLULib 层封装好的接口，实现 MLUOp 层的算子类的 Create 和 Compute 方法，如代码示例 7.63 所示。需要说明的是，在该步可以实现转置操作。在 BCL Kernel 中对输入数据的摆放要求是 [m, k] 和 [n, k]，如果 TensorFlow 中的输入数据摆放格式和 BCL Kernel 中不一致，就需要通过转置操作来调整。可以调用 CNML 中已经实现的转置算子来实现转置操作。当转置标志为真时，首先调用 lib::CreateTransposeProOp 完成数据转置，再将输出结果作为 lib::CreateBatchMatMulV2Op 的输入。在 Create 和 Compute 方法中均需要实现转置操作的处理。

代码示例 7.63 BatchMatMulV2 算子的 MLUOp 层封装

```
// file: tensorflow/stream_executor/mlu/mlu_api/ops/batch_matmul_v2.cc
#include "tensorflow/stream_executor/mlu/mlu_api/lib_ops/mlu_lib_ops.h"
#include "tensorflow/stream_executor/mlu/mlu_api/ops/mlu_ops.h"
#include "tensorflow/stream_executor/mlu/mlu_api/tf_mlu_intf.h"
namespace stream_executor {
namespace mlu {
namespace ops {

Status MLUBatchMatMulV2::CreateMLUOp(std::vector<MLUTensor *> &inputs,
                                     std::vector<MLUTensor *> &outputs,
                                     void *param) {
  TF_PARAMS_CHECK(inputs.size() > 1, "Missing input");
  TF_PARAMS_CHECK(outputs.size() > 0, "Missing output");
  MLUTensor *in0 = inputs.at(0);
  MLUTensor *in1 = inputs.at(1);
  MLUTensor *output = outputs.at(0);

  MLULOG(3) << "CreateBatchMatMulV2Op, input1: "
            << lib::MLUTensorUtil(in0).DebugString()
            << ", input2: " << lib::MLUTensorUtil(in1).DebugString()
            << ", output: " << lib::MLUTensorUtil(output).DebugString();

  MLUBatchMatMulV2OpParam *op_param = static_cast<MLUBatchMatMulV2OpParam *>(param);

  float scale_0 = op_param->scale_0_;
  int pos_0 = op_param->pos_0_;
  float scale_1 = op_param->scale_1_;
```

```
int pos_1 = op_param->pos_1_;
bool trans_flag = op_param->trans_flag_;
int dim_0 = op_param->dim_0_;
int dim_1 = op_param->dim_1_;
int m = op_param->m_;
int n = op_param->n_;
int k = op_param->k_;
cnmlCoreVersion_t core_version = CNML_MLU270;

bool* flags = (bool*)malloc(1 * sizeof(bool));
flags[0] = trans_flag;
extra_ = static_cast<void*>(flags);
//在这里对右矩阵完成转置操作
if (trans_flag) {
  lib::MLUTensorUtil input_util(in1);
  tensorflow::TensorShape input_shape_t = {dim_0, dim_1, n, k};
  std::vector<int> input_shape_t_vec(input_shape_t.dims());
  for (int i = 0; i < input_shape_t.dims(); ++i) {
    input_shape_t_vec[i] = input_shape_t.dim_size(i);
  }
  MLUTensor* input_transpose = nullptr;
  TF_STATUS_CHECK(lib::CreateMLUTensor(&input_transpose, MLU_TENSOR,
        input_util.dtype(), input_shape_t_vec));
  MLUBaseOp* input_transpose_op = nullptr;
  std::vector<int> input_perms = {0, 1, 3, 2};
  TF_STATUS_CHECK(lib::CreateTransposeProOp(&input_transpose_op, in1,
        input_transpose, input_perms.data(), input_perms.size()));
  base_ops_.push_back(input_transpose_op);
  intmd_tensors_.push_back(input_transpose);
  in1 = input_transpose;
  input_util.Update(in1);
}else {
  base_ops_.push_back(nullptr);
  intmd_tensors_.push_back(nullptr);
}

cnmlPluginBatchMatMulV2OpParam_t bm_param;
TF_CNML_CHECK(cnmlCreatePluginBatchMatMulV2OpParam(&bm_param, scale_0, pos_0,
      scale_1, pos_1, dim_0, dim_1, m, n, k, core_version));

MLUBaseOp *batch_matmul_op_ptr = nullptr;
//TODO: 在这里调用createBatchMatMulV2Op函数
____________
____________

base_ops_.push_back(batch_matmul_op_ptr);
```

```
  return Status::OK();
}

Status MLUBatchMatMulV2::Compute(const std::vector<void *> &inputs,
                                 const std::vector<void *> &outputs,
                                 cnrtQueue_t queue) {
 MLULOG(3) << "ComputeMLUBatchMatMulV2";

  int input_num = inputs.size();
  int output_num = outputs.size();

  void* real_inputs[input_num];
  void* real_outputs[output_num];


  for (int i = 0; i < input_num; ++i) {
    real_inputs[i] = inputs.at(i);
  }

  for (int i = 0; i < output_num; ++i) {
    real_outputs[i] = outputs.at(i);
  }

  bool* flags = (bool*)extra_;
  std::vector<void*> intmd_addrs;
  //在计算部分同样要添加转置操作
  if (flags[0]) {
    size_t input_size =
      lib::MLUTensorUtil::GetTensorDataSize(intmd_tensors_[0]);
    void* input_transpose_ = nullptr;
    cnrtMalloc(&input_transpose_, input_size);
    TF_STATUS_CHECK(lib::ComputeTransposeProOp(base_ops_[0],
          queue, real_inputs[1], input_transpose_));
    intmd_addrs.push_back(input_transpose_);
    real_inputs[1] = input_transpose_;
  }
  //TODO: 在这里调用ComputeBatchMatMulV2Op函数
  ____________
  ____________
  TF_CNRT_CHECK(cnrtSyncQueue(queue));
  return Status::OK();
}
}  // namespace ops
}  // namespace mlu
}  // namespace stream_executor
```

3）封装 MLUStream 层

MLUStream 层的封装主要完成 MLUOp 层算子类的实例化，如代码示例 7.64所示。

代码示例 7.64 BatchMatMulV2 算子的 MLUStream 层封装

```
// file: tensorflow/stream_executor/mlu/mlu_stream.h
Status BatchMatMulV2(OpKernelContext* ctx,
                     Tensor* input1, Tensor* input2,
                     float scale_0, int pos_0, float scale_1,
                     int pos_1, int dim_0, int dim_1, int m,
                     int n, int k, Tensor* output) {
  ops::MLUBatchMatMulV2OpParam op_param(scale_0, pos_0, scale_1,
      pos_1, dim_0, dim_1, m, n, k);
  return CommonOpImpl<ops::MLUBatchMatMulV2>(ctx, {input1, input2},
      {output}, static_cast<void*>(&op_param));
}
```

4）封装 MLUOpKernel 层

MLUOpKernel 层完成对算子的抽象定义。由于 MLUOpKernel 继承了 OpKernel 类，其使用方法也与 OpKernel 基本一致。对于每个算子均需要实现其构造函数与 ComputeOnMLU 方法。MLUOpKernel 调用 MLUStream 层接口完成算子计算，如代码示例 7.65 所示。

代码示例 7.65 BatchMatMulV2 算子的 MLUOpKernel 层封装

```
// file: tensorflow/core/kernels/batch_matmul_v2_op_mlu.h
#ifndef TENSORFLOW_CORE_KERNELS_BATCH_MATMUL_V2_OP_MLU_H_
#define TENSORFLOW_CORE_KERNELS_BATCH_MATMUL_V2_OP_MLU_H_
#if CAMBRICON_MLU
......
#include "tensorflow/stream_executor/mlu/mlu_stream.h"

namespace tensorflow {

template <typename T>
class MLUBatchMatMulV2 : public MLUOpKernel {
 public:
  explicit MLUBatchMatMulV2(OpKernelConstruction* context)
    : MLUOpKernel(context) {
    OP_REQUIRES_OK(context, context->GetAttr("adj_x", &adj_x_));
    OP_REQUIRES_OK(context, context->GetAttr("adj_y", &adj_y_));
    //TODO: position 和 scale
    ______________________________
    ______________________________
    //TODO: input1_position
    ______________________________
    ______________________________
    //TODO: input1_scale
```

```
      ______________________________
      ______________________________
      //TODO: input2_position
      ______________________________
      ______________________________
      //TODO: input2_scale
      ______________________________
      ______________________________
    }

    void ComputeOnMLU(OpKernelContext* ctx) override {
      se::mlu::MLUStream* stream = static_cast<se::mlu::MLUStream*>(
        ctx->op_device_context()->stream()->implementation());
      const Tensor& in0 = ctx->input(0);
      const Tensor& in1 = ctx->input(1);
      ......
      //TODO: 调用stream中的BatchMatMulV2函数
      OP_REQUIRES_OK(ctx, stream->BatchMatMulV2(ctx, ____________));
    };

  private:
    bool adj_x_;
    bool adj_y_;
    //TODO: 添加其他数据成员
    ______________________________
    ______________________________
};
}  // namespace tensorflow
#endif  // CAMBRICON_MLU
#endif  // TENSORFLOW_CORE_KERNELS_BATCH_MATMUL_V2_OP_MLU_H_
```

在完成 MLUOpKernel 的定义之后，还要完成 BatchMatMulV2 算子的 OpKernel 注册，如代码示例 7.66 所示。

代码示例 7.66 BatchMatMulV2 算子的 OpKernel 注册

```
// file: tensorflow/core/kernels/batch_matmul_op_impl.h
#if CAMBRICON_MLU
#define REGISTER_BATCH_MATMUL_MLU(T)                \
  REGISTER_KERNEL_BUILDER(                          \
      Name("MLUBatchMatMulV2").Device(DEVICE_MLU).TypeConstraint<T>("T"),        \
      MLUBatchMatMulV2<T>)
#endif  // CAMBRICON_MLU
```

5）算子注册

在 tensorflow/core/ops 目录下找到对应的算子注册文件 math_ops.cc。在该文件中添加代码示例 7.67 所示的内容。

代码示例 7.67 BatchMatMulV2 算子注册

```
// file: tensorflow/core/ops/math_ops.cc
REGISTER_OP("MLUBatchMatMulV2")
    .Input("x: T")
    .Input("y: T")
    .Output("output: T")
    .Attr("T: {half, float}")
    .Attr("input1_position: int = 0")
    .Attr("input1_scale: float = 1.0")
    .Attr("input2_position: int = 0")
    .Attr("input2_scale: float = 1.0")
    .Attr("adj_x: bool = false")
    .Attr("adj_y: bool = false")
    .SetShapeFn(shape_inference::BatchMatMulV2Shape)
    .Doc(R"doc(
MLUBatchMatMulV2 (DLP only)
)doc");
```

3. TensorFlow 框架编译

将 CNPlugin 中的 BatchMatMulV2 算子添加到 TensorFlow 框架中之后，需要编译 TensorFlow 框架。编译前需要在 tensorflow/core/kernels/BUILD 文件中添加代码，如代码示例 7.68 所示。特别要将定义了 MLUOpKernel 的文件 batch_matmul_v2_op_mlu.h 添加到 batch_matmul_op 的 tf_kernel_library 中。由于 BatchMatMulV2 算子涉及的其他文件是和其他设备类型算子共用的文件，因此不需要额外处理。

代码示例 7.68 TensorFlow BUILD 文件修改

```
tf_kernel_library(
    name = "batch_matmul_op",
    srcs = if_mkl_ml([
        "mkl_batch_matmul_op.cc",
    ]),

    hdrs = ["batch_matmul_op_impl.h",
            "batch_matmul_v2_op_mlu.h"],           #添加算子MLUOpKernel的文件
    prefix = "batch_matmul_op",
    deps = MATH_DEPS + [":eigen_contraction_kernel"] + if_mkl_ml([
        "//third_party/mkl:intel_binary_blob",
    ]),
)
```

7.3.5.5 模型在线推断

将自定义算子 BatchMatMulV2 集成到 TensorFlow 框架后，即可运行正常的推断代码，完成 SQuAD 1.1 验证数据集的测试。完整的推断执行命令如代码示例 7.69 所示。

代码示例 7.69 BERT 推断

```
$ python run_squad.py \
      --vocab_file=/opt/Cambricon-Test/datasets/bert/uncased_L-12_H-768_A-12/vocab.txt \  #词汇表
      --bert_config_file=/opt/Cambricon-Test/datasets/bert/uncased_L-12_H-768_A-12/bert_config.json \  #BERT模型结构参数配置文件
      --predict_batch_size=1 \
      --max_seq_length=128 \
      --hidden_size=768 \
      --output_dir=./squad_output_dir_128_small \
      --export_frozen_graph=false \
      --do_predict=true \                        #执行推断
      --predict_file=/opt/Cambricon-Test/datasets/bert/squad/dev-v1.1.json
```

7.3.5.6 自定义算子 BERT 实现完整模型的在线推断

为了进一步利用 DLP 架构特点提高 BERT 处理性能，DLP 云平台实验环境中还提供了一个 BCL 编写的自定义算子 BERT，该算子实现了完整的 BERT 网络推断功能。自定义算子 BERT 实现的模型可以完整地运行在 DLP 平台上，避免了 CPU 和 DLP 间的频繁交互。此外，通过 BCL 高效控制 DLP 硬件的计算和存储资源，可以提高片上存储的利用率，极大提升端到端的性能。

DLP 云平台实验环境中提供了修改过的使用完整自定义算子 BERT 的 pb 模型文件，该文件中的网络结构只包含 bert_plugin_op 一个算子。在实验环境 bert_fast 文件夹下执行代码示例 7.70 所示的命令，进行 BERT 模型推断。使用完整自定义算子 BERT 模型的推断代码的接口和原理与一般的 DLP 推断代码基本相同，仅需将模型来源指定为相应的 pb 模型文件即可。运行之后可以对比 7.3.5.1 节中的 CPU 平台模型推断、DLP 移植后的模型推断，以及 7.3.5.5 节中使用自定义算子 BatchMatMulV2 的模型推断，可以发现使用自定义算子 BERT 的模型推断速度有显著提升。

代码示例 7.70 运行使用自定义算子 BERT 的模型推断

```
$ python inference_pb_demo.py frozen_model_int16.pb
```

7.3.6 实验评估

实验评估标准为：

- 60 分标准：完成 BCL 自定义算子 BatchMatMulV2 的 Kernel 实现与 CNPlugin 的集成，可以跑通单算子测试程序。
- 70 分标准：在 60 分的基础上，执行单算子测试脚本时，错误率在 1% 以内。
- 80 分标准：在 70 分的基础上，完成 TensorFlow 算子集成，执行完整的 BERT 模型推断验证脚本时，f1 值大于 80，exact_math 值大于 70，单 Batch 单次推断平均延时小于 100 ms。
- 90 分标准：在 80 分的基础上，执行推断验证脚本时，f1 值大于 82，exact_math 值大于 73，单 Batch 单次推断平均延时小于 60 ms。
- 100 分标准：在 90 分的基础上，执行推断验证脚本时，f1 值大于 82.5，exact_match 值大于 74，单 Batch 单次推断平均延时小于 50 ms。

7.3.7 实验思考

1）使用 BPL 和 BCL 实现 BatchMatMulV2 算子的 Kernel 时，使用了不同的分块算法。两者有何不同？哪种效率更高？

2）BatchMatMulV2 算子的两个输入的最后两个维度分别是 [m,k] 和 [n,k]，为什么不是 [m,k] 和 [k,n]？这对 TensorFlow 框架算子的输入有什么影响？当 TensorFlow 框架的算子数据格式和 BCL Kernel 的输入数据格式不同时该如何处理？

3）与 7.3.5.6 节中通过单个自定义算子实现完整 BERT 相比，有何方法可以进一步提升多算子定义的 BERT 网络的性能？

A P P E N D I X A

附录 A

DLP软件环境介绍

A.1 整体环境

DLP 的整体软件环境如图 1.4 所示。整体包括：编程框架（如 TensorFlow、PyTorch 和 Caffe 等）、高性能库 CNML、智能编程语言、运行时库 CNRT、驱动、开发工具包及领域专用开发包等。开发工具包中包含编译器、性能分析器、调试器和系统资源监视器。上层的机器学习应用可以通过两种方式来运行：在线方式和离线方式。其中，在线方式是用各种编程框架间接调用高性能库及运行时库来运行。离线方式是通过直接调用运行时库，运行前述过程生成的特定格式的网络模型（即离线模型），以减少软件环境的中间开销，提升运行效率。以下重点介绍运行时库、高性能库以及开发工具。

A.2 运行时库（CNRT）

DLP 的运行时库 CNRT 提供面向 DLP 设备的用户层接口，用于完成设备管理、内存管理、任务管理等功能。运行时库是 DLP 软件环境的底层支撑。其他应用层软件的运行都需要调用 CNRT 接口。CNRT 的主要功能如表 A.1 所示。

表 A.1 DLP 运行时库的主要功能

功能模块	具体描述
设备管理	设备的初始化、查询、指定等
内存管理	内存的分配、释放、拷贝等
队列管理	队列（Queue）的创建、销毁、同步等
通知管理	通知（Notifier）的创建、销毁、同步等
任务管理	任务的异步、并发、调度等

下面以全连接（MLP）计算为例，介绍 CNRT 的离线模型加载和计算过程，如代码示

例 A.1 所示。主要包括以下几个步骤：

1）离线模型加载。

2）设备初始化。

3）CNRT Function 载入：Function 是 CNRT 的数据对象，用来描述运算单元信息、离线计算的数据地址、数据偏移以及一些硬件计算属性，如栈基址、静态数据基址、计算类型、设备数量、设备状态等。

4）离线模型信息获取。

5）输入输出内存空间分配。

6）CNRT Runtime Context 与队列创建：Context 是 Function 的上下文描述，用于将计算资源和 Function 解除绑定，实现同一个 Function 可以根据不同的配置，实例化到不同的硬件设备；队列是由主机端发布的对 DLP 设备 (即代码示例 A.1 中的 MLU) 的一系列执行操作，其中包括计算任务、通信任务以及事件等，同一个队列中的操作是串行执行的，不同队列中的操作可以并发执行。

7）数据拷贝到设备端 (DLP)。

8）任务执行。

9）计算结果拷贝回主机端 (CPU)。

10）计算资源释放。

代码示例 A.1　CNRT 的离线模型加载及计算示例

```
#include "cnrt.h"
#include <stdio.h>
#include <stdlib.h>
#include <string.h>

int offline_test(const char *name) {
    // 准备离线模型文件名
    char fname[100] = "../";
    strcat(fname, name);
    strcat(fname, ".dlp");
    // 加载离线模型
    cnrtModel_t model;
    cnrtLoadModel(&model, fname);

    cnrtInit(0);
    unsigned dev_num;
    cnrtGetDeviceCount(&dev_num);
    if(dev_num == 0){
        exit(-1);
    }
    cnrtDev_t dev;
```

```
    cnrtGetDeviceHandle(&dev, 0);
    cnrtSetCurrentDevice(dev);

    // 获取离线模型占用内存
    int64_t totalMem;
    cnrtGetModelMemUsed(model, &totalMem);
    printf("total memory used: %ld Bytes\n", totalMem);
    // 获取离线模型的并行核数目
    int model_parallelism;
    cnrtQueryModelParallelism(model, &model_parallelism);
    printf("model parallelism: %d.\n", model_parallelism);
    // 加载CNRT函数
    cnrtFunction_t function;
    cnrtCreateFunction(&function);
    cnrtExtractFunction(&function, model, name);
    int inputNum, outputNum;
    int64_t *inputSizeS, *outputSizeS;
    cnrtGetInputDataSize(&inputSizeS, &inputNum, function);
    cnrtGetOutputDataSize(&outputSizeS, &outputNum, function);
    // 设置CPU输入输出数据指针
    void **inputCpuPtrS = (void **)malloc(inputNum * sizeof(void *));
    void **outputCpuPtrS = (void **)malloc(outputNum * sizeof(void *));
    // 设置MLU输入输出数据指针
    void **inputMluPtrS = (void **)malloc(inputNum * sizeof(void *));
    void **outputMluPtrS = (void **)malloc(outputNum * sizeof(void *));
    // 准备输入数据
    for (int i = 0; i < inputNum; i++) {
        // 转换数据格式
        inputCpuPtrS[i] = malloc(inputSizeS[i]);
        // 分配MLU内存
        cnrtMalloc(&(inputMluPtrS[i]), inputSizeS[i]);
        cnrtMemcpy(inputMluPtrS[i], inputCpuPtrS[i], inputSizeS[i],
            CNRT_MEM_TRANS_DIR_HOST2DEV);
    }
    // 准备输出数据
    for (int i = 0; i < outputNum; i++) {
        outputCpuPtrS[i] = malloc(outputSizeS[i]);
        // 分配MLU内存
        cnrtMalloc(&(outputMluPtrS[i]), outputSizeS[i]);
    }
    // 为cnrtInvokeRuntimeContext准备参数
    void **param = (void **)malloc(sizeof(void *) * (inputNum + outputNum));
    for (int i = 0; i < inputNum; ++i) {
        param[i] = inputMluPtrS[i];
    }
    for (int i = 0; i < outputNum; ++i) {
        param[inputNum + i] = outputMluPtrS[i];
```

```
    }
    // 配置运行时上下文描述
    cnrtRuntimeContext_t ctx;
    cnrtCreateRuntimeContext(&ctx, function, NULL);
    // 绑定设备
    cnrtSetRuntimeContextDeviceId(ctx, 0);
    cnrtInitRuntimeContext(ctx, NULL);
    // 离线模型计算
    cnrtQueue_t queue;
    cnrtRuntimeContextCreateQueue(ctx, &queue);
    // 启动
    cnrtInvokeRuntimeContext(ctx, param, queue, NULL);
    // 同步等待所有计算完成
    cnrtSyncQueue(queue);
    // 将MLU上的计算结果拷贝回CPU
    for (int i = 0; i < outputNum; i++) {
        cnrtMemcpy(outputCpuPtrS[i], outputMluPtrS[i], outputSizeS[i],
            CNRT_MEM_TRANS_DIR_DEV2HOST);
    }
    // 释放内存
    for (int i = 0; i < inputNum; i++) {
        free(inputCpuPtrS[i]);
        cnrtFree(inputMluPtrS[i]);
    }
    for (int i = 0; i < outputNum; i++) {
        free(outputCpuPtrS[i]);
        cnrtFree(outputMluPtrS[i]);
    }
    free(inputCpuPtrS);
    free(outputCpuPtrS);
    free(param);
    cnrtDestroyQueue(queue);
    cnrtDestroyRuntimeContext(ctx);
    cnrtDestroyFunction(function);
    cnrtUnloadModel(model);
    cnrtDestroy();
    return 0;
}
int main() {
    printf("mlp offline test\n");
    offline_test("mlp");
    return 0;
}
```

完成上述代码的编写后，需要编译该程序，具体的编译命令如下所示：

```
#编译
export NEUWARE=/path/to/neuware
g++ -c cnrt_mlp.cpp -I/path/to/neuware/include
g++ cnrt_mlp.o -o cnrt_mlp -L /path/to/neuware/lib64 -lcnrt
```

运行编译生成的可执行文件，得到以下输出：

```
#执行
./cnrt_mlp
#输出
mlp offline test
CNRT: 4.2.1 fa5e44c
total memory used: 29851424 Bytes
model parallelism: 1.
```

A.3 高性能库（CNML）

DLP 的高性能库 CNML 提供了一套高效、通用、可扩展的编程接口，用于在 DLP 上加速各种智能算法。用户可以直接调用 CNML 中大量优化过的算子接口来实现其应用，还可以根据自己的需求扩展已有算子。CNML 具有以下主要特性：

- 支持丰富的基本算子。已经支持的基本算子包括：常见神经网络运算（如卷积、池化和批归一化等），矩阵、向量及标量算子，循环神经网络算子（LSTM 单元和 RNN 单元等）。
- 支持基本算子的融合。融合后的算子在编译阶段使用内存复用、片上存储管理和多核架构自适应等优化手段，可以显著提高执行效率。
- 支持离线模型的生成。可以将编译好的算子（基本算子/融合算子）序列化[㊀]到模型文件（离线模型）中。该离线模型可以脱离编程框架和高性能库，通过底层运行时库（CNRT）提供的接口直接运行。由于脱离了上层软件栈，离线模型的执行具有更好的性能和通用性。

除了提供针对特定算子预先优化好的高效实现外，CNML 中进一步提供了方便用户使用智能编程语言对高性能库算子进行扩展的插件 API（PluginOp）。通过 PluginOp，用户可以将自己用智能编程语言编写的算子"插入"CNML 中，与高性能库中原有算子的执行逻辑协同起来，支持算子融合和离线模型生成等多种功能。

代码示例 A.2是使用 CNML 和 CNRT 创建（cnmlCreateAddOp）、编译（cnmlCompileBaseOp_V2）并运行（cnmlComputeAddOpForward_V4）Add 算子实例的过程，主要

㊀ 序列化（serialization）是将数据结构或对象状态转换成可存储或可传输的格式（例如文件、缓冲或网络传输格式）的过程。序列化后的比特流可以在之后被反序列化回原先的结构或状态。

包括以下步骤：

1） 准备主机端 (CPU) 的数据。
2） 创建设备端的张量，利用设备端的张量作为输入创建 AddOp。
3） 对 AddOp 算子进行编译。
4） 将主机端的数据拷贝到设备端。
5） 执行设备端的计算过程。
6） 将设备端的运算结果拷回到主机端。
7） 将计算结果存放在文件中。
8） 释放设备和主机端的资源。

代码示例 A.2 CNML 和 CNRT 的使用示例

```
// 定义张量: input, output
/*
 * op name: add
 * input_1 size: n x c x h x w
 * input_2 size: n x c x h x w
 * output size: n x c x h x w
 */
#include "cnml.h"
#include <stdio.h>
#include <stdlib.h>
#include <string.h>
int add_test() {
    const cnmlCoreVersion_t coreVersion = CNML_MLU270;
    cnrtInit(0);
    unsigned dev_num;
    cnrtGetDeviceCount(&dev_num);
    if(dev_num == 0){
        exit(-1);
    }
    cnrtDev_t dev;
    cnrtGetDeviceHandle(&dev, 0);
    cnrtSetCurrentDevice(dev);

    // 准备数据
    const int dimNum = 4;
    const int n = 1, c = 32, h = 4, w = 4;
    const int coreNum = 4;
    // 计算输入、输出、卷积核、偏置数目
    int input_count_1 = n * h * w * c;
    int input_count_2 = n * h * w * c;
    int output_count = n * h * w * c;
    float *input_cpu_ptr_1 = (float *)malloc(input_count_1 * sizeof(float));
    float *input_cpu_ptr_2 = (float *)malloc(input_count_2 * sizeof(float));
```

```
float *output_cpu_ptr = (float *)malloc(output_count * sizeof(float));
unsigned int seed = 123;
for (int i = 0; i < input_count_1; i++) {
      input_cpu_ptr_1[i] = ((rand_r(&seed) % 100 / 100.0) - 0.5) / 2;
}
for (int i = 0; i < input_count_2; i++) {
input_cpu_ptr_2[i] = (rand_r(&seed) % 100 / 100.0) - 0.5;
}
// 设置张量形状
int input_shape_1[] = {n, c, h, w};
int input_shape_2[] = {n, c, h, w};
int output_shape[] = {n, c, h, w};
// 准备输入张量1
cnmlTensor_t input_tensor_1 = NULL;
cnmlCreateTensor_V2(&input_tensor_1, CNML_TENSOR);
cnmlSetTensorShape_V2(input_tensor_1, dimNum, input_shape_1, NULL);
cnmlSetTensorDataType(input_tensor_1, CNML_DATA_FLOAT32);
// 准备输入张量2
cnmlTensor_t input_tensor_2 = NULL;
cnmlCreateTensor_V2(&input_tensor_2, CNML_TENSOR);
cnmlSetTensorShape_V2(input_tensor_2, dimNum, input_shape_2, NULL);
cnmlSetTensorDataType(input_tensor_2, CNML_DATA_FLOAT32);
// 准备输出张量
cnmlTensor_t output_tensor = NULL;
cnmlCreateTensor_V2(&output_tensor, CNML_TENSOR);
cnmlSetTensorShape_V2(output_tensor, dimNum, output_shape, NULL);
cnmlSetTensorDataType(output_tensor, CNML_DATA_FLOAT32);
// 创建add算子
cnmlBaseOp_t add_op;
cnmlCreateAddOp(&add_op, input_tensor_1, input_tensor_2, output_tensor);
// 编译该算子
cnmlSetBaseOpCoreVersion(add_op, coreVersion);
cnmlSetBaseOpCorenum(add_op, coreNum);
cnmlCompileBaseOp_V2(add_op);
// MLU指针
void *input_mlu_ptr_1 = NULL;
void *input_mlu_ptr_2 = NULL;
void *output_mlu_ptr = NULL;
// 分配cnml张量内存
cnrtMalloc(&input_mlu_ptr_1, input_count_1 * sizeof(float));
cnrtMalloc(&input_mlu_ptr_2, input_count_2 * sizeof(float));
cnrtMalloc(&output_mlu_ptr, output_count * sizeof(float));
// 将输入拷入cnml张量中
cnrtMemcpy(input_mlu_ptr_1, input_cpu_ptr_1, input_count_1 * sizeof(float),
    CNRT_MEM_TRANS_DIR_HOST2DEV);
cnrtMemcpy(input_mlu_ptr_2, input_cpu_ptr_2, input_count_2 * sizeof(float),
    CNRT_MEM_TRANS_DIR_HOST2DEV);
```

```
    // 设置同步队列
    cnrtQueue_t queue;
    cnrtCreateQueue(&queue);
    cnmlComputeAddOpForward_V4(add_op, NULL, input_mlu_ptr_1, NULL, input_mlu_ptr_2, NULL, output_mlu_ptr, queue, NULL);
    // 将输出数据拷贝到CPU
    cnrtMemcpy(output_cpu_ptr, output_mlu_ptr, output_count * sizeof(float), CNRT_MEM_TRANS_DIR_DEV2HOST);
    // 将结果保存到文件中
    cnmlDumpTensor2File_V2("mlu_output", output_tensor, output_cpu_ptr, false);
    // 释放add_op指向的内存
    cnmlDestroyBaseOp(&add_op);
    // 释放cnml指针内存
    cnrtFree(input_mlu_ptr_1);
    cnrtFree(input_mlu_ptr_2);
    cnrtFree(output_mlu_ptr);
    // 释放cnml张量内存
    cnmlDestroyTensor(&input_tensor_1);
    cnmlDestroyTensor(&input_tensor_2);
    cnmlDestroyTensor(&output_tensor);
    // 释放其他数据内存
    free(input_cpu_ptr_1);
    free(input_cpu_ptr_2);
    free(output_cpu_ptr);
    return 0;
}
int main() {
    printf("cnml add test\n");
    add_test();
    return 0;
}
```

完成上述代码的编写后，运行以下命令进行编译：

```
#编译
export NEUWARE=/path/to/neuware
g++ -c cnml_demo.cpp -I/path/to/neuware/include
g++ cnml_demo.o -o cnml_demo -L /path/to/neuware/lib64 -lcnrt -lcnml
```

运行编译生成的可执行文件，得到以下输出：

```
#执行
./cnml_demo
#输出
cnml add test
CNRT: 4.2.1 fa5e44c
```

A.4 开发工具包

为了方便开发者监控程序的运行状态，DLP 还提供了多种性能调优工具，包括应用级性能剖析工具、系统级性能监控工具和调试器等。本节重点介绍实验中用到的应用级性能剖析工具和系统级性能监控工具。

A.4.1 应用级性能剖析工具

应用级性能剖析工具（CNPerf）以性能事件为基础，可以获取用户程序中每个函数的执行细节信息，包括函数调用栈信息、用户程序或部分依赖库中函数的执行时间、主机侧和设备侧的内存占用开销、高性能库中算子计算效率及 DDR 访存带宽、用户自定义的 Kernel 函数的实际执行时间等。CNPerf 的典型命令如表 A.2 所示。

表 A.2 CNPerf 命令示例

命令	具体功能
record	记录性能数据并保存到数据文件中。数据文件默认保存在 dltrace_data 文件夹中，该命令可以使用相关参数改变数据文件所在的默认路径
report	在终端上显示目标程序的总体信息
replay	在终端上显示所有日志信息
kernel	在终端上展示更多性能计数数据
show	不记录日志，直接将数据打印到终端
monitor	查看 DLP 工作时的各种性能指标
info	显示本次 record 运行的环境相关信息
help	显示所有命令的帮助信息。用户执行该命令可以查看 CNPerf 支持的命令及其使用方法

可直接在/usr/local/neuware/bin 下运行 cnperf 命令，或将上述目录添加至 PATH 环境变量中，即可在任意位置运行 cnperf 命令。

下面是使用 CNPerf 生成并查看性能数据的步骤：

1）使用 record 命令生成性能数据，并保存到数据文件中。数据文件默认保存在生成的 dltrace_data 文件夹下。

2）以 dltrace_data 文件夹下的数据文件为输入，执行 report 命令查看性能数据信息。

3）以 dltrace_data 文件夹下的数据文件为输入，执行 replay 命令显示所有监测日志信息。

4）以 dltrace_data 文件夹下的数据文件为输入，执行 kernel 命令显示所有监测电源管理单元（Power Management Unit，PMU）的性能信息。

5）使用 show 命令生成性能数据，不记录日志，直接在终端显示所有监测的性能信息。

6）使用 monitor 命令来提供旁路指令，查看 DLP 工作时的各种性能指标。

注意，CNPerf 跟踪的目标程序需要加-pg 参数编译，不加-pg 编译的目标程序 CNPerf 无法跟踪。

我们以 test 程序为例详细介绍性能分析过程。首先运行命令 gcc test.c -pg -o test 进行编译并生成可执行文件 test，然后进行性能分析。具体的性能分析过程如下：

1）运行命令 cnperf-cli record test，创建 dltrace_data 文件夹并在其中存入性能数据。

2）进入 dltrace_data 文件夹，运行命令 cnperf-cli report，得到如图 A.1 所示的信息，包括被跟踪程序的线程号、Function 执行时间、调用函数的次数、Kernel 的计算效率、Kernel 执行时计算单元对设备内存的读写数量与总带宽等信息。

```
PID    Total time    Self time      Calls  Function
=====  ==========    =========    =======  ========================================
25150  918.722 us    918.722 us       228  cnrtInvokeFunction
       698.348 us    698.348 us       269  cnmlBindConstData
       666.434 us    666.434 us       228  cnrtCreateKernelHeapAllocInfo
       623.647 us    623.647 us       228  cnrtUpdateBarrierInstV3
       ...
         3.204 us      3.204 us         2  cnrtInvokeKernelRecordList_clear
         3.044 us      3.044 us         1  cnmlDestroyConvFirstOpParam
------ ----------  -----------  --------  ----------------------------------------

Kernels Info:
  Pid  Duration    ComputeSpeed IOSpeed        IOCount  Function
=====  =========   ===========  ==========     =======  ===================================
25150  138.00 us   7721 GOPS/s   5.973 GiB/s   736894   cnmlComputeConvFirstOpForward_V3[1]
       146.00 us   5137 GOPS/s  10.41 GiB/s    1631363  cnmlComputeBatchNormOpForward_V3[1]
       146.00 us   5137 GOPS/s  10.41 GiB/s    1631363  cnmlComputeScaleOpForward_V3[1]
       ...
       127.00 us   8366 GOPS/s  15.62 GiB/s    2116409  cnmlComputeMlpOpForward_V3[1]
        11.00 us   9590 GOPS/s   1.478 GiB/s   17454    cnmlComputeSoftmaxOpForward_V3[1]
------ ----------  -----------  ------------   -------  -----------------------------------
Max MLU: 0 MB
DEVICE_TO_HOST size: 0MB
HOST_TO_DEVICE size: 42.7614MB speed: 0.00514178 GiB/s
```

图 A.1 CNPerf report 命令显示的运行信息

3）此外，还可以分别运行 cnperf-cli replay、cnperf-cli kernel、cnperf-cli monitor、cnperf-cli info 等命令来获取相应的信息。

A.4.2 系统级性能监控工具

系统级性能监控工具（CNMon）主要通过读取寄存器的方式来搜集硬件的静态和动态信息。在 DLP 硬件上可以采集的信息包括：硬件设备型号、驱动版本号、设备利用率、物理内存总量、虚拟内存总量、进程内存使用量、板卡功耗及温度、PCIe 信息等。

在正确安装 neuware-driver 后，即可在终端运行./cnmon 命令，得到如图 A.2 所示的信息。这些信息包括板卡号（Card）、板卡名称（Name）、风扇转速比（Fan）、功率和峰值功率（Pwr）、驱动版本（Driver）、利用率（Util）、虚拟内存使用情况（vMemory-Usage）、是否为虚拟机（VF）、固件版本（Firmware）、板卡温度（Temp）、cndev 是否已初始化（Inited）、物理内存使用情况（Memory-Usage）、Ecc 报错数量统计（Ecc-Error）等。

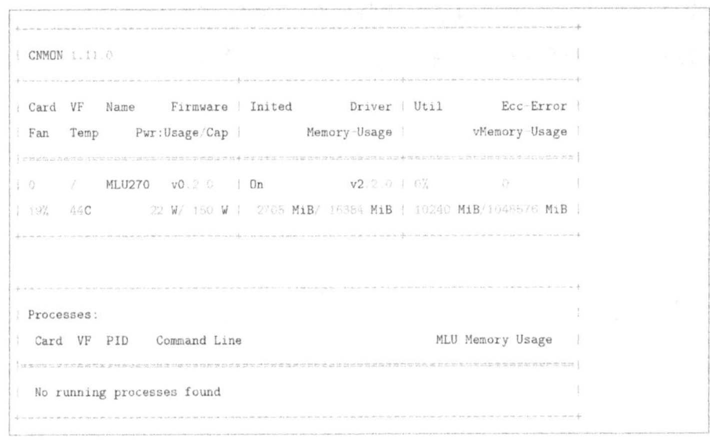

图 A.2 CNMon 显示的运行信息

参考文献

[1] 陈云霁, 李玲, 李威, 等. 智能计算系统[M]. 机械工业出版社, 2020.

[2] LECUN Y, CORTES C, BURGES C J. The MNIST database of handwritten digits[EB/OL]. http://yann.lecun.com/exdb/mnist/.

[3] ZHANG X, LIU S, ZHANG R, et al. Fixed-point back-propagation training[C]//2020 IEEE/CVF Conference on Computer Vision and Pattern Recognition (CVPR). 2020.

[4] SIMONYAN K, ZISSERMAN A. Very deep convolutional networks for large-scale image recognition[C]//International Conference on Learning Representations (ICLR). 2015.

[5] DENG J, DONG W, SOCHER R, et al. ImageNet: A large-scale hierarchical image database [C]//Proceedings of the IEEE conference on computer vision and pattern recognition (CVPR). 2009: 248-255.

[6] VEDALDI A, LENC K. MatConvNet–convolutional neural networks for MATLAB[C]// Proceeding of the ACM Conference on Multimedia. 2015.

[7] GATYS L A, ECKER A S, BETHGE M. Image style transfer using convolutional neural networks [C]//Proceedings of the IEEE conference on Computer Vision and Pattern Recognition (CVPR). 2016: 2414-2423.

[8] KINGMA D P, BA J. Adam: A method for stochastic optimization[C]//International Conference on Learning Representations. 2015.

[9] ABADI M, AGARWAL A, BARHAM P, et al. TensorFlow: Large-scale machine learning on heterogeneous distributed systems[J]. arXiv preprint arXiv:1603.04467v2, 2016.

[10] ABADI M, BARHAM P, CHEN J, et al. TensorFlow: A system for large-scale machine learning [C]//Proceedings of the 12th USENIX symposium on operating systems design and implementation (OSDI). 2016: 265-283.

[11] VINCENT DUMOULIN F V. A guide to convolution arithmetic for deep learning[J]. arXiv preprint arXiv:1603.07285v2, 2018.

[12] scipy.io[EB/OL]. https://docs.scipy.org/doc/scipy/reference/tutorial/io.html.

[13] scipy.misc[EB/OL]. https://docs.scipy.org/doc/scipy-0.18.1/reference/misc.html.

[14] scipy.io.loadmat[EB/OL]. https://docs.scipy.org/doc/scipy/reference/generated/scipy.io.loadmat.html#scipy.io.loadmat.

[15] JOHNSON J, ALAHI A, LI F F. Perceptual losses for real-time style transfer and super-resolution [C]//Proceedings of the European conference on Computer Vision. Springer, 2016: 694-711.

[16] IOFFE S, SZEGEDY C. Batch normalization: Accelerating deep network training by reducing internal covariate shift[C]//Proceedings of the 32nd International Conference on Machine Learning: volume 37. 2015: 448-456.

[17] JOHNSON J, ALAHI A, LI F F. Perceptual losses for real-time style transfer and super-resolution: supplementary material[EB/OL]. https://web.eecs.umich.edu/~justincj/papers/ecev16/JohnsonECCV16Supplementary.pdf.

[18] Zeiler M D, Krishnan D, Taylor G W, et al. Deconvolutional networks[C]//IEEE Computer Society Conference on Computer Vision and Pattern Recognition (CVPR). 2010: 2528-2535.

[19] DMITRY ULYANOV V L, Andrea Vedaldi. Instance normalization:the missing ingredient for fast stylization[J]. arXiv preprint arXiv:1607.08022v3, 2017.

[20] MAHENDRAN A, VEDALDI A. Understanding deep image representations by inverting them [J]. arXiv preprint arXiv:1412.0035v1, 2014.

[21] ENGSTROM L. Fast style transfer[EB/OL]. 2016. https://github.com/lengstrom/fast-style-transfer.

[22] REDMON J, FARHADI A. YOLOv3: An incremental improvement[J]. arXiv preprint arXiv: 1804.02767, 2018.

[23] ZHOU X, YAO C, WEN H, et al. EAST: an efficient and accurate scene text detector[C]// Proceedings of the IEEE conference on Computer Vision and Pattern Recognition. 2017: 5551-5560.

[24] DEVLIN J, CHANG M W, LEE K, et al. BERT: Pre-training of deep bidirectional transformers for language understanding[J]. arXiv preprint arXiv:1810.04805, 2018.

[25] ZOU Z, SHI Z, GUO Y, et al. Object detection in 20 years: A survey[J]. arXiv preprint arXiv:1905.05055v2, 2019.

[26] LIN T Y, MAIRE M, BELONGIE S, et al. Microsoft COCO: Common objects in context[J]. arXiv preprint arXiv:1405.0312v3, 2015.

[27] KIM K H, HONG S, ROH B, et al. PVANET: Deep but lightweight neural networks for real-time object detection[J]. arXiv preprint arXiv:1608.08021, 2016.

[28] KARATZAS D, GOMEZ-BIGORDA L, NICOLAOU A, et al. ICDAR 2015 competition on robust reading[C]//13th International Conference on Document Analysis and Recognition (ICDAR). IEEE, 2015: 1156-1160.

[29] RAJPURKAR P, ZHANG J, LOPYREV K, et al. SQuAD: 100,000+ questions for machine comprehension of text[J]. arXiv preprint arXiv:1606.05250, 2016.

[30] CHO K, VAN MERRIËNBOER B, GULCEHRE C, et al. Learning phrase representations using RNN encoder-decoder for statistical machine translation[J]. arXiv preprint arXiv:1406.1078, 2014.

[31] SUTSKEVER I, VINYALS O, LE Q V. Sequence to sequence learning with neural networks[J]. arXiv preprint arXiv:1409.3215, 2014.

[32] BAHDANAU D, CHO K, BENGIO Y. Neural machine translation by jointly learning to align and translate[J]. arXiv preprint arXiv:1409.0473, 2014.

[33] LUONG M T, PHAM H, MANNING C D. Effective approaches to attention-based neural machine translation[C]//Proceedings of the 2015 Conference on Empirical Methods in Natural Language Processing. 2015: 1412-1421.

[34] VASWANI A, SHAZEER N, PARMAR N, et al. Attention is all you need[C]//Advances in Neural Information Processing Systems: volume 30. 2017.

[35] HOCHREITER S, SCHMIDHUBER J. Long short-term memory[J]. Neural computation, 1997, 9(8):1735-1780.

[36] HE K, ZHANG X, REN S, et al. Deep residual learning for image recognition[C]//Proceedings of the IEEE Conference on Computer Vision and Pattern Recognition (CVPR). 2016: 770-778.

后　　记

我们的核心思路：提升学习热情

我在学生时代曾看过一些传统的实验教程，都是流水账式地记录实验步骤，生涩枯燥，很难提起学生的学习兴趣。作为一名基础研究者，以创新为本职工作，我希望这本《智能计算系统实验教程》能不落俗套，以新的形式、方法和技术，激发学生对智能计算系统的学习热情。因此，本书的编写一定程度上折射了我这三十年来从学生、助教、教师、教科书编写者等不同视角，对学习热情持续不断的思考。

学习的重要性众所周知，不言而喻。学习可以提高思维能力，增加职场竞争力；可以开阔眼界，提升人生境界。在很多国家，甚至可以说学习是改变人生命运、实现阶层跃迁的最现实的手段。所以我们有句古语："书中自有黄金屋，书中自有颜如玉。"简而言之，学习对个人发展大有裨益。然而，古往今来，能持续保持饱满的学习热情的人又有多少呢？起码我认识的大部分学生都难以做到。日常的学习往往要靠外界压力（比如期末考试）"压迫"，碰到困了、饿了、累了、生病了、感情受挫了等情况，更是无心学习。难道学生不知道学习从长远看能带来多么巨大的收益吗？

与难以保持的学习热情形成鲜明对比的是对游戏的热情。相信每位老师都见过不少沉溺于游戏的学生。他们明知打游戏弊大于利，得不偿失，但是依然乐此不疲。不仅闲暇时打游戏，困了、饿了、累了、生病了、感情受挫了也照打不误。我自己本科期间就经常熬夜打游戏，不但不觉得疲惫，反而越打越兴奋。难道学生不知道沉溺于游戏的害处吗？难道学生不知道长期沉溺于游戏容易与现实世界脱轨，影响正常的学习和生活，甚至可能挂科、留级和退学吗？

总而言之，很多学生本能地对有益于身心健康的学习意兴阑珊，对不利于长远发展的游戏甘之如饴。这背后究竟有什么科学规律？我们又能怎样利用这种科学规律来帮助学生提升学习热情呢？

从强化学习的角度看学习热情

我的母亲是一位教师。受她的影响，我从小便喜欢看教育方面的书籍，思考教育方面的问题。因此，我这三十年来一直都在思考与学习热情相关的问题（也是为了找到让自己更努力学习的办法)，但一直没有找到很好的答案。直到最近两年，作为人工智能领域的基础研究者，我越来越多地关注强化学习的研究，才突然真正理解了学习热情缺失背后的根本原因：稀疏奖励。

通俗地说，强化学习是一类智能主体（agent）通过与环境进行交互获得的奖励来指导其行为的机器学习方法。智能主体不断地与环境交互，形成“行为–奖励–更好的行为–更多的奖励”的正循环，以获得最大利益。AlphaGo 就是通过强化学习进行自我训练，从而战胜了柯洁、李世石等顶尖围棋高手。然而，在围棋之外的更广阔的实际场景中，强化学习面临一个巨大的挑战——稀疏奖励，即智能主体因无法得到足量的有效奖励，致使其难以形成“行为–奖励”的正循环，无法进行有效学习。比如在沙盒建造类游戏 Minecraft 中，看似简单的“采矿”工作需要历经“制作石镐–判断地层–安置活板门–寻找矿洞–挖掘矿道–留下标记–开采矿产–建设矿道”等烦琐步骤，智能主体在最终开采到矿产前不能获得有效的奖励，所以很难用强化学习来完成“采矿”工作。因此，稀疏奖励成为目前国际上强化学习研究最热门的问题。

为了指导研究生设计更好的算法来解决稀疏奖励问题，我很自然地去想：人类作为高级智能主体，是怎么解决这个问题的？通过一段时间的思考，我认识到：**人类自己也很难解决稀疏奖励的问题**。如果做一件事情总是失败，得不到精神或者物质奖励，一次、两次、三次或许可以坚持，但是一百次、一千次恐怕很少有人能坚持下来。

因此，我认为正是由于稀疏奖励，人很难保持高昂的学习热情。在一门课程的学习中，听讲、做习题、做实验都是漫长的付出过程，其间少有能提振学习热情的奖励。**学生无法从当天的学习中获得即时奖励，他就难以产生强烈的学习的内在冲动**，自然就认为学习很乏味（除非有强大的内在意志力或外在压力，才能坚持学习）。只有到了每学期最后的期末考试，学生拿到了期望的分数，才能得到一些精神奖励。暂且不论考试分数不如人意者十之八九，关键是考都考完了，就算是再大的奖励，对这门课程的学习又有什么用呢？

与之对比，游戏的设计则紧扣奖励二字。我曾经招聘了一位有十多年游戏大厂工作经验的游戏策划到课题组里。通过和他的交流，我更加深刻地理解了游戏设计者是如何利用持续不断的即时奖励使玩家沉溺于游戏不能自拔的：玩家刚升级完技能，恰好获得了稀有材料，马上能升级武器了，于是决定再打十分钟就去睡觉；等武器升级了，又发现再收集一个宝物就能升级护盾，于是决定再打十分钟到护盾升级了就去睡觉；等护盾升级了，技能经验又快满了，于是决定再打十分钟到技能升级了就去睡觉……

如此周而复始，不断循环。不间断的小奖励、小目标（虽然这些奖励和目标都只是一些毫无实际意义的游戏中的数字）刺激玩家不停地分泌多巴胺，压制住了困乏、饥饿等生理信号，如一只无形的手推动玩家不断玩下去。到这些生理信号实在无法被多巴胺压制时，窗外已是“长河渐落晓星沉”，玩家已经度过了一个不眠之夜。

简而言之，我认为，学习热情的缺失很大程度上源于传统教学模式缺乏有效的奖励机制，而对游戏的成瘾则很大程度上源于有效的奖励机制。同样的技术手段，既可以为恶，但如果用好了，也可以为善。游戏开发者利用人性对奖励机制的天然弱点赚取利益，我们作为教师，能否利用类似的稠密的、即时的奖励机制来提升学生的学习热情，甚至让学生对学习上瘾呢？

如何有效利用奖励机制来提升学习热情

为此，我们对智能计算系统的实验做了一次大胆的尝试，把这门实验课程做成一个有着稠密的即时奖励的游戏化项目——《太空开发者》。游戏账号和实验账号绑定，旨在让学生在游戏中实验，在实验中游戏，自主完成智能计算系统全栈工程师的学习之旅。

《太空开发者》是一款沙盒类游戏。玩家在荒芜的星球上，从零开始一步步建造和升级氧气发生器、沙土工厂、半导体工坊、微型机器人研发中心等设施，最终在课程结束时建成一个完整的太空空间站。为与实验课程建立强有力的联系，游戏中设置了一个核心的概念：科技点。科技点可用于解锁高级建筑，购买稀有道具等，需要通过课程实验获得。实验做得越好，可以获得的科技点就越多。科技点的获得遵从**“稠密奖励”“即时奖励”“体系化奖励”**三个原则。

传统的实验教学中，只有期末考试能给学生一次大的奖励。在我们的课程游戏中，学生掌握每个技能以及完成每个实验都可以获得相应的科技点。这种稠密奖励机制以不断更新小奖励、小目标来刺激学生持续分泌多巴胺，使学生在当前奖励带来的兴奋失效前，已经进入对获得下一个奖励的兴奋状态中，这样就实现了稠密奖励。

传统的实验教学中，学生的实验结果需要助教来评估，而助教往往是兼职的，需要数天才能给出结果。而我们采用了一套自动智能评分系统，该系统可在实验结果上传后立即批改，立即奖励科技点。因此学生随时随地可以做实验，实验做得好马上可以从奖励中获得正向激励，这样就实现了即时奖励。

上述两个措施可以保障学生通过完成一系列小实验不间断地获得稠密的即时小奖励，持续获得成就感。但是如果学生只见树木不见森林，不理解习得的知识在整个智能计算系统中的价值，可能完成了整个教程还是没有形成知识体系，那就不能算是一个合格的全栈工程师。如果能在不断教授具体知识的同时，为学生描绘长远的学习愿景，就能让学生觉得有奔头，也能更好地驱动学生的学习兴趣。因此，我们将整个实验教学以“依托奖励体系、明确终极奖励”的方式展开。我们在教程中明确给出了一个知识树体系，详细描绘了知识之间（即实验之间）的依赖关系。解锁知识树各部分所获得的科技点数可以根据不同院校在教学时对学生能力培养的侧重点进行调整与设置。默认情况下树的底层知识奖励的科技点少，但是如果能快速攀爬知识树，树的高层知识会提供很丰厚的奖励。这样的体系化奖励使各个实验环环相扣又清晰明了地紧密联系在一起，将稠密的即时奖励一步步放大，使学生直接受到终极奖励（成为智能计算系统全栈工程师）的吸引，从而提升他们的学习热情，最终使他们融会贯通地理解这门课程。

此外，我们还尝试通过游戏中常见的玩家竞争机制来提升学生的学习热情。传统的实验教学中，只有期末考试可能对学生进行排名，而这种排名受限于时效性，对于这门课程的学习并无裨益。我们的课程中提供的稠密、即时的奖励非常适合促进学生的良性竞争。在这种奖励机制下，学生可以频繁地接收到“我得到的奖励很多/较少”的信号。这些信号直观地反映在游戏进程中，便可能激发起他们内心暗藏的竞争意识，促使他们完成更高质量的实验以获得更多的奖励，从而实现“努力学习–获得奖励”的良性循环。因此，我们在游戏中设立了一系列排行榜（例如建筑榜、科技榜、稀有道具榜等）和玩家 PK 机制（部分稀有道具需要通过 PK 获得）来促进学生的良性竞争，从而进一步在游戏中提升学生的学习热情。

写在最后的话

坦率地说，我在设计智能计算系统实验课程和编写这本实验教程时，心里是非常忐忑的。我确实看到了传统工科高等教育（尤其是实验教学）的一些问题，但是这些问题背后的原因和解决方法其实并无定论。我从自己的科研方向、教育背景、人生经历、兴趣爱好出发，将这些问题归因为缺乏有效奖励机制影响了学生的学习兴趣，并试图通过游戏手段来创新奖励机制，提升教学效果。这里面有些手段是有效果的，但受限于个人的高度和视角，有些手段可能是不切实际的。

无论如何，细节决定成败。只有靠大量学校的长期教学实践持续地打磨，才可能披沙拣金，探索出一条行之有效的工科高等教育新路。因此，我必须深深地感谢采用这本实验教程的所有老师和学生，你们是这条探索道路上的同行者。

陈云霁

2021 年 1 月 8 日于北京中关村

推荐阅读

计算机体系结构基础 第3版

作者：胡伟武 等 书号：978-7-111-69162-4 定价：79.00元

我国学者在如何用计算机的某些领域的研究已走到世界前列，例如最近很红火的机器学习领域，中国学者发表的论文数和引用数都已超过美国，位居世界第一。但在如何造计算机的领域，参与研究的科研人员较少，科研水平与国际上还有较大差距。

摆在读者面前的这本《计算机体系结构基础》就是为满足本科教育而编著的……希望经过几年的完善修改，本书能真正成为受到众多大学普遍欢迎的精品教材。

——李国杰 中国工程院院士

· 采用龙芯团队推出的LoongArch指令系统，全面展现指令系统设计的发展趋势。
· 从硬件工程师的角度理解软件，从软件工程师的角度理解硬件。
· 优化篇章结构与教学体验，全书开源且配有丰富的教学资源 。

推荐阅读

数字逻辑与计算机组成

作者：袁春风 等 书号：978-7-111-66555-7 定价：79.00元

本书内容涵盖计算机系统层次结构中从数字逻辑电路到指令集体系结构（ISA）之间的抽象层，重点是数字逻辑电路设计、ISA设计和微体系结构设计，包括数字逻辑电路、整数和浮点数运算、指令系统、中央处理器、存储器和输入/输出等方面的设计思路和具体结构。

本书与时俱进地选择开放的RISC-V指令集架构作为模型机，顺应国际一流大学在计算机组成相关课程教学与CPU实验设计方面的发展趋势，丰富了国内教材在指令集架构方面的多样性，并且有助于读者进行对比学习。

· 数字逻辑电路与计算机组成融会贯通之作。
· 从门电路、基本元件、功能部件到微架构循序渐进阐述硬件设计原理。
· 以新兴开放指令集架构RISC-V为模型机。
· 通过大量图示并结合Verilog语言清晰阐述电路设计思路。